# 藻的秘密

茹絲·卡辛吉 著
鄧子衿 譯

Slime:
How Algae Created Us,
Plague Us,
and Just Might Save Us

Ruth Kassinger

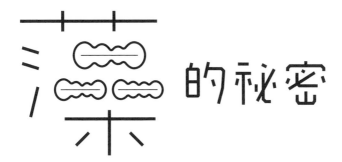

科普漫遊 FQ1061

**藻的祕密：**

誰讓氧氣出現？誰在海邊下毒？誰緩解了飢荒？從生物學、飲食文化、新興工業到環保議題，揭開藻類對人類的影響、傷害與拯救

Slime: How Algae Created Us, Plague Us, and Just Might Save Us

作　　者　茹絲・卡辛吉（Ruth Kassinger）
譯　　者　鄧子衿
主　　編　謝至平
責任編輯　鄭家暐
行銷企畫　陳彩玉、薛綸

編輯總監　劉麗真
總 經 理　陳逸瑛
發 行 人　涂玉雲
出　　版　臉譜出版
城邦文化事業股份有限公司
臺北市中山區民生東路二段141號5樓
電話：886-2-25007696　傳真：886-2-25001952
發　　行　英屬蓋曼群島商家庭傳媒股份有限公司城邦分公司
臺北市中山區民生東路二段141號11樓
客服專線：02-25007718；25007719
24小時傳真專線：02-25001990；25001991
服務時間：週一至週五上午09:30-12:00；下午13:30-17:00
劃撥帳號：19863813　戶名：書虫股份有限公司
讀者服務信箱：service@readingclub.com.tw
城邦網址：http://www.cite.com.tw
香港發行所　城邦（香港）出版集團有限公司
香港灣仔駱克道193號東超商業中心1樓
電話：852-2508623　傳真：852-25789337
電子信箱：hkcite@biznetvigator.com
新馬發行所　城邦（馬新）出版集團
Cite（M）Sdn Bhd.
41-3, Jalan Radin Anum, Bandar Baru Sri Petaling,
57000 Kuala Lumpur, Malaysia.
電話：603-90578822　傳真：603-90576622
電子信箱：cite@cite.com.my
一版一刷　2019年12月

城邦讀書花園
www.cite.com.tw

ISBN 978-986-235-796-5
售價　NT$ 420


國家圖書館出版品預行編目資料

藻的祕密：誰讓氧氣出現?誰在海邊下毒?誰緩解了飢荒?從生物學、飲食文化、新興工業到環保議題，揭開藻類對人類的影響、傷害與拯救／茹絲・卡辛吉（Ruth Kassinger）著；鄧子衿譯. 一版. 臺北市：臉譜，城邦文化出版；家庭傳媒城邦分公司發行，2019.12
面；　公分. --（科普漫遊；FQ1061）

譯自：Slime: How Algae Created Us, Plague Us, and Just Might Save Us

ISBN 978-986-235-796-5（平裝）

1.藻類

379.2　　108019065

獻給泰德（Ted）

目錄

## 第三部　藻類的實用功能



## 第四部　藻類與氣候變遷

# 前言

「藻類」，當你聽到這個詞，腦中浮現的景象是什麼？是戶外排水管上那圈綠色的黏稠物體？還是附著在魚缸玻璃上那片模糊的暗綠色東西？抑或是仲夏時分覆蓋在水池上像豌豆湯表面浮渣般的漂浮物？

我懂那些景象有多讓人作噁。在我寫這本書之前，只要聽到**藻類**，就會立刻回想起皮姆利科中學（Pimlico Junior High）女子更衣室潮濕浴簾的綠色邊緣。海草也是藻類，那又讓我想起另一個不愉快的回憶。我小時候參加過在湖中學習游泳的夏令營課程。一開始我上孔雀魚班，後來升到鯉魚班。鯉魚班的學生要在離岸邊十多公尺的地方練習，那裡水深到胸部，有成群的水藻生長在湖底的淤泥中，但我得在水中睜開眼睛才能看清方向。有時候因為上一堂課的學生翻攪了淺淺的湖底，讓水一片混濁，我還會因此絆到這些水藻，這些水藻在我裸露的手臂和腿部溜來溜去，簡直叫人抓狂：黏黏滑滑的條狀水藻好像會纏住我，把我往下拉。我得用力踢腿、大口喘氣、奮力掙扎才能甩開它們。

八歲以後（那時我升級到翻車魚班，改從碼頭下水，因為那裡比較深），我就很少想到藻類了。

可是到了二〇〇八年十二月，我開始經常思索藻類。那時我為了寫另一本書在蒐集資料，而拜訪了瓦爾森產品公司（Valcent Products），這家新興的生物燃料公司在德州艾帕索市（El Paso）塵沙遍地的郊區有一間溫室。公司創辦人葛藍．克茲（Glen Kertz）從創投基金那邊得到了數百萬美元的資助，在溫室裡的幾十片的透明塑膠板中培養藻類。每片板子約有十呎高、四呎寬、數吋厚，水和藻類的混合物流過板子中彎曲的管子。那天陽光從頭頂上灑落，每片板子都發出奇特的綠色光芒。克茲有一雙率真的藍眼睛，而他的身材就像和沃巴克老爹（Daddy Warbucks）是從同一個模子印出來的一樣。他對我解釋道，隨著藻類一再地複製，綠色會愈來愈深，每天板子中會有一半的液體被放入強力離心機裡，讓藻類和水分離，變成藻糊。在高壓下加熱藻糊，能萃取其中的油。在瓦爾森產品公司順利運作時，這些油會賣到煉油廠，製成汽油、柴油或是飛機燃油。每天都會有新的水加到那些板子中，讓藻類持續生長。

克茲強調該公司已經成功在望。瓦爾森產品公司很快就能在每英畝的土地上生產十萬加侖的燃料。許多記者都報導過這家公司有多麼驚人，我也和他們一樣，深信如此。畢竟原油就是源自於古代的藻類在地底受到擠壓，經過數億年形成的。瓦爾森產品公司或許能在短時間內完成地球花了許多年才慢慢做到的事。如果交通工具使用藻類燃油，我們或許便能把大氣中的二氧化碳抽出來，而不是像使用化石燃料那樣，把長期積存的碳釋放到大氣中。全世界二氧化碳的排放中，有百分之十四來自交通工具，改用藻類油將會大幅減少氣候變遷的程度。藻類還有其他優點：不需要占用可耕地，也不需要使用淡水，這兩項都是地球上愈來愈稀少的珍貴資源。

但是那些投資者相當不幸，克茲並不是科學家或工程師。在我造訪之後不久，瓦爾森產品公司退出了油料事業（藍眼睛的率直於是到此為止）。克茲高估了每英畝的產油量，而且至少多了十倍，不過藻類燃油背後的科學完全正確，有其他公司開始發展相關科技，其中大部分是小公司，但是有也像艾克森美孚（Exxon）這樣的能源巨擘。我熱切地追蹤這些企業的進展，想知道哪些技術有可能成真。在這個過程中，我愈發被這些小小的綠色細胞吸引，甚至專注於研究它們。藻類不但是生物燃料這項事業的核心，生物燃料還只是藻類其中一種可能的用途而已。

我對藻類的著迷讓我完成了這本書。這是一篇關於我藻類之旅的故事，我透過電話、飛機、車輛、船隻、無人飛機和蛙鞋完成這趟旅途，足跡遍布各地。從加拿大、威爾斯到南韓，來瞭解藻類這種地球上最強大的生物，還有它對人類生活的影響（不論好壞），以及它在人類未來生活中扮演的角色。我將從地球久遠之前的歷史說起，再說到最尖端的現代生物科技。這一路上，我遇到科學家與企業家，他們一直想要利用這些精力充沛的小生物改善人類的健康，餵飽持續增加的人口，以及清理我們搞砸的地球。

藻類是這顆行星上不折不扣的煉金術師。它們從陽光中獲取能量，利用生物排出的二氧化碳，加上水和少量的礦物質，合成出有機物。更好的是，它們在這個合成魔術中還會釋放氧氣。當你吸一口氣，有一半的氧氣來自於藻類。它們棄之如敝屣的東西，對所有要呼吸的動物而言是無價之寶。如果沒有藻類，人類就會呼吸困難。

藻類的數量何其多。雖然肉眼看不到，但是海洋上層約六百呎的範圍內都有大量藻類，這個數字大於宇宙中所有星系中所有恆星數量的總和。喝下一滴海水，就等於吞下數千個這種肉眼不可見的生物。許多位於海洋食物鏈底層的微小動物，便以藻類為主要的食物。如果明天藻類死光了，我們熟悉的海洋生物，小從磷蝦，大到鯨魚，很快就會餓肚子。

事實上，如果三十億年前藻類沒有演化出來，並且讓大氣中有了氧氣，多細胞生物可能無法出現，讓海洋變得如此多采多姿。大約在五億年前，有一種綠藻適應了陸地上的生活，後來演化出所有的植物。如果沒有植物可以吃，三億六千萬年前就不會開始有海洋動物離開水域，在陸地上持續演化，並且變得多樣，成為我們目前在陸地上所見的所有動物（包括人類）。如果數百萬年前，我們的人族祖先無法吃到魚類以及其他以藻類為食的水生動物（其中含有必要的養分），便不會演化出比較大的腦。如果沒有藻類，我們就不會知道所有的生命都依賴它們。

藻類死後依然展現深遠的影響力。它們微小的碳質屍體並不會成為海洋動物和細菌的食物，而是如同慢慢飄落的雪花，落到海底，靜靜地累積，屍體中的碳就這樣長時間與世隔絕。藻類用這種方式把大氣中的二氧化碳長期儲存起來，使地球免於成為難以忍受的大暖房。大約在五千萬年前，北極終年沒有冰雪覆蓋。後來藻類大量繁殖，持續了一百萬年，使大氣的溫度下降，才讓北極有了現在的冰帽。

藻類學家已經鑑定出七萬兩千種藻類，但還沒有被命名的藻類種類可能是這個數字的十倍。藻類遍布地球上各個棲地，包括在我們看不到的南極冰層之下，在積雪被藻類染成粉紅色的內華達山脈（Sierra Nevada）上，沙漠的沙礫上，岩石中，樹木上，或在三趾樹懶的毛皮上（樹懶會吃這些藻類）。藻類會住在珊瑚體內，與珊瑚共生，如果沒有這些藻類，珊瑚會死亡。全世界有百分之二十五的魚類住在珊瑚礁，數億人以珊瑚礁的物產為經濟來源。然而，由於現今的海洋暖化，干擾了藻類和宿主之間的重要關係，讓珊瑚礁以驚人的速度消失，實在令人痛心。

那麼，藻類到底是什麼呢？這個問題並沒有明確的答案。藻類並不是一個精確的詞彙，並不像「動物界」（Animalia）、「人屬」（*Homo*）或「智人」（*Homo sapiens*）是指分類學上的某個範疇。藻類是一個包羅眾多物種的詞。藻類主要有三種類型，我們將會從演化的順序一一介紹。最小、最古老的是一種內部構造簡單的單細胞生物，稱為藍綠藻（blue-green algae），現在比較常用的說法是藍綠菌（cyanobacteria）。第二種比較大但是依然無法用肉眼看到，它是細胞內部比較複雜的微型藻類（microalgae）。以上這兩種通常被稱為浮游植物（phytoplankton），這個詞從古希臘文衍伸而來，意思是「漂流的植物」。最後一種是人眼可見，滋味也鮮美的巨型藻類（macroalgae），也就是海藻。不論是寬度只有人類頭髮十分之一的藍綠菌，或是能夠長到超過三十公尺的巨型褐藻，這些藻類都具有一些共同的特徵，其中最重要的，就是它們都能行光合作用，只不過有些種類本來可以，但是現在不行了。

藻類也可以由不具備某種特性來界定。雖然植物也會行光合作用，但是藻類不是植物。二十世紀以前，人們還認為藻類屬於「植物界」（Plantae）。我們可以瞭解為什麼會有這種結論：許多海藻看起來像植物，例如在潮濕土地上長成一團的微小藻類看起來像苔蘚。藻類生活在純淨自然的世界，幾乎毫不費力的漂浮在水中，吸收陽光中的能量，水中的養分能輕易通過它們的細胞壁，進入原生質中。你絕對不會看到藻類開出花朵，飄出芬芳，或是結出果實或種子。植物是華麗招搖的光合作用者，藻類則樸實無華。不過由於藻類不需要產生花瓣與花蜜、雄蕊與雌蕊，也不需要樹皮讓身體免於乾燥，亦無須木材讓身體挺直，所以能利用更多從太陽而來的能量來繁殖。這代表藻類製造醣類、蛋白質、維他命、油脂，以及吸收礦物質的能力是植物的幾十倍，我們看重的就是這一點。

你能從藻類中獲取重要的營養，特別是有益健康的ω-3油脂可以由直接食用海藻來得到。每年有超過兩千五百萬公噸的海藻從東亞的巨大的海洋農場中收成，而美國新英格蘭地區和北歐岩岸採集的海藻則總價值超過六十億美元，並且銷售到世界各地。日本人和韓國人的飲食中，海藻占了百分之十。在美國，不論是雜貨店、好市多或全食超市，都能看到乾燥的海藻，而歐洲很多地方也都有販售。海藻之所以那麼受歡迎的原因很簡單：營養價值高，而且含有「甘味」（umami），這是舌頭能感受到的五種基本味覺之一。我蒐集了一些海藻食譜放在書中的附錄，如果你想拓展自己的烹飪領域，可以嘗試看看。

我們大部分所吃的是巨型藻類，但是有許多公司正在研究微型藻類和藍綠菌，他們想要找到最佳的加工流程和行銷方式，讓人們能夠吃到這些藻類。在這本書中，我會描述一次到美國加州洛杉磯一間實驗廚房順道拜訪的經驗，它由一家頗具希望的企業所設立。我會品嚐那些用藻類蛋白和油脂取代雞蛋和奶油製作而成的餅乾、麵包與其他食品。這裡劇透一下：全部都很好吃。

如果你不想要直接吃藻類，當你每次吃海鮮的時候也能得到藻類的營養。海洋動物會吃藻類，藻類的 ω-3 油脂會在動物體內累積，所以你可以間接得到這種養分。但是現在我們所吃的魚類中，有一半是養殖的，牠們飼料中的玉米和黃豆製品愈來愈多。我們能餵魚吃微小藻類，讓牠們攝取到足夠的營養嗎？在巴西，有一家公司在鋼桶中培養藻類，就是為了要給魚吃。我會去那裡看看他們是怎麼辦到的。

藻類隱藏在我們的生活當中，你可以在廚房裡找到它們。藻類在冰淇淋中能防止冰晶形成，在巧克力牛奶中可以使可可粉保持懸浮狀態，在沙拉醬中能讓各種成分均勻混合。其他許多食物中也含有藻類。自來水處理廠會利用活的藻類移除水中的氮和磷，或是使用藻類化石過濾水中的微小顆粒。你所吃的蔬菜和水果可能生長在添加了藻類的土地上。在浴室中也能發現藻類的蹤跡，藻類讓護膚乳液變得濃稠，讓潤髮乳保持乳化狀態，讓牙膏維持膠狀，它也包裹在每天要吃的藥片外層。現在你甚至可以把藻類穿在腳上：我會前往密西西比州拜訪一家用使用池塘藻沫製造跑鞋鞋墊的公司。

雖然藻類的用途廣泛，但是多了也不好。在這個全球暖化以及肥料持續逕流到水體中的時代，許多湖泊與海灣中的藻類爆炸性地生長，有些藻類形成的藻華只是難看而已，有些藻類大量繁殖卻會毒殺動物，包括了人類。近年來，美國佛羅里達州海岸的藻華特別嚴重。二〇一八年，州長宣布州內七個郡進入緊急狀態，因為該州的墨西哥灣區有數百萬條死魚被沖上海岸，空氣中毒素所引發的呼吸道疾病也使就診人數增加了百分之五十。

藻類不需要製造直接致人於死的毒素，它們可以用間接的方式在水域中形成「死區」（dead zone）。死區的溶氧量非常低，因此其他生物無法生存。現在世界各地有超過四百個大型死區，覆蓋面積超數萬平方哩，而且面積每年持續擴大。

藻類瘋狂的繁殖能力可能會威脅到生物與生活，但是我們能夠駕馭這種天賦異稟的繁殖力來改善環境嗎？就像消防隊員在處理森林大火時會施放「逆風火」（back burn），佛羅里達州有家公司用更多的藻類來對抗藻類氾濫，我會去拜訪它。全世界的工廠和發電廠也和交通工具一樣會排放大量的二氧化碳到大氣中，藻類或許可以清除這些二氧化碳。在南半球的海洋中，藻類比較少，科學家正在研究這種狀況，好讓那些海域中的藻類數量增加，把更多二氧化碳補集起來，封存到海床。

藻類的故事就像老葡萄藤，根部深埋於過去，今日的許多枝葉往四面八方伸展，新生的捲鬚正在尋找可以攀爬的事物。由於這個主題的內容豐富，因此我把它分成四大部分。第一部分會追蹤藻類誕生並且擴散到全世界的過程。接下來我會介紹海藻的美味之處，同時會見經營藻類食品這個價值數十億產業的人。在第三部分中，我會介紹那些發現藻類其他各種用途的人，十七世紀時，有人用藻類製造玻璃，現在有人用藻類當原料製造塑膠和燃料。最後我將探尋藻類具備的改變力量，它能改變過熱的大氣和受汙染的水，有可能變得更糟，但也可能變得更好。

不過，在展開這個從三十億年前到未來的旅途之前，讓我先從幾年前我家的前院開始說起吧！

# 第一部　藻類的開始

# 第1章 池中物

二〇一五年，我和丈夫泰德（Ted）打算搬家，一座在美國馬里蘭州郊區的世紀中期現代主義（mid-century-modern）住宅吸引了我們的目光。那由玻璃組成的房舍結構讓我們深深著迷，更特別的是，房屋外面還有一座波光粼粼的方形池塘安穩地座落於屋子前方。你得踏過宛若浮在水面上的石板路才能抵達門口。那真是太迷人了。

我們確實著了迷。這片池塘施下的魔咒讓我們的大腦麻痺，失去理性，否則該怎麼解釋當我第一次看到這個房子時，並不擔心二樓地板有些地方其實傾斜到像是要栽到後院，或是臥室地板上擺的那一只湯鍋（顯然是放在那兒接漏水的）？為什麼我沒有注意到水池的水泥牆已經崩塌，鄰接著水池的地下室牆壁有受潮的痕跡？反正我們就是為它著迷，便簽了合約，開了支票，成為屋主，緊接著花了一年半搞定房屋的結構問題，這才把注意力放到池塘上。

我們人類雖然忽略了水池，但是其他的生物對它不離不棄。水池底有四個盆子，上面長著蘆葦。蜻蜓揮動著散發七彩光輝的翅膀，在蘆葦間點水。春雨蛙（spring peeper, *Pseudacris crucifer*）這種只有幾公分長的小型棕色樹蛙，每天晚上一齊發出高音合唱。我們不太容易親眼看到這些合唱團員，牠們往往藏在池邊斑剝的棕色磚牆上，或是另一邊的草叢裡。有一些大膽的春雨蛙會黏在房屋前面的玻璃窗外，看起來就像是貼在上面的吊飾。還有其他的蛙類：大隻的綠色牛蛙有雙帶著條紋的腿，突出的眼睛有如琥珀，牠們會蹲在石板路上，為午後和晚間的演唱會加入低音聲部。當我打開門的時候，這些大傢伙顯然注意到我，於是噗通一聲跳下水。

這些蛙類全都是為了交配才到這個池子來，牠們也成功了，證據就是水池裡不久便出現的幾十條粗大的膠質卵袋，每個卵中都有一個小黑點。兩個星期後，這些小黑點孵化成上千，甚至上萬個會動的逗點。牠們在理想的環境中出生，由於池子裡沒有會吃牠們的魚，那些游動的標點符號因此能存活下來的數量非常多。這批蝌蚪大軍給我們一個好處：水池裡沒有藻類問題。幼小的蝌蚪大口吞下微小的藻類，讓自己快速生長與變化。這些蝌蚪數量龐大，胃口也大，牠們讓池水清澈透明。

到了九月，蝌蚪不是死了，就是變成青蛙、蟾蜍跑掉了。沒有多久，我就開始想念牠們。沒有了蝌蚪，池水於是開始變化。起初只是略為混濁，後來愈來愈濃，最後變成墨綠色。有天早上，我看到池塘角落有堆積起來的藻體浮渣，那讓我有些惱怒但也有些高興，因為我在做研究，現在我自己養了出了藻華。這些藻類沐浴在夏日的陽光下，又沒有掠食者，它們理所當然地發揮了最擅長的事：繁殖。我本來可以用化學藥劑對付藻類，但因碰巧到了整修水池牆壁的時候，所以我抽乾池水，一併去除了棲息在水中的微生物。

春天時，來訪這座池子的只有工人。到了七月，重建工作完成。新的水池設施有一臺紫外線濾水器，能消除藻類。另外還有六個打氣機，讓水緩緩流動，並且添加氧氣。我的下一步是在水池中栽種植物。在買下這棟房子之前，我腦中就描繪出漆黑的池面上開著黃色的蓮花，周圍是田田蓮葉，金魚懶洋洋地在蓮葉下游動，多麼生動的畫面！這個季節已經來不及買蓮花了，但是附近有家水族館有很多金魚，我買了一些有斑點的朱文錦（Shubunkin），以及橘白相間的金魚（Sarasa）。

店員也推薦我買一些滿江紅，它是一種浮在水面上的蕨類，可以在日正當中的時候為魚遮擋炙熱的陽光；水鳥想要來池子外帶生魚片時，魚兒也有地方可以躲。身為金魚們的新主人，似乎應該買一些才對得起良心。但是當年輕的店員拿了一公升裝著滿江紅的袋子給我時，我認為他是在開玩笑！袋子中的滿江紅很漂亮，就像一束綠色的蕾絲，但是它們少到應該沒有辦法肩負保護魚兒的工作，這就好像要我用裝飾在飲料上的小雨傘躲避雷雨一樣。

他向我保證：「別擔心，這玩意兒長得超快。」

我滿腹狐疑，但還是買下它們，並在回家之後把滿江紅和魚放到水池中。魚兒成群游動，顯然牠們很高興能重獲自由。那撮滿江紅浮在水面上，只有餐盤大小。但是一個星期後，這個餐盤就長成托盤拿麼大。又過了一個星期，托盤已經長成地毯樣本的大小。一個月後，我的水池上面像是漂著一張毛茸茸的綠色地毯，它的大小足以蓋滿整個房間。到了秋天，只有在魚浮上來咬這些綠色植物時，我才能看到牠們。看來我是養了一池滿江紅，而不是一池的魚。

後來我才知道，滿江紅在適當的環境下，只消兩到三天就能長大一倍。快速成長的祕密藏在滿江紅細小的葉片中。小葉分成上下兩部分，透明的下半部形狀類似杯子，能像船身那樣讓綠色的上半部浮在水上。每個小葉中間都有空腔，裡面住著上千個單細胞藍綠菌，它是構造最簡單、最原始的藻類。這種只住在滿江紅體內的藻類是滿江紅念球藻（*Anabaena azollae*），它們不但能行光合作用，還能吸收空氣中的氮，把氮轉換成所有生物都需要的含氮化合物（「固氮作用」）。為了報答宿主提供了安全的居所，滿江紅念球藻會把許多固定下來的氮送給滿江紅。陸地上的蕨類需要靠根部吸收土壤中的含氮化合物，所以它們的生長速度受限於根尖附近含氮化合物的含量。而滿江紅沒有這種限制，自家的藍綠菌就是肥料工廠，每天都在製造可以使用的含氮化合物。

滿江紅爆炸般的生長速度並不是時時都受歡迎，在有些國家和地區，生態學家把滿江紅列為造成危害的入侵種。在水流緩慢的運河或是平靜的水庫中，如果有一些滿江紅，它們就會得寸進尺，很快地覆蓋水面。滿江紅會阻塞抽水過濾器，有的時候生長得太密集，還會阻擋船隻前進。雖然滿江紅會引起這麼多麻煩，但在東亞有一位熱情的滿江紅粉絲。

古野隆雄（Takao Furuno）熱愛滿江紅，也依靠滿江紅和其中的藍綠菌生活。他在日本南部的九州桂川町附近有一塊五英畝的平坦水田，四十多年來他一直栽種水稻。我從他的錄影帶和他的文字中，可以看出他是一個外形精瘦又溫和熱情的人。他和妻子培育與販售有機稻米、蔬菜、鴨肉和鴨蛋，撫育五個孩子長大。他致力於發展家庭式有機農業，不只是因為這樣可以帶來經濟收入，而是能滿足心靈，同時也對環境中的生物友善。

吉野出生於一九五〇年，在九州的鄉下長大。小時候他會和朋友在稻田中玩耍，並在稻田的水放乾的時候，和朋友們一起捕捉能拿去賣的泥鰍，那是種像是鰻魚的小魚，牠們會挖洞躲在泥地中。吉野長大之後，雖然有了自己的農田，日本耕種稻子的方式卻完全改變了。他說：「我們以前什麼都靠自己：除草、收穫，凡此種種，但現在不一樣了。」在一九六〇年代，農民開始使用殺蟲劑、除草劑和化學肥料，種稻變成了單一耕作。吉野說：「水稻產量增加了，農民的日子也更輕鬆，但是稻田裡的魚群消失，小孩子也不在稻田中玩耍了。」

一九七〇年代初期，吉野開始種稻，當時他也和其他的農民一樣採用化學藥劑。但是在他讀了卡森（Rachel Carson）的《寂靜的春天》（*Silent Spring*）後，吉野擔心起自己剛成立的家庭，因此決定採行有機農法，不過這種方式很難賺到錢。他的稻田長滿了雜草與害蟲，所以他得比隔鄰的農民更辛苦工作，黎明即起，小腿整天都浸在水中，在無情的炎炎夏日下除草。他嘗試了所有非農藥的除草方式：稻米與蔬菜輪耕、水田深灌溉法、兩次犁田法[1]、在水田中飼養鯉魚，或是用電除草。他回憶道：「不論我用什麼方式，雜草仍不善罷干休。」

1 譯註：第一次犁田後讓雜草種子萌發，然後再犁第二次田以除草。

一九八八年，鄰近城市也從事有機耕作的農民和他提起中國古老的「合鴨農法」：讓這種馴化的鴨子自由地在稻田中覓食，牠們不會吃水稻，而是吃雜草和昆蟲。吉野決定試試看。那年夏天，他把四週大的小鴨子放到剛插秧的水稻田中，並用網子圍起稻田四周。結果非常明顯，雜草都消失了，鴨子也都長得很好。

吉野後來發展出這種中國農法的個人化版本，他稱為「整合式稻鴨農法」（integrated rice-duck farming）。他讓小型，會遷徙的野生公鴨，和體形較大、不會飛行的馴化母鴨交配，自己培育鴨子品種。傳統中國的合鴨農法在夜晚時會讓鴨子回到農舍，但是他知道鴨和雞不一樣，只需一點亮光就能看得清楚，憑藉月光就可以找到食物，所以他讓鴨子不論白天黑夜都在田裡捉蟲除草。讓鴨子加班的確有成效，但是在這個地區遊走覓食的黃鼠狼、狐狸、野狗和家犬會捉鴨子，烏鴉和其他鳥類則會捉小鴨。吉野說：「掠食者如果侵入稻田，嚐到美味的鴨肉，牠們便會一再奮力嘗試來捉鴨子。」吉野用放了生鴨蛋的鐵製陷阱捕捉黃鼠狼：在稻田周圍豎立竿子來張網，讓網子下緣落在田埂上，入侵的動物就會被網子纏住。有的地方則直接把網子底端埋在土裡。他甚至睡在田邊，好趕走掠食者。經過三年的實驗，他終於發展出無比牢靠的防護系統，這個系統結合了電網、下緣埋到土中的網子，以及在稻田上方用釣魚線拉出的波浪形狀防鳥網。

在此同時，他的稻鴨農法也精益求精。他現在於六月上旬插秧，三個星期後才放養拳頭大的小鴨，因為這時水稻已經長大到耐得住鴨子的撞擊。每英畝的稻田大約要放養一百條小鴨，牠們在淺水中發了瘋似地到處游動，土中的雜草種子會被掏出，攪起的泥水會遮斷雜草生長所需的陽光。只要雜草長到伸出水面，就會被鴨子無情啃咬，有時甚至連根拔起。鴨子也會積極捕食各種啃食稻子的蚱蜢、夜蛾幼蟲與螟蛾幼蟲。鴨子會直接吃掉這些害蟲，或者猛烈揮動翅膀，讓這些害蟲掉到水中一命嗚呼。

吉野不需要花錢買殺蟲劑和除草劑，但又能夠提高產量的消息傳開了，東亞各地的農夫紛紛來拜訪，向他請教成功的方式。吉野也持續改善他的農法。一九九三年，他和滿江紅專家渡邊岩男（Iwao Watanabe）談話。渡邊是全球知名的菲律賓國際水稻研究所的教授。渡邊解釋道，中國的稻農在數千年前就刻意培養滿江紅，把它當成綠肥，最早可能溯及公元前六千五百年。他們的方法很簡單：春天時向商人買一點滿江紅，這些商人知道如何保存能讓滿江紅安然地度過冬天。農民把買來的滿江紅放到水田中，讓它們大量生長。到了秋天，水田放乾，農民便把滿江紅耕到土中。滿江紅裡面有藍綠菌，因此富含被固定下來的氮元素，可以使產量加倍。佛教僧侶在東亞四處傳教時，把這種方法傳播開來，最後成千上萬的稻田都覆蓋著鮮綠色滿江紅，成為有效又便宜的肥料。

不過到了一九六〇年代，農耕採用化學藥劑，新的除草劑在殺死雜草時也連帶殺死滿江紅，於是這種蕨類從農田中消失，沒有人記得能使用它們。渡邊教授聽說吉野的有機鴨稻農法，認為這位日本農夫的稻田或許能使用滿江紅。滿江紅不只可以當作有機肥料，也可以當成鴨子的飼料。

吉野試了一下，發現鴨子很喜歡吃滿江紅。這些蕨類提供的熱量讓他不再需要給鴨子其他飼料（他依然會餵鴨子一些破碎而不能出售的米，這是用來訓練鴨子，好讓他在需要時能夠召喚牠們。）此外，他發現吃滿江紅的鴨子所製造的糞肥，其含氮化合物的含量更高。當鴨子划水的腳把自己的排泄物攪散，有些微生藻類就能吸收這些養分，旺盛生長，昆蟲的幼蟲會吃這些肥美藻類，最後再成為鴨子的營養食物。鴨子高含氮量的糞便落入泥土中，會成為稻子的養分，讓稻子更綠、更健康，產量也更高。而且由於浮在水面上的蕨類吸收的是水中的養分，不是泥土中的養分，因此不會和水稻競爭。

一九九六年，吉野把小時候在田間見到的泥鰍加入他的水稻大家族，這些魚也吃微生藻類，並且排出糞肥給水稻利用，還可以賣了賺錢。現在東南亞和南亞已經有超過七萬五千名農夫採用吉野的鴨稻蕨魚農法，而且人數還在持續增加（九州大學也因此頒發博士學位給他）。亞洲各地的大學和研究機構證明了用他這種農耕方式的農夫，其稻米的產量與採用慣行農法的小型農莊相等，甚或更高。除此之外，有機稻米、有機鴨肉與鴨蛋因為稀少，所以也能賣到更好的價錢。

如果沒有滿江紅，這種農法不會成功。如果沒有那些藍綠菌，滿江紅根本就不存在。吉野的水田生態系就像地球生態系的縮小版模型：這個系統得一直依賴藻類才能運作下去。

# 第2章 太陽底下的新鮮事

想像你自己來到三十七億年前的地球，在地球從宇宙塵埃聚集成行星之後，已經過了約七億五千萬年。你站在一座岩石火山島上，往四面八方望去，只見富含鐵質的綠色海水延伸到地平線那端。你所在的這座島嶼上沒有植物，也沒有可供植物生長的土壤。因為土壤中含有植物被分解之後產生的有機成分，然而在三十億年前，地球上還沒有植物。

你可能要像是水肺潛水者那樣攜帶氧氣裝備，因為那個時候的地球上沒有氧氣。事實上，你周圍的大氣是由一氧化碳、二氧化碳和甲烷混合而成，其中可能還有氬氣、氮氣和二氧化硫，或許會致人於死，不過至少溫度是宜人的。雖然當時太陽的亮度只有現在的七成，但是有二氧化碳和甲烷為地球表面保溫。當時地球自轉的速度是現在的兩倍，所以日出之後六小時就日落，這可能會讓你驚慌失措。那時候月球和地球的距離是現在的十分之一，讓月球看起來有十倍大，在天空中非常明亮。由於距離地球很近，月球造成的重力效應也很強，海面漲落潮差超過數百呎。你或許可以看到月球上的隕石坑，不過可能得看日子。當時地球上的火山活動比現在活躍，經常會噴出火山灰和硫酸到大氣中。

在清晨與落日時分，天空會呈現黃色和橘紅色。

當時地球上的海水量是現在的兩倍，但是水分子一個個消失了，因為大氣中沒有氧氣，也就沒有臭氧層。在沒有臭氧層的狀況下，來自太陽的大批紫外線能毫不受阻攔地轟炸水，讓水分子分解成氫和氧。比較輕的氫原子很快地逸散到太空中，氧原子則馬上和水中的礦物質結合。在沒有臭氧層的狀況下，地球會朝著毫無生機的狀況進展。金星的命運便是如此，曾經有水的金星，現在乾燥無比。

不過這時候的地球有海洋，海洋中棲息著單細胞細菌，以及類似細菌的單細胞生物——古菌（archaea）。這些微生物和其他所有生物一樣，都需要能量才能運作，以及製造更多細胞的組成成分，以便分裂複製。它們的細胞壁堅硬，因此不可能經由掠食其他同類來得到能量。不過它們可以把細胞壁外的硫化氫吸收到細胞內，經由化學反應讓硫化氫的電子釋放出來，再利用這些電子合成暫時儲存能量的分子ＡＴＰ（三磷酸腺苷）。細胞利用ＡＴＰ和溶解在水中的二氧化碳合成有機化合物，包括生長和生殖所需要的胺基酸、蛋白質、脂質和醣類。

現在地球上依然有許多這類化學自營生物（chemoautotroph），它們生活在海底熱泉，或是黃石國家公園充滿硫的熱泉等這些極端的環境中。但是差不多在你拜訪古代地球的時候（或是前後一兩億年），一種新的細菌在太陽下演化出來了。這種細菌漂浮在海面下附近，因為含有葉綠素和其他色素而呈現藍綠色。這些色素能吸收含有太陽能量的光子。藍綠菌用這些能量把水分解成氫和氧，產生電子，製造ＡＴＰ。然後它們就和化學自營生物一樣，利用ＡＴＰ合成有機化合物，這個過程稱為光合作用。藍綠菌把氧氣當成廢棄物排出，因此這過程稱為產氧型光合作用（oxygenic photosynthesis）。這是非常複雜的過程，就連今日的科學家依然還沒有解開這個機制的細節。

藍綠菌具備的功能讓它們繁榮昌盛。古菌和其他細菌只是到處飄盪，企盼能遇到它們各自喜愛的化學食物，但是這種新出現的生物並不是分解水中偶然才能遇到的成分，而是分解無所不在的水分子。藍綠菌只要在有陽光的狀況下就能進食，因此繁殖的速度非常快，而且持續產出氧氣。（在二十億年中）這些氧氣飄到大氣中，形成具有保護作用的臭氧層，讓我們的藍色行星免於籠罩於沉沉死氣之中。[1]

如果這還不夠厲害，有些藍綠菌種類還有比舞動它們的藍綠色身段更厲害的技術。地球上的生物需要氮，DNA、ATP、蛋白質和其他生物所必須的化合物中都含有氮原子。地球大氣中一直有很多氮氣，但是氮氣（$N_2$）中的氮原子彼此結合得很緊密，生物無法直接運用。而閃電的電壓高達一億伏特，這等或是更高的能量能夠打破氮氣分子，讓個別的氮原子和氫或氧結合，形成氨、銨鹽（ammonium）或硝酸鹽等把氮固定起來的分子。但是棘手的地方在於閃電雖然壯觀，卻無法大量產生這類分子。如果生命只能依靠閃電，就永遠無法登上陸地。

1 最早進行光合作用的生物並不會造氧氣，它們以紫色的色素吸收近紅外線，從含硫化合物中取得電子，把細小的純硫顆粒當成廢棄物排出。它們沒有如同近親藍綠菌那般昌盛，但是依然能夠在現在無氧的水中續存。

正當此時，藍綠菌登場了。它們能做到和閃電一模一樣的事，只不過是在微生物的尺度下。藍綠菌成為地球上主要的固氮生物（diazotroph）。幸好藍綠菌樂於分享，它所固定下來的氮有一半會排入水中，可以被細菌和古菌吸收。如果沒有具備固氮能力的藍綠菌，海洋中的生物形式將會非常簡單，而且數量也不多，只因固定下來的氮不足。

不論在過去或現代，藍綠菌固氮都相當不容易。首先它們要能夠製造固氮酶（nitrogenase），這種酵素含有鐵和鉬，能催化固氮反應。除此之外，它們還要防範一個由自己製造的問題：氧氣。這個問題是這樣的：氧原子的最外層有六個電子，因此它還要再抓住兩個電子，才能讓最外層有八個電子，形成穩定的狀態。早期的海水溶滿了鐵，而鐵原子在最外層有兩個電子，所以你可以想見會發生什麼事——藍綠菌拋棄的氧很快就會抓住鐵，如此一來，藍綠菌就沒有能用來製造固氮酶的鐵原子了。

藍綠菌得要有創意才行。有些藍綠菌在固氮的時候停止光合作用（這樣就不會釋放氧氣了），有些藍綠菌只在晚上不進行光合作用時行固氮作用（但如果沒有陽光照射就會發生混亂）。有些則和同種的其他個體合作，細胞彼此連接成細微的絲狀結構，就像是一串珠鍊。約有十分之一的珠子會停止光合作用，並且讓細胞壁變得更厚，以阻擋氧氣進入。這些特殊的細胞稱為異型細胞（heterocyst），專門固氮，會把含氮分子分享給左右細胞，換來糖類以維持生存。現在能固氮的藍綠菌依然採用這些方法。

藍綠菌要散播到全世界，不只必須解決固氮的問題。它們還面臨兩難的困境：它們需要靠近海洋表面，但是又要避免紫外線破壞DNA。為此它們演化出一層細胞外的多醣類（由糖分子連接而成的長鏈），稱為黏質（mucilage），它可能是世界上最早的防曬成分，也是它讓藍綠菌具有那典型的黏滑表面。最後，所有的藍綠菌都因為有黏質而變得黏黏滑滑。

總加起來，藍綠菌確實具有各種讓它自己繁榮昌盛的能力。大部分的藍綠菌每七到十二小時可以複製一次，換算下來，一平方呎的藍綠菌可以在兩天之內覆滿一間小辦公室的地板。有些種類的藍綠菌每兩個小時便複製一次，於是同樣的大小在兩天之內就可以蓋滿六座足球場。不論是哪一種，最早的藍綠菌在數億年中複製的幅度，遠遠超過我們的想像。這段其間，它們也演化出許多不同大小和形狀的種類：球狀、卵狀、桿狀、螺旋狀或絲狀（數量最多的是圓形原綠球藻〔*Prochlorococcus*〕，它們在一九八六年才被發現，也是最小的藍綠菌，一茶匙的海水有四十萬個原綠球藻）。藍綠菌如果漂浮在水面上，並且經由黏質黏在一起，就會形成綠色的團塊。這些團塊會吸收當時在水中漂蕩的各種成分，包括碳酸鈣和碳酸鎂之類的礦物質，以及其他死亡的微生物而變得愈來愈稠密。自始至終，這些活生生的藍綠菌能夠藉由黏質滑動，往有陽光的海面移動，並持續增殖。

在淺水的區域，藍綠菌繁殖得特別興旺，因為那些區域中有岩石因為受侵蝕而釋放出來的重要礦物質，例如磷和鉬。年復一年，藍綠藻團塊愈長愈厚，除了表面之外，下層也漸漸變得堅硬，形成一層層的岩石。經過長久的歲月，這些稱為疊層石（stromatolite）的岩石累積了數百公尺厚，好幾哩長，有些還形成圓形的小山丘。如果切下一片古老的疊層石，你會看到那像是無數的衛生紙疊在一起般，每張代表一個生長季，灰褐和赭紅的色澤交錯，夾雜著沙子。[2]

藍綠菌不受限制的爆發性繁殖，持續了十五億年。由於沒有掠食者，藍綠菌一直複製，吸收二氧化碳，產生被固定的氮，把氧氣排到水中。但是這些氧氣並沒有進入大氣，全都和溶在水中的鐵結合在一起，成為氧化鐵，也就是說，整個海洋中充滿了鐵鏽。十億年的過程中，藍綠菌釋放到海洋中的氧氣，是現在大氣中氧氣量的二十倍。這些氧和鐵結合在一起，變成紅色的小顆粒，沉到海床。最後藍綠菌製造了約八百五十億公噸的鐵礦，相當於地殼鐵礦含量的百分之五。下次你打開鋼製車門，或是拿起不鏽鋼叉子時，可要想想這都是因為有藍綠菌的幫忙才能形成的。

二十五億年前的某一天，海洋中所有能氧化的金屬全都與藍綠菌製造出的氧結合了，第一個氧氣泡泡離開海洋，進入大氣——是能夠自由取得的氧氣！照理說，複雜生物的舞臺這時應該出現：魚類很快就會在海洋中泗泳，兩生動物將在岸邊爬行！但實際上並不是這樣，這種景況還要好多年以後才會出現，因為當時陸地上也有很多鐵，進入大氣的氧氣會最先讓這些鐵變成鐵鏽。到最後沒有東西可以氧化之後，來自海洋中的氧氣才會自由地在大氣中散播。

弔詭的是，我們認為生命必須的氧氣，對於當時的生物來說卻是場大災難。對於在無氧的水中演化出來的細菌和古菌而言，氧氣有毒，所以這些生物不是死亡，就是得突變成能利用氧來呼吸，再不然就是移居到氧氣還沒滲入的海洋深處。不過藍綠菌還有另一招極具破壞力的方式：致命的冰雪。

氧氣進入大氣之後，有些和甲烷反應形成二氧化碳和水。甲烷和二氧化碳都屬於溫室氣體，能在大氣中吸收陽光的熱，阻止這些熱輻射回太空中。不過甲烷產生的溫室效應遠強於二氧化碳。因此當甲烷轉變成二氧化碳，便有更多的熱消散到外太空。同時，藍綠菌經由光合作用又吸收了更多二氧化碳，這些碳成為死亡細胞的一部分，下沉到海床。藍綠菌藉由這種作用，慢慢把生物圈中兩種溫室氣體移除，地球表面的溫度隨之下降。

當時的超級大陸凱諾蘭（Kenorland）也分開成多個比較小的大陸，讓更多的岩石表面接觸到大氣。表面增加，意味著受到的風化作用也增加了，過程中會吸取大氣中的二氧化碳，加速地球的冷卻。結果便是地球愈來愈冷，冰層從兩極漸漸往赤道擴張，到了大約二十四億年前，地球變成了一顆巨大的雪球，有些地方的積雪甚至深達一哩。

單一個微小的藻類人畜無傷，但是數量多了之後便有無比的力量，藻類首度占據整個地球，摧毀了地球的生機。

---

2 大部分地方的疊層石在幾億年前就已停止形成了，因為那時魚類和其他海洋生物出現，開始啃食疊層石的最上層。不過在有些地方，因為水太鹹了，魚類和貝類無法生長，疊層石於是持續形成，例如澳洲的鯊魚灣（Shark Bay）。低潮時，疊層石像是在沙地上的大圓石，潮濕的表面上能看見氧氣形成的泡泡。

# 第3章：藻類變得複雜

不過實情是：一顆內核炎熱的行星，是無法一直維持寒冷的。在那次長達三億年的休倫冰期（Huronian glaciation）中，地球表面雖然覆蓋著冰雪，但是來自熔融狀地函的岩漿和炙熱的氣體，依然經由火山口噴出，進入海床。新的甲烷和二氧化碳進入了水中和大氣，漸漸反轉藍綠菌造成的冰凍狀態。大約在二十一億年前，大氣累積了足夠的熱，讓地球解凍。那些熬過全球冷凍時期的藍綠菌捲土重來。它們之前可能是在赤道區域或是活躍火山附近比較薄的冰層下苟延殘喘。

這時，全新的生命形式在海洋中演化出來了。之前地球上的生物只有細菌和古菌，它們都屬於原核生物，是簡單的單細胞生物，具有堅硬的細胞壁，不具備由膜包裹而成的細胞核，沒有胞器，染色體也只是一條環狀的DNA。新出現的生物是真核生物，是一種更複雜的生物，具有膜包裹而成的細胞核，裡面有多條染色體，DNA呈線狀。真核細胞還有多種胞器，其中最重要的是粒線體（mitochondrion），它能利用氧把食物氧化，轉換成能量。粒線體讓真核生物的能量大增，它所製造出來的蛋白質是原核生物的數十萬倍，這意味著真核生物有更多的酵素、激素和結構用成分。如果說藍綠菌只有一組簡單的樂高積木，真核生物就是擁有一臺精巧的3D列印機。在真核生物所具備的新結構中，包括細胞骨架（cytoskeleton）這種有彈性的細胞內部骨架，以及能夠轉動的鞭毛（flagella）。鞭毛能幫助真核生物移動，獵捕食物。[1]在這裡用「獵捕」比較恰當。原核生物只能藉由細胞壁上的細微通道，把小分子「吃進」細胞中。但是真核生物的細胞更有彈性，也比原核生物大上十到二十倍，能真的吞下整個生物。

大約在十六億年前的某一天，有個功能完善、力量強大的真核生物遇見了一隻美味的藍綠菌。這個掠食者和其他的真核生物一樣，把細胞膜往內凹，形成一個口袋，套住獵物，然後縮起口袋的開口。這時藍綠菌才發現自己已經陷在掠食者的液泡（vacuole）中，這是由一部分細胞膜組成的泡狀結構。

本來那個藍綠菌應該就此完蛋。真核生物的消化胞器——溶小體（lysosome）本來應該和那個液泡連接在一起，把液泡中的東西消化得一乾二淨。但是在那一天，在那個特別的時刻，藍綠菌逃過一劫，在本來是掠食者的真核生物細胞內住了下來。它保有自己的細胞膜，並外加一層來自真核生物的膜。

現在它們的角色改變了。掠食者成為房東，獵物成了房客。真核生物保護藍綠菌，藍綠菌利用穿

---

1 譯註：原核生物也有鞭毛，也能幫助原核生物移動，只是原核生物和真核生物的鞭毛構造並不相同。

過真核生物細胞膜的陽光，持續製造糖類，有些糖類會滲到寄主那邊，你可以把它當成房租。於是藍綠菌在這個安全溫暖的新家住了下來，並且持續繁殖。當真核生物繁殖的時候，它的後代也帶著這些包起來的藍綠菌，就像是買下了含有付房租房客的新房子。長久下來，有些藍綠菌的基因轉移到宿主的細胞核中，這對生存而言至關重要，因為複製DNA既花時間、又耗能量，那些讓相同基因減少的真核生物個體可以複製得更快、更有效率，數量更多，也就更為成功。

到頭來，藍綠菌失去的大部分的基因，約有九成轉移到宿主細胞核，因此本身再也無法獨立存活。這些藍綠菌變成了葉綠體，這種綠色碟狀的胞器能進行光合作用，那些真核生物原本是異營生物（heterotroph），以其他生物為食，現在則能把太陽的能量當成食物，成為光合自營生物（photoautotroph）。更精確地說，它們現在是單細胞的真核生物，能進行光合作用，釋放出氧氣。換句話說，它們是微型藻類。

微型藻類往其他的方向演化，發展出蛋白核（pyrenoid），這種在細胞中的泡狀結構能夠讓核酮糖–1,5–二磷酸羧化酶（Rubisco）周圍的二氧化碳濃度增加。這種酶在光合作用中的地位舉足輕重。在光合自營生物中，核酮糖–1,5–二磷酸羧化酶所催化的反應是讓二氧化碳轉變成有機化合物。有了蛋白核，微藻類的工具再也不是只有電熱板，而是擁有一套專業的廚具。

這時光合真核生物演化出兩個主要分支：紅藻（rhodophyte）和綠藻（chlorophyte）。第三個分支是褐藻（Phaeophyceae），有點像是紅藻和綠藻混合在一起的樣子，演化出來的時間比前兩者晚。不要被這些名稱中的顏色誤導了。藻類和海草含有各式各樣的色素，有些色素的含量比其他色素高，這些色素的密度也會因應環境狀況而改變。紅藻可以看起來是深綠色、紫色，甚至是黑色。褐藻可以有綠色、紅色、黃色，或甚至藍色的外觀。它們並不是以外觀的顏色來命名的。

微型藻類的結構比藍綠菌的結構更複雜、力量更強大、適應性也更高，似乎可以輕而易舉地取代藍綠菌的地位，但是這兩者卻維持了平衡。微型藻類雖然具有優勢，但是在它出現後的十億年之間並沒有大量繁衍。在十八億年到八億年前之間（這十億年稱為「無聊的十億年」），比較小又簡單的藍綠菌是海洋的主宰。

是什麼阻攔了微型藻類？原因之一是它們無法製造固氮酶，沒辦法固氮。它們沒有發展出能把自己產生的氧氣廢物隔離的機制，所以必須到處搜刮水中已經固定的氮。現在的海洋、河流和湖泊中固定下的氮濃度很高，都是來自藍綠菌。但是在那無聊的十億年中，這類含氮分子卻很稀少。[2]阻礙微型藻類的不只有含氮分子，它們也很需要磷和其他礦物質。想像有兩個陶製的球體，一個大小如高爾夫球，代表藍綠菌；另一個如同海灘球大小，代表微型藻類。陶質材料本身有很多孔隙，這兩個球掉到有紅色染料的水槽中，海灘球吸收染料全部變成紅色的時間，比高爾夫球要長。如果染

2 真核生物都沒有辦法固氮。花生和黃豆所屬的豆科植物之所以能夠固氮，是因為這些植物的根部居住著固氮細菌，固氮工作其實由它們負責，藉以交換植物從根部漏出的糖類。

料不足，海灘球則無法完全變成紅色。如果把紅色染料換成重要礦物質，你就可以發現問題出在哪裡了：微型藻類比較大，所需要的養分超過周遭環境所能夠提供的。更糟的是，在相同的體積下，微型藻類因為結構較為複雜，需要的養分也比藍綠菌更多。現在海洋中養分稀少的區域，依然由藍綠菌主宰。所以說，在無聊的十億年中，雖然乍似是永恆的夏日時光，但對於微型藻類來說，生活並不愜意。[3]當時的世界由原核生物主宰，生命並沒有大幅地躍進。

3 譯註：作者在此使用蓋希文的爵士名曲Summertime的歌詞當梗。

但最後生命還是變得豐富活躍，這是如何做到的？因為大地會移動。

地殼是由十幾個岩石板塊所組成，這些板塊在柔軟的地函上慢慢移動。有些板塊上面有巨大的陸地，有些板塊大部分淹沒在水下。在無聊的十億年開始時，所有載著大陸的板塊聚集在一起，就像是車輛塞在紅綠燈失靈的十字路口，形成一塊廣闊的大陸。這十億年結束時，也就是大約八億年前，板塊之間連接的部位出現了裂縫，彼此慢慢移開。在這個過程中，海岸線增加，接觸到洋流和潮汐的部位也增加了。侵蝕作用因此大幅加劇，更多的礦物質從陸地流到海中。澳洲國立大學（Australian National University）的科學家尤辛·布洛克斯（Jochen Brocks）和安伯·賈瑞特（Amber Jarrett）指出，斯圖特冰期（Sturtian glaciation）這個大規模的冰期結束時，冰川消退，從岩石上刮下了磷和其他礦物質，這些物質後來沖刷到海中。基本上的狀況就是：更多的礦物質能餵養更多的藍綠菌。更多的藍綠菌，意味著水中有更多固定下來的氮。

有了這些養分，微型藻類才能複製。它們的數量大增，和藍綠菌一起讓新出現的海岸線覆蓋了厚厚的藻華。

在此同時，微型藻類開始演化，成為我們今日在顯微鏡下所見美麗、奇特的多樣生物。有一群圓形的微藻類球石藻（coccolithophore）會從海水中吸取碳酸鈣，做為製造外殼的材料。這些外殼有精細的花紋和凸起，讓這種藻類看起來像是精雕細琢的象牙球（多年來球石藻的骨骼在海洋中大量累積，現在也還看得到，例如在英國多佛海邊白色的懸崖中便有很多）。矽藻的細胞壁中含有矽，它們結晶般的細胞壁像是有蓋子的盒子，分成上下兩半，叫做矽藻殼（frustule）（矽藻複製時，兩個矽藻殼會分開，兩個新的矽藻會各自合成一個新的矽藻殼）。渦鞭藻（dinoflagellate）有兩條鞭毛（dino是希臘文中「二」的意思），這種髮絲狀的結構會以不同的節奏擺動，讓渦鞭藻前進或轉彎。有些微型藻類演化出能製造毒素，有些則演化出能製造發光化合物，目的可能是用來干擾掠食者。有一個類群演化出能在熱水中繁衍的能力（最高到攝氏五十六度），而且能忍受硫酸、砷和其他重金屬。有些發展出流暢的運動方式，能在沙子和泥巴中移動。還有一些新生成的細胞會連接在一起，成為絲狀，讓自己看起來比較大，難以嚥下，讓掠食者打消念頭。

然後到了六億五千萬年前，生命又發生了另一次大躍進：有些單細胞生物變成多細胞生物。多細胞生物體內的細胞會一直連接在一起，而且細胞間能彼此溝通，發揮不同的功用。人類身為多細胞生物，因此會認為多細胞的好處顯而易見，但是其實不然。數十億年來，只有單細胞生命的形式存在，它們非常成功。多細胞生物為什麼會演化出來，是演化生物學最有趣的問題之一。

一九七三年，美國約翰霍普金斯大學（Johns Hopkins University）的生物學家史蒂文．史丹利（Steven M. Stanley）認為，最早出現的多細胞生物是藻類。他認為小的微型藻類會被比較大的單細胞異營生物吃掉。在這種危險狀況中，如果彼此連接在一起，就比較不容易被吞噬。這個理論很吸引人：每個人單憑直覺就能瞭解，在經過危險的區域時結伴而行比較安全。但是變化真的是因為這樣產生的嗎？

一九九〇年代末期，威斯康辛大學（University of Wisconsin）的教授馬丁．布羅斯（Martin Boraas）重現了讓這個過程展開的方式。他和同事一直在培養小球藻（*Chlorella vulgaris*），這種常見的微型綠藻就像他們實驗室中的天竺鼠。通常小球藻會同時分裂，至少變成兩個子細胞，最多則有十六個，通常這些子細胞和母細胞之間的細胞壁會分開來，子細胞會長大得很快。這種微型藻類代代都依照這樣的方法複製，但是在這麼長的時間裡，有個突變導致細胞壁無法完全分開，細胞因此鬆鬆的聚在一起，彼此由母細胞壁上殘存的膜互相連接。

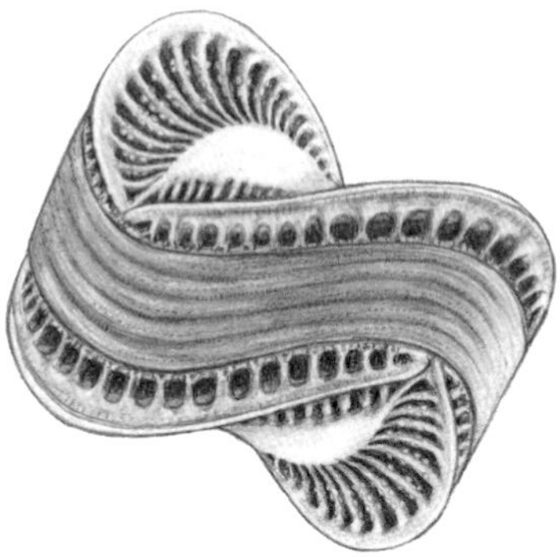

矽藻

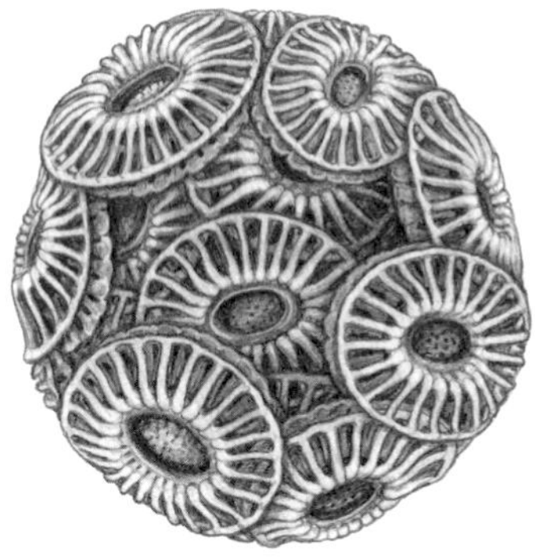

球石藻

布羅斯在實驗中把一種常見的單細胞掠食者*Ochromonas vallescia*放到小球藻的培養液中。這種掠食者的大小是小球藻的兩倍，可以一直吃小球藻並大量繁殖。但是當掠食者很快地把獵物吃完後，自己的數量也會迅速減少。這時，小球藻的數量又毫不意外地增加了。來回擺盪的數量變化持續不斷，但是過了一陣子，小球藻的群聚組成發生了改變，愈來愈多從母細胞分裂出來的小球藻並沒有完全分開成為單獨的細胞，而是鬆鬆的和母細胞聚集在一起，讓掠食者無法吞下，這並非巧合。在經過二十次生殖循環之後，幾乎所有小球藻都變成這個形式。就算掠食者的數量減少，大部分的小球藻還是依照這種方式生殖。

巨型藻類（海草）並不只是微藻類聚集在一起而已，它們的身體往往可分成三個不同的部位。在最上面是海草葉片狀的部位，光合作用主要在此進行，它很像植物的葉片（有些海草的葉片狀部位有分支，讓整株看起來就像一棵樹，有的卻只像一面旗幟。）許多海草有第二個部位——藻柄（stipe），這個中空的莖狀構造能讓海草維持直立。在有些大型海草中，藻柄也可當成通道，讓靠近水面，光合作用旺盛的葉片狀部位把糖經由通道傳到比較低的部位，有些大型的海草可以長達一百五十尺以上，例如巨型海帶。大部分的海草具備固著器（holdfast），以便固定在泥沙或是岩石上，不過固著器並不會吸收養分。有些海草有浮球組織（pneumatocyst），這種圓形或橢圓形的囊中含有氣體，可以幫助葉片狀部位接近光子較多的海面。葉片狀部位和藻柄的細胞都能行光合作用，並且經由細胞壁吸收礦物質。

我們很難界定出藻類演化的各個階段發生的時間，因為藻類（包括海草）通常不會形成化石。但在二〇一〇年，古生物學家在中國中部的藍田附近挖掘，古時候那裡曾是海岸。他們研究一片大約六億年前的薄薄地層，發現了數千個幾公分長的海藻所留下來的黑色碳跡。它們有細長的莖狀藻柄，以及具有分支的葉片狀部位，碳跡看來就好像是細小的樹枝。事實上這些從藍田出土的海藻化石非常像小型植物，讓人禁不住去想它們慢慢地爬到陸地上之後，就變成了地球上最早出現的植物。不過海草已經非常特化，在演化的道路上也走得很遠了，所以基本上已經適應截然不同的環境。這個念頭就像魚類直接演化成哺乳類而中間沒有經過兩生動物和爬蟲動物的過程。事實上，植物是從另外一群更簡單的生物演化而來，這種單細胞的綠色微型藻類叫做輪藻（**charophyte**）。

登上陸地的根本途徑（但不是必然途徑）是有些原本生活在海洋中的輪藻能在淡水中存活。這並不是件容易的事，因為海水富含

海帶

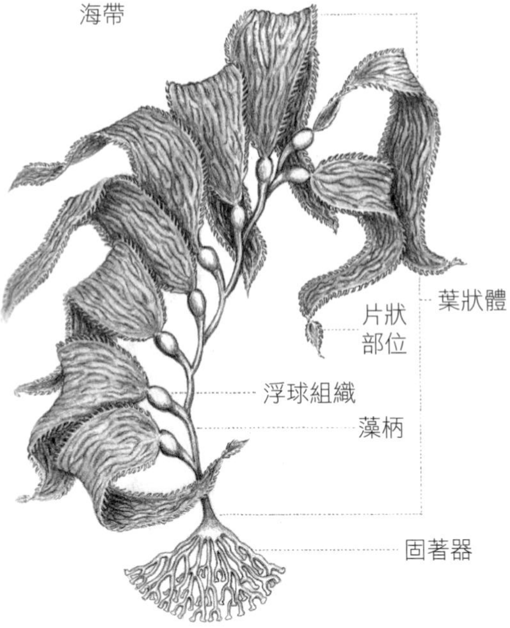

礦物質，微藻類能輕鬆地吸收到，老實說有點太容易了，因此它們甚至具備電化學幫浦把過多的礦物質排出去。相反地，淡水中的礦物質稀少，需要用力吸收進來。也就是說，鹹水中的藻類如果要在淡水中生活，得具備運輸方向相反的幫浦。

科學家認為在七億三千萬年前，有些輪藻個體獲得了這個適應能力，它們可能是生活在三角洲——來自河流的淡水在這裡進入大海，或也有可能是被風暴帶入了陸地的淡水池塘中。不論如何，有些輪藻發生了突變，讓它們細胞的幫浦可以逆向作用。事實上現在有些種類的輪藻屬於「廣鹽性」（euryhaline），能快速適應海水、微鹹水和淡水棲息地。

想像生活在池塘或溪流中微小的淡水輪藻，被沖到潮濕的淺岸。如果時常下雨，而且它也沒被吹到陽光炙熱照射或是高溫的地方，就有可能存活下來。古代的輪藻沒有固著器，但是有些原始的細緻絲狀結構——假根（rhizoid）能輕輕抓住物體表面。如果具有這種假根的藻類被沖上或吹到陸地上，假根便有助於個體固定。現代植物具有和假根相關的基因，那些古老的基因參與了根的發育和維持。

固定只是假根的功用之一。困在陸地上的藻類需要從潮濕土壤中吸收水分，也要對抗重力把水分輸送到葉狀體中。假根僅靠一種機制就完成這件工作。但是又不同於植物的根，它缺乏中空的構造，要如何才能把水送上去？你可以拿張紙巾，豎直，把下端浸到水中，就可以看到水抵抗重力往上移動。紙的纖維彼此排列緊密，可利用毛細現象吸水。同理，有多條假根的輪藻也可以毫不費力地把水一點一點吸上去。

這些原始的植物或許能從土壤中的水取得礦物質，但是大部分植物所需的分量超過土壤所能提供的。現在有九成的植物物種經由長桿狀的土壤真菌取得額外的礦物質，這些真菌稱為菌根（mycorrhiza）。菌根一端伸入根部尖端極細的根毛中，另一端則深入土壤。它像是雙向的通道，土壤端會將吸收的礦物質和水分送到根部，植物根部端則以糖類做為回報。雖然在一般的情況下，植物會對抗真菌的感染，但因植物具有能察覺一種菌根特有蛋白質的基因，因此菌根能順利侵入植物。本質上，菌根和植物是以化學的方式對話。譜系學家（phylogeneticist）專門研究生物的演化歷史，他們發現最早的陸生植物遺傳了來自輪藻祖先的這類基因，以便和真菌交換訊息，直到現在也是如此。

微藻類如果要在陸地上生活，還得禁得起持續暴露在乾燥的空氣中。輪藻的黏質外層本來是演化來對抗紫外線，現在也能暫時用來免於脫水，但是膠質仍會漸漸乾燥。幸好包括輪藻在內的微型藻類會也會製造脂質，這是一種長鏈脂肪酸，其中也包括油、脂肪和固體的蠟。今日半水生和陸生的輪藻都有以脂質為主要成分的外層，來減少水分流失。毫無

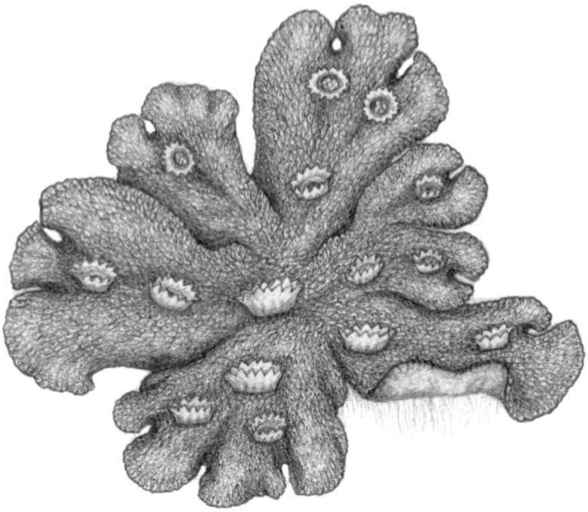

苔蘚

疑問地，當初輪藻登上陸地的時候，這些脂質也發揮了相同的作用。植物的表皮上也具備富含蠟的角質（cutin）和木栓質（suberin），做為防水的外層。製造這些成分的基因在原本的輪藻祖先上面也有，不過後來在植物身上有了不同的用途。[1]

大約在五億年前，有些輪藻完全適應了在潮濕陸地上的生活，成為地球上最初的植物：苔蘚（liverwort）。可惜這麼重要的植物，名稱卻毫無吸引力。英文中「liver」指的是苔蘚略呈三角的形狀，形似肝臟（liver）；「wort」則來自古英文中的wyrt，意思是「根」。目前最小也最原始的苔蘚植物只能貼著地面生長，周長僅數公分。大部分的苔蘚植物具有薄薄的表皮避免乾燥，假根上有菌根生長。苔蘚植物沒有演化出葉片、莖和維管束系統，但比較高等的植物有維管束系統，用來運輸水分和糖到全身。就這方面來看，苔蘚植物比較類似於它們的微型藻類祖先。[2]

從事園藝的人如果在庭園中潮濕的地區或是樹蔭下發現苔蘚，往往會不高興。苔蘚生長的速度很快，它們雖能遮擋雜草種子萌發所需的陽光，但它們也很頑強，如果你把苔蘚拔起來丟到堆肥區，它們還是能存活，持續生長，並散播孢子到草地上。即使如此，我要讚頌苔蘚植物，它們是堅忍不拔的先驅者，如果沒有它們，草地和樹木將無法好好生長。

1 苔蘚植物和藻類最大的差異在於生殖方式。藍綠菌和許多藻類行無性生殖，能透過直接分裂或長出新芽成為新個體，不過也有些藻類行有性生殖。在行有性生殖的藻類中，親體會釋放雌配子和雄配子（只有一組染色體的生殖細胞）到水中，如果運氣好，兩者會相遇形成胚胎（接合子），胚胎就得靠自己生長。但是在植物（包括苔蘚）中，雌配子會包裹在類似子宮的構造——藏卵器（archegonium）中，雄配子會以各種方式抵達藏卵器，接合子也會在藏卵器中生長一段時間。由於苔蘚和所有其他的陸生植物都會滋養胚胎，因此被歸類為有胚植物（Embryophyta）亞界（subkingdom）。

2 為什麼紅藻沒能登上陸地呢？從遺傳學的角度來看，它們並沒有準備好要進行這趟旅程。科學家認為，在很久以前有一段環境壓力較大的時期，紅藻為了節省能量讓自己存活下來，拋棄了許多基因（就算是現在，常見紅藻所具備的基因數量，也只有普通微型綠藻的三分之二）。綠藻的基因比較多，也較多樣化，所以當陸地上的生活遇到新的需求時，有些基因就能夠派上用場，讓個體的主要功能得以維持。相反地，紅藻就沒有像這樣可以利用的基因。

## 第5章 發現陸地 第二集

藻類還有另一條登上陸地的途徑，讓它們成為更精巧與成功的新生命形式。

二〇〇五年，科學家在中國南方的陡山沱組地層（Doushantuo Formation）中，發現了六億三千五百萬年前到五億五千一百萬年前的化石，當時這個地區是位於潮線之下的淺海。化石中有圓形的微小綠藻（也可能是藍綠菌），這些藻類外面包裹著由細絲組成的網，這些細絲是微小真菌的菌絲（hyphae）。

現在的真菌界生物包括黴菌和蕈類等。它們是破壞大師，從菌絲分泌出來的酵素能分解有機物質和岩石。不過在陡山沱組地層中挖掘出來的化石中，包裹藻類的真菌並沒有破壞藻類，因為藻類沒有受損的跡象。真菌有可能是在幫助藻類，讓藻類免於在退潮時脫水，以利交換養分。這樣的合作關係在乾燥的陸地上也可能存在。在苔蘚植物演化出來之前，藻類和菌類就建立了永久的關係。

到了現代，由藻類和真菌結伴而成的生物分布得很廣，這種生物就是地衣。地衣能生長在樹皮、岩石、荒地，以及幾乎所有的固體表面上，例如生長在藤壺上，或有一種小型的地衣只長在漂流木上。墓碑上也經常有地衣。目前地球上至少有一萬四千種地衣，覆蓋了百分之六的陸地表面。縱使地衣的數量非常多，我們卻很少注意到它們，或是把它們當成其他生物。有些地衣看起來像是苔蘚或是黴菌，有些看起來像一層緊貼地面的皺摺葉片，有些像是絲線，黑、黃、橙、灰、藍或綠，垂掛在樹皮、石頭，甚至是塑膠上。

我辦公室的窗外有一棵老北非雪松（Atlas cedar）。搬進辦公室後的好幾個月，我一直擔心這棵樹。這棵樹以前應該很漂亮，但現在針葉稀少又短小，低矮的樹枝已經腐朽，上面長滿皺皺的灰綠色地衣。我擔心地衣會傷害雪松，於是請了一位樹醫生來看看是否要處理這個看起來像是感染的症狀。樹醫生檢查後，告訴我這和地衣沒有關係。真菌會穿過樹皮，吸走樹中的糖，而地衣只會附著在表面。他說，我們經常會注意到枯枝或是死亡樹木上的地衣，有兩個原因。首先，樹枝上沒有樹葉，地衣當然比較容易被看見。再者，枯枝的水分比正常生長的樹枝更多，因此更適合地衣生長。（他說這棵雪松真正的問題是因為有吸食樹汁的啄木鳥來吃，證據是在樹幹上有許多排列成串的洞，那些是啄木鳥鑿的。）雖然地衣是年歲的痕跡，但它對樹木無害。

不論地衣看起來像是一抹顏料、一把縮皺的葉子，還是一小叢迷你灌木，它們的基本結構都相同。微藻類夾在上下層由菌絲構成的網之間，有點像是包在碎報紙中的耶誕裝飾品。真菌能保護藻類免於物理與過量紫外線的傷害，也可能把礦物質傳給藻類。藻類給予的回報是讓菌絲穿入自己以取得糖。在某些地衣中，真菌還會製造毒素讓自己和藻類不會被馴鹿等動物啃食。約有一成的地衣中有藍綠菌，這些藍綠菌如果不是取代微藻類，就是和微型藻類一起生活。三者生活在一起具有特別的優勢：藍綠菌能夠提供固定好的氮給所有成員。

地衣是種奇妙的生物，本體部分是獨特的混合體，稱為葉狀體（thallus），不論是外觀還是活動都不像組成葉狀體的那些生物。雖然人體內所含的微生物數量是人體細胞的十倍，我們依然是智人。但對於這個由真菌和藻類共同組成的生物來說，雙方的特性都消失了，而且一旦結合就不會再分開。在地衣中，這種關係對雙方都同樣有利嗎？在失去能行光合作用的伙伴之後，真菌往往無法存活，但大部分的藻類和藍綠菌在沒有真菌的情況下卻能夠安然生存。即使如此，我還是懷疑藻類是否會想掙脫出去。因為地衣中的藻類還可以生活在其他生物無法存活的區域中，例如陽光直射的岩石表面，或是受到強風吹拂的屋頂上。這種關係就像婚姻，只有配偶雙方才知道彼此對於維持關係的付出。

我們已經確實知道植物從這種關係中得到利益。如果沒有地衣，蕨類這種有根的陸生植物在四億一千萬年前演化出來時，可能會認為陸地不適合生長。絕大部分的植物長在土壤中，科學家估計地衣在陸地上出現的時間至少比蕨類早一億年，它們特別擅長製造土壤。

外觀看起來像一搓粉筆粉或是顏料的殼狀地衣（crustose lichen）是最簡單也最古老的地衣，它可能是製造土壤的開路先鋒。大約在五億年前，地衣首先利用許多細微的菌絲緊緊抓住岩石表面，這些菌絲能深入岩石結晶之間的細微空隙或裂痕中。

天候控制了第二個步驟。由於地衣沒有表皮，無法避免脫水，在氣候乾燥時便會喪失水分，進入休眠狀態。當有雨、有霧，或是空氣變得潮濕時，它們會吸收水分，再次進行光合作用。不斷收縮和膨脹的循環會慢慢把岩石切開。在此同時，地衣分泌的酸性物質會沖刷岩石中的礦物質和微量金屬。因此岩石上如果有地衣生長，碎裂的速度會是沒有地衣的十倍。

最後，地衣的菌絲會持續穿過疏鬆的細微岩石顆粒，以尋找更堅固的表面。過程中，岩石顆粒會被抓在膠狀的菌絲中。當地衣死亡或是部分死亡時，會留下混合了礦物質顆粒和地衣有機成分的混合物，好啦，這就是土壤。沒有地衣，地球上就不會有土壤。我們應該愛護地衣。

或至少我們應該感激地衣的用處。許多地衣含有松蘿酸（usnic acid），這種物質具有抗生素的性質，許多傳統社會長久以來使用地衣治療傷口和傳染病。地衣也能提煉出棕色、紫色和紅色染料，不久之前，蘇格蘭的哈里斯毛料（Harris tweed）依然使用地衣染色。測定液體酸鹼值的石蕊試紙中，由於含有從地衣萃取出來的成分，因此能因酸鹼度不同而變色。香水公司每年也會使用大量的地衣，讓自家的產品中帶有「苔蘚調」。

大部分的地衣太酸了，人類吃下後會引發嚴重的消化不良。不過有少數幾種在適當的處理之後是可以吃的。千年以來，冰島人在冬天時會吃一種被誤稱為冰島苔蘚（Iceland moss）的地衣。農民和村民會在夏天夜裡採收，這時露水會讓地衣變軟，使它容易從岩石上摘下。採收下來的地衣在陽光下曬乾，清理之後儲存在桶子或是網袋中，等到食物不足的時候拿來加菜。這些地衣中百分之七十是多醣類（糖分子接成長鏈），可以放在水中煮成飲料，放在牛奶中煮成湯，或是和牛奶與小麥混在一起煮成麥片粥。一九一八年出版的《美國藥方》（*The Dispensatory of the United States of America*）中寫道：「這種苔蘚中的膠質和澱粉能提供足夠的養分，做為冰島人和薩米人（Lapps）的食物，不過得先反覆浸泡以去除部分苦味。」請注意，是「去除部分苦味」。地衣麥片粥是食物不足時的下下策。

地衣含有大量的多醣類，因此也可以用來釀酒。在一八〇〇年代，斯堪地那維亞人開始用地衣釀造烈酒，到了一八六九年，當地已有十七座地衣釀酒廠。現在種馬鈴薯來釀造伏特加比找尋與採收地衣方便多了（更不用說對於環境造成的傷害），所以地衣釀酒廠已經成為歷史。不過我發現冰島的一間公司（**Islensk fjallagros**）仍然用地衣製造烈酒。這種酒在美國買不到，不過你如果造訪冰島首都雷克雅維克的話，或許可以來一杯，敬一下藻類。

雖然地衣不常出現在人類的菜單上，但是馴鹿如果沒有它們就無法活下去。有種稱為馴鹿苔蘚的地衣供應牠們冬季一半的糧食。馴鹿苔蘚是一種柔軟的灰綠色叢狀地衣，覆蓋在歐洲、亞洲與北美洲廣大的凍原上。馴鹿是反芻動物，有四個胃，能製造地衣多醣酶（lichenase）來分解地衣的酸性物質。北極圈中的某些部落居民，會在殺了馴鹿之後把牠的胃拿出來，吃裡面消化到一半的地衣。加拿大安大略雷克黑德大學（Lakehead University）的「北極森林」（The Boreal Forest）網站曾報導，這樣的地衣「吃起來像新鮮的萵苣沙拉」，不過對於這點我持保留態度。我也讀到有些部落居民會把馴鹿的胃、脂肪、血液、碎肉和肝臟混合在一起，做成像是布丁的樣子，趁著新鮮還溫著的時候吃。這是生的（我沒有找到關於味道方面的說明）。如果你到丹麥首都哥本哈根，也勇於嘗試新食物的話，可以去一間叫做諾瑪（Noma）的餐廳，有時候菜單上會出現地衣。

我並不想吃地衣，不過地衣的某些特性吸引了我。它們是生物圈中毫不起眼的存在，卻靜靜地改變了地球的樣貌，它們無所不在卻不受注意，脆弱而又堅韌，功績卓著卻謙虛保守。我察覺到它們的豐功偉業，於是開始尋找它們的蹤跡。

# 第6章 尋找地衣

然而，在我居住的鄉間周圍，地衣並不多（我並沒有打算摘它們）。我只在光滑的白樺樹皮上找到一些淡藍色的粉狀地衣，以及灰綠色皺葉狀的地衣，後者和長在雪松上面的地衣很類似。我驚嘆它們的無所不在，卻沒有看到我所希望的多樣種類。

這就是為什麼那次到加州洛杉磯旅行時，我高高興興地抓住邀請的機會，參加馬林郡（Marin County）雷斯岬國家海岸公園（Point Reyes National Seashore Park）的地衣導覽之旅，地點就在洛杉磯北方約四十哩處。我從市中心的旅館開車出發，接近公園後，再沿著在托馬雷斯灣（Tomales Bay）邊沿的公路走，然後轉到一條單線道上，蜿蜒爬上山丘。大約在一千多呎高的地方，最先看到一片草原，然後是山丘，上面長著月桂樹叢、蓬亂的狼刷菊（coyote brush, *Baccharis pilularis*）、松樹和各種常綠橡樹（live oak），有些樹木上也纏著淡綠色絲狀物，糾結在一起像是鳥巢；距離南方那麼遠居然也能看到松蘿鳳蘭（Spanish moss, *Tillandsia usneoides*）。最後小路連接到一座由碎石子鋪成的停車場，我和參加導覽的人在那邊碰面。當我抵達時，大部分人都已經到了，這些將和我一起健行的人都慶幸天氣不錯。早晨的霧已經散去，天空一片蔚藍，陽光溫暖。

有人告訴我，今天是欣賞地衣的絕妙日子。地衣潮濕的時候顏色最為鮮明，如果一兩天沒有下雨或起霧，當地衣乾燥時，顏色便會黯淡下來。今天早上的霧讓地衣吸滿水分，使得這些樸實無華的生物能完全地展現自己。

我們今天健行的導遊是雪莉·班森（Shelly Benson），她是一位身材修長，有著親切棕色眼睛的年輕女孩，戴著棒球帽，棕色長髮綁成馬尾。她是地衣學家，也是加州地衣學會（California Lichen Society）的會長。在我自我介紹之後，她給我一片有鏈子的塑膠放大鏡。賞鳥者的標準配備是雙筒望遠鏡，地衣迷則隨身攜帶放大鏡。她把我們集合起來，提醒我們要擦防曬油，接著我們開始沿著小路前進，尋找地衣。

然後馬上就停了下來。

我們遇到的第一棵樹是常綠橡樹，上面有好幾種截然不同的地衣。我們聚集在樹幹周圍，像珠寶商檢查一盤寶石般輪流用放大鏡觀察。

但是雪莉轉移了我們的注意力，她指出我們頭頂上的一根樹枝，上面垂掛著我開車到公園路上看到的苔蘚。

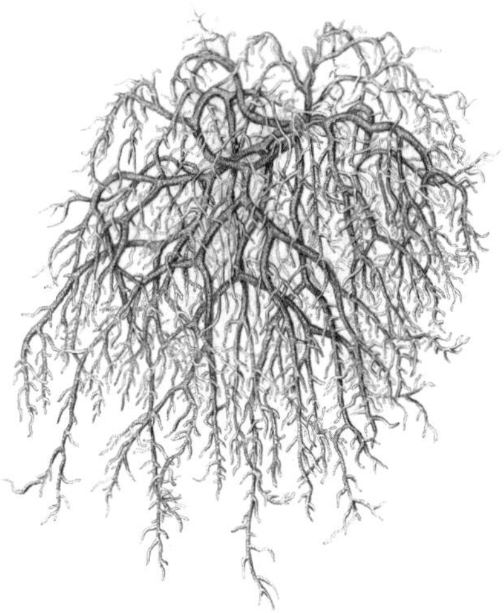

松蘿

她問：「有人知道這是什麼嗎？」我讀書讀了二十多年，這太簡單了，所以我保持沈默。在我身後的女士回答：「鬍鬚地衣（Old man's beard）。」

我身旁的中年男士說：「松蘿（*Usnea*）。」他穿著襯衫和短褲，上面有超多口袋。

雪莉說：「兩位都對，這的確是松蘿。我很高興沒有人說這是松蘿鳳蘭。」人群間傳出些許笑聲，可能是因為尷尬（就像我），或是認為應該沒有人會這麼蠢吧！

她補充道：「我叫它橡皮筋地衣。」一面舉手摘了一段下來，拉住兩端，這截地衣伸長了，又在她放手之後縮了回去。雪莉用指甲刮除地衣外層，好讓我們看到白色的內芯。松蘿的芯是由真菌組織構成，這使得松蘿具有伸縮性。如果想要知道你看到的是松蘿還是松蘿鳳蘭，有伸縮性的就是松蘿。

松蘿屬於枝狀地衣（fruticose lichen）。雖然英文是這樣寫，但它和水果（fruit）沒有任何關係，fruticose衍伸自拉丁文，意思是「灌叢」，這類地衣通常長得像是迷你的滾風草，也像植物那樣，只憑藉一個點連接在物體的表面上。事實上，火車模型場景中曾用枝狀地衣當作灌木叢。

說到**地衣**，大部分的人想到的是葉片狀的地衣，這種地衣就在我們眼前的樹皮上。雪莉指著一個典型的例子：黃綠色的皺摺葉片只有指甲大小，像是玫瑰花瓣般聚集在一起。這是綠盾地衣（Greenshield），屬於常見的種類，分布於全球，就像地衣世界中的麻雀。它就像所有的葉片狀地衣一樣，是從邊緣往外拓展，有時候中心部位崩壞消散，空出的位置就由其他的地衣占據。

這讓我們想到生殖的問題。地衣混合了兩種甚至三種生物，要怎麼繁殖呢？想像有二或三種個體，彼此牢牢地結合在一起，但各有不同的生殖策略。所以毫不令人意外，地衣的生殖過程相當複雜。

因此，許多地衣以無性的方式開疆拓土。一部分的地衣斷開，並且被風吹走，如果落在類似的環境，便會固定下來開始生長，成為新的個體。松蘿這類地衣很適合無性生殖，一條斷裂下來的部位就像植物的插枝，能在其他的樹枝上生長。

即便如此，也是有許多地衣刻意進行無性生殖，例如綠盾地衣。雪莉要我們仔細看這種地衣，要我們一個接著一個用放大鏡貼近觀察。她說：「如果你仔細看，會在葉狀體凹凸不平的邊緣看到鼓起的部位，這是粉芽（soredia）。如果你伸手觸摸，會覺得粉粉的，那其實是真菌菌絲包裹著藻類形成的小球。」粉芽像是葉狀體邊緣長出的小胞，小胞打開後，就能藉由風和動物的擾動讓地衣的營養孢子飄散出來。

不過地衣還能用其他的方式繁殖，而且在鄰近的一棵樹根部附近就有用有性繁殖的種類，讓雪莉和我們很容易就能觀察到。這種地衣是針狀的瘦柄紅石蕊（*Cladonia macilenta*），它的長相驚人，但在美國西岸與東半部還算常見（如果你仔細找的話）。它的葉狀體像是低矮粗糙的苔蘚，或像塑膠菜瓜布的表面。而這個表面上會長出幾十根針狀的淺綠色構造，頂部是鮮豔的紅色，彷彿小精靈的手指被扎出了血。

這些紅色的小球是已經成熟的果實狀構造——子囊盤（apothecia）。就如我們常吃的水果，子囊盤也有生殖細胞，也就是真菌的孢子。有些真菌沒有這麼複雜，能直接以複製的方式長出孢子，這些孢子散播到適當的地點後就會直接長成新的真菌。但是絕大部分和藻類一起形成地衣的真菌屬於子囊菌門（Ascomycetes），這個門的真菌通常會進行有性生殖。真菌行有性生殖時，染色體會分離兩次，然後兩個結構在真菌中會融合在一起，產生出來的孢子會從子囊盤飄走，進入空中。

雪莉解釋，到這裡為止還算容易。真菌孢子還得飄散到有藻類的地方才會長成地衣，而且不是什麼藻類都可以，必須是唯一的那種藻類才行。真菌孢子遇到那個可愛藻類伴侶的機會有多大呢？如果真菌能製造百萬或上億個孢子那當然會有效（體形巨大的馬勃菌可以長到如麵團般大，散放上兆個孢子。）加上孢子很輕，可以輕易飄散到幾十公里外。不過我們無須訝異，地衣對於生殖往往還有備案的無性生殖方式。

在地衣性教育課完成後，我們三三兩兩沿著小徑漫步。地勢平緩，空氣中帶有溫暖泥土的味道，與山下數哩外的海洋氣息，不過我們前進的速度很慢，因為一路上都有地衣。這是一場地衣市集，愈是靠近觀察，看到的地衣就愈多。我們遇見許多如同小精靈般的杯狀地衣（cup lichen），模樣像極了灰綠色的迷你高爾夫球球座。還有長滿小胞和粉芽的藍灰色盾狀地衣。有種環狀的地衣看起來像是零散的橄欖綠鈕釦。另一種則看起來像是白花椰菜的表面。樹上的絲狀地衣像一撮從馬兒身上取下來的粗糙毛髮，只不過是綠色的。掉落的樹枝上也覆蓋著各式各樣的地衣，看起來就像五顏六色的地圖，每個色塊代表一個國家，有些多山，有些如「死谷」（Death Valley）那般平坦。

到了中午，我們在靠近欄杆的一塊空地吃午餐。我把綁在腰間的外套解開，鋪在地上，把白色的塑膠欄杆當成靠背。我坐在雪莉附近，她要我們注意我依靠的欄杆柱子上黑色髮絲般的刮痕。我原以為是因為裡面有汙泥所以才是黑色的。但其實是這些小縫隙中長滿了殼狀地衣。

有個同團的人因為把登山杖靠在空地邊的大石頭上，而發現那裡有一叢橙黃色的地衣，就像一只顯眼的胸針別在那片灰色的岩石表面。雪莉看見這個金黃色的毛髮狀地衣時難掩興奮，她說：「這種地衣只在靠近海岸的地區生長，而且相當罕見。我想這種地衣應該是保育類。這一帶的海岸開發得很嚴重，使這種地衣的生存空間減少，它們需要受到保護。」

我們聚集在這個地衣的周圍，拿出手機恭恭敬敬地拍照。

午餐結束後，我們往回走到停車場。我們可能才走了一哩多的路程，這趟林中之旅卻讓我有了新的眼光（和放大鏡）。現在，我對雪莉比較好奇，我想知道為何她會喜歡上地衣，並且能否依靠這份喜愛為生。植物學家和園藝學家可以從事各式各樣的工作，地球上一半的土地上生長著農作物，光是在美國，苗圃、溫室和相關產業的產值就高達兩百億美元。我們也需要真菌學家，因為蕈類是重要的農作物，而黴菌是造成巨大農業損失的病原體。藻類與海草也是大生意，所以我們需要藻類學家。但是沒有人栽種地衣，也沒有人搶著要它們，如此一來，身為一位地衣學家要如何養活自己呢？

稍後我和她在附近的小城因弗內斯（Inverness）喝咖啡，她笑道：「我真的不確定能不能養活自己，不過我盡力了。」

雪莉一開始並不是地衣學家。她在華盛頓州瑞尼爾山（Mount Rainier）山腳下的小城耶姆（Yelm）長大。她小時候經常健行，大學時念植物學和生態學。畢業前的那個暑假，她在華盛頓南部喀斯喀特山脈（Cascade Mountains）的風河實驗林（Wind River Experimental Forest）工作。從一九〇九年起，研究人員就一直監測林中的樣區，研究樹齡四百年的老花旗松（Douglas fir）和其他樹木，以便瞭解預防與控制野火的方式，以及維持生態多樣性的方法，尤其是在這個氣候變遷的年代。一九九四年，來了一架建築用的起重機，這讓科學家能研究的樣區從森林底部往上延伸到樹冠層頂端。一九九八年夏天，雪莉參與了一項在起重機的吊籃中工作的補助計畫。她的任務是找出地衣的種類，並且分析高度對於地衣族群的影響。在夏天結束時，她獲邀進入加拿大北卑詩大學（University of Northern British Columbia）攻讀研究所。

她高興地回憶往事：「既然有全額獎學金，我當然要去啊！」然後又冷靜地說道：「這個大學從溫哥華要往北開車九個小時才會到，而且那裡的冬天非常長。」

二〇〇一年她從研究所畢業，開始以地衣學家的身分為生，工作換了一個又一個，也參加了大學和美國林務署的短期和季節性計畫，這些計畫都由政府經費支持，但是這些經費很少維持超過一兩年。有一陣子為了有比較穩定的收入，雪莉簽約擔任一間加州顧問公司的雇員，從事環境評估的工作，以執行加州的《環境品質法》（Environmental Quality Act）。

「只要有公司要破壞土地，例如挖下水道、開路，或是蓋購物中心，就需要進行環境影響評估，看所在的土地上是否有稀有植物。以前的我都在美麗的大自然中工作，那時卻得在高速公路的邊坡或是空地中上班，這不好玩，所以我辭職了，並看看有什麼和地衣相關的工作可以做。」

地衣可以當成空氣品質和氣候變遷的指標，她認為最有意義的工作便是拓展地衣的這項功用。地衣從空氣中蒐集需要的養分，不論是隨著霧氣飄來的氣體，或是跟著雨滴一起落下來的顆粒，地衣都會毫不遲疑地吸收與濃縮。十九世紀中期，博物學家觀察到在城市周圍的地衣會因為工業排放的煙塵增加而消失。芬蘭的植物學家威廉．尼蘭德（William Nylander）大約在一八〇〇年代後期研究巴黎周邊地衣消失的狀況，發現地衣的相對數量可以當成空氣中汙染物類型和濃度的測量指標。

例如松蘿和黃枝地衣屬（*Teloschistes*）的物種，對於硫和氮氧化合物（nitrous oxides）非常敏感。二氧化硫主要來自燃燒煤和石油，以及煉鎳的過程。酸雨是二氧化硫造成的，會傷害植物及湖泊池塘中的魚類，也會傷害人類的肺臟。燃燒煤的發電廠和交通工具會排放氮氧化合物，這類化合物在空氣中經由化學反應，會轉變為具有腐蝕性的硝酸。松蘿和黃枝地衣就像是用來檢驗煤礦坑是否有害的金絲雀，只不過警示的並不是會引起爆炸的甲烷和一氧化碳。黃枝地衣的模樣有如一團亮橘色的光芒，當二氧化硫和氮氧化合物濃度高的時候，這種地衣和松蘿就會死亡，而*Lepraria incana*這樣灰綠色的殼狀地衣則會變得更多。科學家調查這些地衣和其他指標物種便能詳細得知長時間下汙染物對環境的影響，這比分析同等數量的空氣樣本要便宜多了。

有的時候地衣會帶來好消息：安大略的薩德伯里（Sudbury）在當地的鎳礦場裝置的脫硫設備，證明這個裝置能有效讓環境恢復。有的時候消息好壞參半：英格蘭和愛爾蘭在《空氣清淨法案》（Clean Air Acts）實施後，有些地方的情況改善了，有些則沒有。在英國，監測城市中的地衣後發現，公共綠地有助於清淨空氣，而交通壅塞的地區空氣品質會惡化。有的時候全然是壞消息。在一九八六年車諾比反應爐災難之後，由於地衣會穩定地吸收放射性汙染物，所以科學家檢查地衣，以確定放射性落塵的數量和散播路徑。地衣的壽命很長，由於持續接觸到車諾比的落塵，自己也成了放射性源。時至今日，在挪威中部的馴鹿飼養戶有時得放走圈養的牲畜，因為那些馴鹿所吃的地衣讓這些鹿肉非常危險不能食用。

在美國，林業署在將近五十年前便一直蒐集國家森林中的地衣資料，用於判斷空氣汙染和氣候變遷對生態系的影響。雪莉希望監測地衣的範圍能擴大到非聯邦公有土地，讓我們對這些影響有更深入的瞭解。地衣是陸地上最年高德劭的生物，它對陸地其他生物的演化極為重要。科學家追蹤它們來掌握地球的健康，可說是適得其用。關心地衣是會有回報的。

# 第二部　美味的食物

# 第1章 頭腦食物

我正看著一隻毛茸茸的黑猩猩，她的身材和成年人類一般高大，站在一堆灰色大石頭之間，面對著一條熱帶雨林中的溪流，這裡是非洲西部幾內亞（Guinea）的巴庫（Bakoun）。她雙手握著一根又長又直的樹枝，靈巧地把樹枝下端戳到溪流底部攪動。過了十五秒之後，她拉起樹枝，檢查下端的表面。不管她想要找什麼，都一無所獲，於是又把樹枝戳到水底。這次隔了稍微久一些，當她把樹枝拉起時，上面掛著一束濕淋淋的水藻。她一手接過一手，就像是你我會做的動作一樣，把「釣竿」拉起，捉住水藻，當成午餐享用。

我之所以能看到這些黑猩猩美食家，都要歸功於馬克士普朗克研究所（Max Planck Institute）拍攝的錄影。這段錄影令我興奮，也讓我想要看各種性別與年紀的黑猩猩撈水藻來吃的影片。後來我讀到這種本能的行為也能在幾內亞和剛果其他群黑猩猩中發現。我一直投入於研究藻類在人類演化中所扮演的角色，因此對這個現象特別感興趣。

人類的腦部是這些幾內亞黑猩猩腦部的三倍大。古人類學家現在正為一個熱門的題目爭論不休——是什麼原因讓某個早期靈長類分支演化出許多物種，最後包括了智人？這並不是說在靈長類中，人類的腦部比較大而讓我們能存活與繁盛。大猩猩、黑猩猩、紅毛猩猩和狒狒等動物在這數百萬年來也都很成功，牠們存在的時間比人類還久。那麼，最早把人類送上不同認知演化道路的動力是什麼？最早的人族動物（hominin）如何長出比祖先更大的腦？牠們的後代是怎樣讓腦愈來愈大的呢？

要瞭解這個過程，得先看看我們人類的祖先——南方古猿（Australopithecines）。這種人族動物大約四到五呎高，身上覆蓋著毛髮，兩足步行，臉孔類似猿類，生活在大約四百萬到三百萬年前的非洲東部與南部。牠們的祖先更像猿類，棲息在茂密的森林中，但是後來氣候變得愈來愈乾燥，森林減少，空出來的區域成為莽原，上面有小片零星的林地。比較大的莽原上有一些湖泊，周圍則是沼澤，這樣的地貌是因為地下曾有巨大的縫隙被逐漸拉開，最後形成東非大裂谷（Great Rift Valley）。腦部較小的南方古猿，其身體適應了這種轉變後的環境。牠們的手臂修長，手指彎曲，這和當年居住在森林中的祖先完全相同。但是牠們的下半身改變了：骨盆的朝向轉動了，因此能直立步行，不過還沒有辦法像人類這樣可以輕鬆跨大步走。牠們的行為也改變了。牠們可能夜間在樹上睡覺，待移動能力增加後，白天在附近的湖岸採集食物。牠們祖先吃的食物包括葉子、果實、堅果、螞蟻、昆蟲幼蟲，偶爾也會吃小型動物。湖邊的採集活動增加了食物的種類。

南方古猿就和現在的猿類一樣，能輕鬆涉水而行。我們從牠們遺留在化石骨骼的化學跡象以及牙齒磨損的模式，知道牠們會吃在湖邊茂密生長的莎草和蘆葦。牠們並不挑剔，爬在這些植物上的小型螺類牠們也吞下肚，還會撈細小透明的甲殼類動物和小魚來吃，這與現在的巴諾布猿相同。這些採集者也一定會偶然發現水鳥和鱷魚的蛋就拿來吃。牠們可能也會尋找淺灘的淡水貝類、蛙類和龜，以及像現在幾內亞的黑猩猩那般吃水藻。鯰魚和慈鯛由於獨特的繁殖和休眠模式，因此也很容易捉到來吃。鯰魚會到水淺的區域產卵，乾季時躲在挖好的泥地洞中，直到雨季來臨。慈鯛則會在淺水的區域產卵。

有些南方古猿因為在沼澤中採集食物，而走上了和其他人族不同的演化道路。腦需要大量能量，它雖然只占體重的百分之二，卻用了百分之二十的能量。那些在森林中找到的食物，無法提供足夠的熱量讓較大的腦運作。動物的肉可以提供額外的熱量，但是南方古猿可能偶爾才能吃到動物屍體，倒是鬣狗和禿鷹不但嗅覺更敏銳，行動也更敏捷，所以牠們會最先找到屍體。再者，南方古猿也沒有辦法獵捕動物，因為牠們的腳並不適合快速奔跑，迫使獵物筋疲力竭。南方古猿既沒有能夠獵殺大型動物的武器，也沒有屠宰大型動物的石器。不過在湖畔，額外的熱量唾手可得（雖然那裡潛伏著鱷魚和其他肉食動物）。就算是懷孕和哺乳的雌性，也不需要工具或跋涉就能蒐集到食物。

同樣重要的是，湖岸邊的南方古猿會不經意地攝取到某些礦物質和脂肪酸，這些成分合稱為「腦部篩選養分」（brain-selective nutrient），它們對腦細胞與神經網絡的建立不可或缺。其中對腦最重要的養分是碘，因為碘是甲狀腺激素的主要成分。這些激素由位於喉嚨前方蝴蝶狀的甲狀腺所製造。如果碘不足，身體就無法製造足夠的甲狀腺激素，現代人類如果甲狀腺激素不足，就會了無生氣、無法專注、短期記憶力不佳。碘攝取不足會使甲狀腺腫大，這種病稱為甲狀腺腫（goiter）。病況加重時，甲狀腺腫大得像是在皮膚下塞了兩顆蘋果，最嚴重時會導致昏迷和死亡。女性在懷孕和授乳期間，如果甲狀腺激素不足，會導致胎兒與新生兒腦部的發育遲緩，懷胎時嚴重不足會使胎兒身體矮小，腦部發育不良，此稱呆小症（cretinism）。在懷孕期間就算是碘稍微不足，也會影響孩子智能發育的完整。

但是很不幸，陸地上的碘相當稀少。火山會把碘噴到空氣中，不過地球表面有七成被海洋覆蓋，因此這些碘大部分都落入到水中。就算有些碘落到陸地上，最終還是由於侵蝕作用流入了海洋。在二十世紀初期在食鹽中加碘以前，阿帕拉契山山區的居民，以及居住在美國中部北方和西北方受到冰河侵蝕地區的人，特別容易罹患甲狀腺腫，甚至呆小症。這些地區屬於「甲狀腺腫帶」（goiter belt），美國密西根州曾經有百分之六十四點四的居民罹患此病的紀錄。瑞士在一九二二年後才在鹽中加碘，在此之前，幾乎所有的就學兒童都有甲狀腺腫，而且有高達三成的年輕人因為病況嚴重而不需要服兵役。

不是只有居住在冰河平原或是山區的人才容易出現碘不足造成的症狀，只要水產食物吃得少就可能引發症狀。植物會吸收土壤水分中的碘，但是在每個生長季節中累積的分量很少。當在一片土地上栽種作物，持續收穫，土壤中的碘含量便會進一步下降，而且世界上許多地方都是如此。在一九七〇年代，一份中國期刊報導，中國有三億七千萬人生活在碘不足的區域，「不足的狀況以各種方式呈現，包括甲狀腺腫、呆小症、區域性智能缺陷（endemic mental retardation），以及生育率下降」（中國政府規定在鹽中加碘之後，到了一九九六年，甲狀腺腫的盛行率下降到一九七〇年代的一半）。柬埔寨常有水災，這讓土壤中的碘流失。一九九七年，該國大約有兩成的人罹患甲狀腺腫。在印度、中亞和中非的內陸地區，甲狀腺腫一直很普遍。我們這些在已開發國家中生活的人，從小到大一直食用添加碘的食物，很難想像以往碘攝取不足對認知發展的傷害有多麼普遍。就算時至今日，世界上依然有三成的人居住在碘不足的地區，吃不到來自海洋的食物。世界衛生組織（WHO）估計，全球依然有數億人面臨碘不足的健康風險。

成年人每天建議的碘攝取量是一百五十毫克，現在半茶匙的加碘鹽就足以提供每個人所需要的分量（授乳的母親需要加倍）。由於全世界絕大部分的碘儲存在海中，所以碘最好的天然來源是海藻和海草。一份海帶中的碘非常豐富，可以高達兩公克，甚至更多。其他種類的海草碘含量可能沒有那麼高，但也是很好的來源。魚類、貝類和其他海洋生物不是直接吃藻類，就是以那些吃藻類的浮游動物為食，或是吃那些吃浮游動物的小型魚類，所以也都是優良的碘來源。一份鱈魚中有兩百五十毫克的碘，一份鮭魚有一百五十毫克。一份扇貝有一百二十五毫克，蝦子則有二十五毫克。淡水魚貝類中的碘含量往往只有海水魚貝類的一到兩成（溪流湖中的碘含量比海水低），但依然比陸地上絕大多數的植物高多了。植物中只有微量的碘。南方古猿和其他早期人族動物在湖邊找東西吃，使得這種礦物質的攝取量大幅提高。

藻類也提供另一種和演化出較大腦部有關的重要養分：二十二碳六烯酸（docosahexaenoic acid,

DHA）這種多不飽和脂肪酸。DHA是兩種ω-3油脂的其中之一，位於腦細胞的細胞膜上，在突觸的部位特別多，同時它也是構成腦部的重要物質，是我們腦部的磚瓦。DHA也會刺激一百多種和胎兒與嬰兒腦部發育有關的重要基因。甲狀腺素運載蛋白（transthyretin）會把甲狀腺素運送到腦部，製造這種蛋白質時需要用到DHA。在岸邊找食物的古代人族動物，一定會比住在森林中的祖先吃到更多的DHA。[1]

加拿大魁北克舍布魯克大學（Universite de Sherbrooke）的醫學系教授兼大學腦部代謝研究主席史蒂芬・康納尼（Stephen Cunnane）、倫敦帝國學院（Imperial College London）腦化學與人類營養研究所的所長麥克・克勞福（Michael Crawford），以及其他一些科學家認為，數百萬年前，早期人族動物因為到沼澤邊找食物，吃到比較多的碘和DHA，演化出的腦才能比祖先更大一些。當然，物種腦部的絕對大小並不代表智能，像烏鴉和鸚鵡就很聰明。身體大小和腦部大小的比例比較具有代表性（但也無法表明智能差異的全貌），這種比例稱為腦化指數（Encephalization Quotient, EQ）。在腦化指數中把人類定為一百，現代的大猩猩和長毛猩猩分別為二十五和三十二，非洲南猿（*Australopithecus africanus*）是四十四。非洲南猿在大裂谷地區的直接後代巧人（*Homo habilis*）的EQ是五十七（巧人是最早出現的人屬物種，大約生活在兩百四十萬年前）。直立人（*Homo erectus*）生活在一百九十萬到十五萬年前，在這個期間最後存在的個體其EQ為六十三。

碘和DHA是如何增進腦部能力的呢？懷孕第三期的胎兒以及受母乳哺育的嬰兒，從母親那兒得到的營養，對腦部能力有很大的影響。如果懷孕和授乳的人族動物經常攝取較多的碘，她的甲狀腺便會受到刺激，製造較多的甲狀腺激素，這些激素會經由胎盤傳給胎兒。如果胎兒剛好具備比較多的甲狀腺激素受體（這是自然會發生的變化），胎兒腦細胞增殖與分化的過程，或稱為神經新生（neurogenesis），就會因此受到促進。如果嬰兒利用碘的能力稍微高一點，存活機率和生育數量也會比較高，在代代都持續有碘的情況下，新個體的EQ將會比較高。

岸邊DHA豐富的食物也有類似的好處，可能成為嬰兒正常發育所需要的營養物。實際上，人族動物對DHA的依賴，導致人類胎兒和嬰兒的生長模式發生重大的改變。人類嬰兒和其他動物幼兒不同，一出生便已經有一層「嬰兒肥」（baby fat），而且這層位於皮膚下方的脂肪組織在出生之後還會持續生長，用來保存熱量。在這層嬰兒肥中，DHA的濃度是成人脂肪組織的三到四倍，以確保嬰兒快速發育的腦部有足夠的DHA可以使用。母親經由子宮把DHA傳給胎兒，也經由乳汁傳給嬰兒。

顯然那些消失已久的祖先持續在岸邊蒐集食物，最後加惠了我們智人。但究竟智人今日EQ為

---

1 人體可以將來自植物的ω-3油脂α-亞麻油酸（alpha-linolenic acid, ALA）轉換成DHA，不過這個過程的產量有限。

一百的腦是什麼時候以及在哪裡演化出來的呢？當然是要在能經常吃到從藻類濃縮而來的DHA和碘的地方與時代。換句話說，得要在岸邊，而且更有可能是在海岸。

雖然關於人類這個物種的起源還有許多爭議，但目前的共識是智人於二十三萬年前出現在非洲的東部和南部。當時的氣候溫和，雨林從非洲東岸延伸到西岸，鱷魚和犀牛在如今是撒哈拉沙漠的地區漫步。不過另一個冰河時期很快就來臨了，整個非洲大陸變得乾燥冷涼，非洲赤道以北的區域幾乎都變成沙漠，大陸上有許多地方不適合居住。大部分的智人部落消失了，人類幾近滅絕。只有一小群人類存活下來，其中有數百名處於生育年齡的女性。絕大多數的古人類學家現在同意十六萬五千年前，這些非洲人在災難性的氣候變遷中，找到了棲身之所，並且存活了下來，成為所有現代人類的亞當和夏娃。[2]

那個棲身之所在哪兒呢？美國亞利桑那州立大學（Arizona State University）人類起源研究所的科提斯．馬里恩（Curtis Marean）讓我們相信，位於南非南端的厄加勒斯角（Cape Agulhas）附近的海岸是他們的避難所。馬里恩花了二十年，指揮挖掘位於厄加勒斯角東側「尖角」（Pinnacle Point）的數個海邊懸崖洞穴。由史密森尼學會（Smithsonian Institution）、美國國家科學基金會（National Science Foundation）及其他人出資，大約有四十名的考古學家在那裡挖掘出早期智人遺留下的生活遺跡，並且推敲出當時能讓他們存活下來的狀況。

他們發現當時的南非唯獨這個區域的環境適合我們的祖先生存。厄加勒斯洋流（Agulhas Current）從印度洋往西南流到這裡，讓當地的氣候變得溫和，就像灣流（Gulf Stream）讓歐洲西北部變得溫暖（不然那裡的氣候會如同加拿大的紐芬蘭）。除此之外，厄加勒斯洋流在海角會與來自大西洋富含養分的冷海水相遇，使得當地成為地球上海洋資源最豐富的區域之一。潮間帶鋪滿了貝類，淡菜、帽貝和螺類，牠們全都緊緊附著在岩石上。這些剛好一口就能吃下的海洋動物從海水中過濾藻類當食物，淡菜除了藻類之外還會濾食浮游動物。尖角附近的海域是全世界海草生長得最繁茂的區域之一，有數百個種類，其中包括兩類親緣關係相近又著名的可食用藻類：紫菜屬（*Porphyra*）和石蓴（*Ulva lactuca*）。這些海草會長在岩石和堅硬的砂岩上，有時候也會長在貝殼上（也沒什麼不可以

---

2 在七萬到五萬四千年前之間，智人祖先除了沿著海岸和河流散播到非洲之外，最後也接觸到了尼安德塔人（Neanderthal）和丹尼索瓦人（Denisovan），他們是直立人在一百八十萬年前離開非洲的後代。經過雜交之後，現代智人中有百分之四的基因來自這些非智人的人種，不過由於在非洲時發生了遺傳瓶頸效應，現代人類的遺傳組成其實非常相近。

但為什麼人類的臉部特徵會如此多變呢？因為人類是高度社會化的物種，而且不像其他動物主要靠嗅覺和聲音辨別不同的個體，人類用的是高度發展的視覺。人類演化成具有傑出的臉部辨識能力（腦中有專門負責這項工作的區域），所以智人（以及尼安德塔人與丹尼索瓦人）各個都有獨特的面貌，讓彼此很容易就能辨認出來。

的）。對於穩占上風的早期人類來說，這片海岸就像是自助餐，人們從中攝取到的DHA和碘遠遠超過了祖先在大裂谷的淡水岸邊所能獲得的。褐藻含有大量的碘，只要吃一小片，就能攝取到足夠的分量。

人類分食了所有可以取得的食物。馬里恩博士和同事發現了被丟棄的貝殼，顯示當時這些居民會蒐集這些貝類來吃。（現在依然有人開車來尖角海岸採集淡菜與海草，如果配合潮汐，很快就能採收到一餐的分量。）由於黑猩猩和人類都對藻類有興趣，所以我們可以合理推測，當時這裡的居民也會吃藻類，可能是生吃，也可能是在炙熱的岩石上稍微煮一下。

對於早期居住在尖角的人來說，這裡還有其他優點。當地靠近凡波斯（Fynbos），那是一片狹長又乾燥的灌木叢林地，是世界上植物多樣性最高的區域之一（這個小小地區的植物種類數量就超過了整個英國的本土物種）。許多植物把能量以醣類的形式儲存在可以吃的地下莖或球莖中。直到上個世紀都還有採集者帶著挖掘杖來挖取這些植物。毫無疑問地，那些在更新世時期的祖先也會這麼做。凡此種種，讓非洲南部海岸不只能讓人生存，還能繁衍下一代。我們這個物種之前可能從來都不曾處於這樣的狀態中。

尖角地區的人有充足且營養的食物有助於發展出更先進的腦，這點可以從他們留下的製品看出來。考古學家發現最早以赭石為原料打造的器具，其中一些赭石有刻意加熱過，好讓紅色更為濃重。赭石可能是用來彩繪身體，古人類學家認為這是早期人類具有符號思考能力的證據。身體上的彩繪傳達出「這是我的部落」或「這代表我在部落中的地位」之類的概念。科學家也發現了加工得很薄的矽結礫岩（silcrete），這是一種由細沙粒集結而成的岩石，只有在攝氏三百四十三度下慢慢加熱才能打造成薄片，且必須要有簡單的石窯才能完成這項工作。

馬里恩指出另一個代表現代智能的指標。尖角的洞窟現在距離岩石海岸大約五十呎高，當年智人居住時，距離海岸數哩遠。在這裡居住是個聰明的選擇，因為去凡波斯採集根莖類和去海岸採集貝類藻類的距離是相同的。植物根莖類可以隨時取得，但是貝類要等到退潮的時候才能採集得到（或至少要在退潮時才能得到夠多的小型動物，值得走這一趟。）由於潮水漲落週期是以月為單位，每個月只有十天退潮，而且退潮的時間只有幾個小時，所以必須具備高度的認知能力才能知道什麼時候適合成群結隊去海邊採集。

在人類心智完全現代化之前，人類的顱腔體積可能就已經和現代人類一樣了，因為前者還涉及到腦中各部位的相對大小，以及各部位之間連結的密度。赭石、矽結礫岩與思索潮水漲落，代表尖角地區人類的認知往前邁進了一大步，具備了複雜而且與現代人相同的認知程序。這些成就和食用大量富含碘與DHA的海洋食物有關嗎？是因為接觸到海洋食物而讓人類發展出現代的心智並具有分析與創造的能力嗎？或是因為我們的祖先具有現代的心智才能持續獲得這些養分呢？抑或是兩個事件同時發生？我們難以提出確定的結論，甚至不可能提出定論。但我們的確知道，人類及人類祖先物種的演化，和長時間持續食用到腦部篩選養分的確有密不可分的關係。人族動物的食物中如果沒有藻類，人類可能無法走上和腦部比較小的靈長類親戚不同的演化道路。

藻類持續影響智人的歷史。現在科學家相信藻類對人類首次移民到新大陸這件事至關重要。二〇〇七年，美國奧瑞岡大學（University of Oregon）的教授瓊恩．厄蘭森（Jon Erlandson）和考古學家及海洋生態學家同事合作，想要找出東亞人遷徙到北美洲西岸的路徑。在厄蘭森發表他和同事的研究結果之前，絕大部分的科學家認為這些移民當年是跨過在冰河時期出現在西伯利亞和阿拉斯加之間的陸橋，沿著北美洲洛磯山脈東邊沒有冰封的路徑往南。然而我們現在知道，大片的冰層讓人類無法深入內陸。考古人類學家現在相信，當年勇敢無畏的遷徙者從東亞乘船到位於日本北海道和俄羅斯堪察加半島之間的千島群島，從這裡出發，沿著連接西伯利亞與阿拉斯加的陸橋（現在是阿留申群島）前進，抵達阿拉斯加，然後經由太平洋沿岸南下，在一萬八千五百年前抵達智利。

這條古代的路徑現在稱為「海帶高速公路」（kelp highway）。在冰河時期，美洲的海岸線比較低，比現在更為曲折，有許多大大小小的淺灣，灣裡長著濃密的海帶，讓魚類和貝類得以棲身，此外還有海獺、海豹，以及其他海洋哺乳動物。科學家在智利南方一條小溪邊距離海岸數十公里的蒙特維德（Monte Verde）灰燼堆中，找到九種海草的殘餘物。美洲西部海岸是適合人類繁衍的絕佳環境，因為人類的腦需要碘和ＤＨＡ。

在世界各地，早期人類都傾向沿著岸邊遷徙，之後才深入內陸，遠離藻類和海洋動物等富含腦部篩選養分的食物。有些居住在內陸的人可以有足夠的淡水魚和魚卵可吃，維持適當的碘攝取量。但是許多人沒有，缺碘的情況依然普遍。如今加碘的鹽能預防之前害人無數的碘缺乏症狀。至於DHA，人類很久以前就演化出讓新生兒和吃奶的嬰兒攝取到足夠分量的方法，以幫助腦部健康發育。現在的嬰兒配方奶也可以補充任何不足的營養。

人族動物的歷史（特別是人類）和藻類息息相關，不過我們接下來會看到，持續攝取ω-3油脂，對成年人的健康依然重要。

# 第2章 來自海草的救贖

就算沒有加碘的食鹽，我應該也能補充到碘和DHA，因為我一直都很喜歡吃壽司捲這種日本料理。這是一種用海草把冷米飯和生蔬菜與魚類包裹起來的料理，切成一口大小後食用。我最愛包生鮭魚和成熟酪梨的壽司。我喜歡這兩種食材細滑柔軟的口感，魚和果實相互類似的口感讓人愉悅。這種料理可能淡而無味，但是醋飯刺激的酸味和山葵的辣感讓壽司變得美味。幾十年來，我一片又一片，應該吃下了一小群鮭魚、好幾桶酪梨，以及一籃子的山葵（*Eutrema wasabi*）莖。

不過直到最近，我才注意到這份美味是由深綠色的海草，也就是海苔所包裹起來的。我那時沒有想到海苔會有什麼營養價值，也沒有特意去品嚐。我單純地以為海苔只是為了把米飯、酪梨和魚肉包裹在一起，讓我容易從餐桌上拿起壽司，送到嘴巴而已。但在經過仔細品嚐過三個地方的這種特殊巨型藻類之後，我才知道海苔並不只是方便手拿起壽司的可食性包裝材料而已。

在亞洲東部，幾乎每餐都可以吃到海苔，而且不是和其他食物一起吃，而是直接食用。在日本和韓國，餐桌上會準備大約一疊十幾公分長寬的海苔，看起來就像是餐巾紙，用來包米飯享用。有時候是照燒口味，有時則是山葵口味。包括便利商店在內，到處都有販售日式飯團，這種飯團裡面包著或甜或鹹的餡料（我最喜歡的是醃梅子），外面再裹著海苔片。東亞各地的廚師會把磨碎的海苔放在沙拉或湯裡，或是和米飯混合在一起。在日本，人們吃包著海苔的仙貝，就像美國人吃洋芋片一樣。

最近十年來，各種海苔零食紛紛占據了北美洲和歐洲的雜貨店貨架，有芥末、鹽味或是其他口味。小學生的午餐盒中也出現了海苔零食。英文把巨型藻類稱做海草（seaweed），如果用其他的名稱來稱呼它（例如海菜），應該可以讓這些食物聽起來比較好吃，或是我們把它稱為海香草（sea herb），因為這是古英文字sawar比較正確的意思。

海苔除了味道鮮美，還有許多理由讓它不虛「好食材」的美名。雖然海草（包括海苔）並不是天堂來的食物，但是除了碘之外，它還具備其他多種養分，纖維與蛋白質的含量也高，而且熱量低。許多海草每份所含的礦物質和維生素比陸地上生長的蔬菜（包括甘藍菜和菠菜）都高。畢竟植物的根只能吸收到周遭土壤中的礦物質，況且土壤中比較稀少的化合物可能會被吸收殆盡。相反地，海藻被海水包圍，水中充滿各種溶解礦物質，包括那些藻類和人類都需要的微量成分。除此之外，由於海水持續受到風和洋流的攪動，因此藻類一直都有源源不絕的礦物質可以吸收。

我很驚訝一小份的海草就能滿足多種營養需求。四片海苔的重量約二點五公克（或是七枚迴紋針的重量），就能提供足夠的維生素A、維生素B群、鈣、鎂、鈷、硒、碘、鐵，以及蛋白質（海苔中有一半是蛋白質）。包括海苔在內的一些海草，含有維生素C，不過這種維生素分解得很快。海苔也特別富含製造蛋白質所需的丙胺酸、麩胺酸和甘胺酸。

在日本，人們平均每天吃下十四公克的海草（其中包括許多海苔），日本是全世界數一數二長壽的國家。這並不讓人驚訝，因為ω-3油能降低發炎反應，減少血液中的三酸甘油酯，使心血管疾病的風險也跟著下降。絕大部分的海草含有大量的可溶性纖維，就像燕麥粥，能降低膽固醇，維持腸道健康，並提供飽足感。除此之外，流行病學的研究顯示，攝取足夠的DHA能減緩阿茲海默症造成的認知衰退。根據梅約醫院（Mayo Clinic）的說法，DHA有助於減緩類風濕性關節炎的症狀。海草的低熱量、高營養、豐富的ω-3油，再加上飽足感，比一天一顆的蘋果還要棒。

製作海苔的原料是紫菜屬的紅藻，最常使用的是條斑紫菜（*Porphyra yezoensis*）。世界各地居住在溫帶海岸地區的人民都會吃紫菜，但是東亞人，特別是日本人，吃紫菜的程度是其他地區的人比都比不上的。多年來，紫菜在日本人日常飲食中占的分量之重，讓日本人的生物特性改變了。日本人消化海草的能力高出其他人，因為他們的腸道細菌中有一類能製造紫菜酶（porphyranase）這種酵素的基因，幫助消化海草堅硬的細胞壁。這些細菌可能是經由水平基因轉移（lateral gene transfer）得到這些有利的基因，成功地在人類的腸道中居住下來，並且大啖海草。由於腸道中有紫菜酶，日本人能從海草中榨出比較多的養分。

日本諸島的居民吃海草的歷史比懂得栽培陸生蔬菜的歷史還要悠久。從他們遺留下來的含碳遺跡看來，大約在一萬年前，居住在沿岸的部族便使用海草和居住在內陸的狩獵部族交換物品。早期的文字紀錄中也經常出現海草，原因之一是海草在日本本土宗教——神道教中占有一席之地，這個宗教約出現在公元前七世紀。包括紫菜在內的海草會在神社中獻祭，以祈求神明保護這種重要食物的供應來源。公元八世紀時，漁民把海草當成稅金，主管單位會把這寶貴的物品分配給宮廷、平民、軍官以及神官。

對於居住在沿海的許多人而言，採集海草來吃，將之做為貿易商品，或當成稅金上繳，是日常生活的一部分。海草也成為幕府軍隊的口糧，可以做成海草醬，或加糖加醋來吃。到了十八世紀初，廚師才利用造紙的技術製造出我們現在熟悉的海苔片。

採收紫菜的方式也隨著時間而變化。在一六〇〇年之前，海邊的居民人就只是在退潮時摘取自然生長在潮間帶岩石上的紫菜。但後來事情不一樣了。當時軍政獨裁者德川家康統治日本，他下令每天都要供應魚到他位於江戶（現在的東京）的宅邸。東京灣周邊的漁民為了確保穩定的漁獲，便在海岸邊圍起竹柵欄來圈住魚。後來他們驚訝地發現紫菜會長在柵欄上，這是個好消息，漁民便把竹竿插在潮間帶的水域中，讓海草在竹竿上生長。到了十八世紀，日本漁民發現紫菜不只會長在竹竿上，也會長在竹竿之間的網子上，這使得生長面積增加了。

漁民開始販賣紫菜賺取收入，並且做為冬季的食物，但紫菜的生活史還是個謎。春天時，海水變得溫暖，他們可以看到海草釋放出孢子，消散在水中。秋天時網子上會長出新的紫菜，但是有時卻不會。某幾年紫菜不會出現，但原因不明，該年的冬天漁民只好在困苦中度過，並且咒罵這種「賭博般的海草」。人們時不時會撈捕孢子，想把它種在網子上，但這些實驗從來沒有成功過。所以漁民每年總要拿一些紫菜獻給神明，以祈求豐收。

大約在二戰末到剛結束後不久的這段時期，神明可能永遠拋棄了這些漁民，年年海草都沒有再長回來。海苔的消失不只對文化造成了衝擊，人民也因處於飢餓民不聊生。當時的日本受到了嚴重的破壞，八成的漁船由於美國的轟炸受損，仰賴進口的食物供應被迫中斷，三百五十萬日本軍隊和人民也從海外回國。對漁業的續存來說，紫菜至關重要，但是沒有人知道怎樣才能讓這些海草再次生長出來。

誰也料想不到拯救海草產業的是一位英國女性藻類學家：凱薩琳．德魯（Kathleen Drew）。她一九〇一年出生於蘭開斯特，獲得獎學金而進入大學唸書（這對於當時的女性而言極不尋常），並且在以優異的植物學成績畢業後，前往加州大學柏克萊分校從事兩年的研究工作，接著回到英國曼徹斯特，在大學中教授藻類學。她在一九二八年和從事學術研究的同事亨利．萊特．貝克（Henry Wright Baker）結婚，因而被要求辭職，因為當時的已婚婦女不得教學。大學提供她擔任研究職務（你可能不知道這是不付薪水的），所以德魯（朋友們都這樣稱呼她）靜靜地在家裡自己做研究。經過了十多年，這位身材嬌小、戴著眼鏡的兩個孩子的母親，發表了幾十篇論文，在一九三九年得到博士學位並成為研究紅藻的頂尖權威。

一九四〇年代中期，她的注意力放在*Porphyra umbilicalis*這種生長在威爾斯北部海岸的紫菜上，當地居民自古以來就會採集這種海草來吃。德魯-貝克博士決心要解開紫菜的生活史之謎。一開始，她在家中的小水槽中培育紫菜，以便蒐集孢子進行後續實驗。雖然沒有什麼特別的理由，但是她決定放一些舊的牡蠣殼到一些水槽中。一如所料，紫菜生長茂密，釋放出孢子，但是幾個星期後，奇怪的事情發生了：那些牡蠣殼變成了粉紅色。

乍看可能會以為是海水受到其他海草孢子的汙染，不過德魯-貝克認出牡蠣殼上玫瑰色的絨毛是絲狀的海草，名字是玫瑰貝殼絲藻（*Conchocelis rosea*）。但不久後她便發現這個「玫瑰貝殼絲藻」並不是一個物種，而是紫菜的孢子體（sporophyte）階段。孢子體是某些植物和藻類在發育過程中的多細胞形態。她發現紫菜的孢子在春天並不是消失了，而是換位置生長。這些生成長出來的個體並不是棲息於潮間帶，而是在稍微深一些的海域，附著在牡蠣或其他雙殼貝類上生長成絲狀的個體。由於這種個體最初的命名錯誤，她把它稱做貝殼絲狀體（*conchocelis*）。貝殼絲狀體將來也會釋放孢子，稱為「殼孢子」（conchospore）。風與潮汐會把在海底的殼孢子帶到岸邊，殼孢子附著在潮間帶的岩石、竹竿（和網子）上，發育成我們熟悉的葉片狀海草。紫菜屬的生活史很複雜，但有其意義。雖然海岸區域騷動不斷，有風暴、異常高溫或是疾病會殺死許多紫菜，但是貝殼絲狀體在平靜的海底度過一季又一季，可以持續提供新的孢子。

德魯-貝克寫了一篇說明這個發現的短篇論文，投稿到《自然》（*Nature*），於一九四九年發表。

她預期應該只有學術界中對紅藻有興趣的人才會注意到這篇文章，不過日本九州大學的教授瀨川宗吉（Sokichi Segawa）讀到了這篇論文，並瞭解到它對日本海苔農民的重要性。紫菜發育的生物特性解釋了為何近年來都無法培養成功。第二次世界大戰期間，美國空軍幾乎對每個主要港口和能夠航行的海峽都投下數以千計的水雷，這些轟炸行動破壞了主要港口，目的是要讓依賴進口食物的平民挨餓，以逼迫日本帝國投降。但是爆炸也破壞了貝殼，並掩埋了牡蠣生長的海床。接下來的颱風季節，強烈的颱風又攪亂了水底的生態系，導致多年來孢子體沒有適合的場所長成貝殼絲狀體，釋放殼孢子到潮間帶繁衍。

瀨川宗吉在日本海洋生物學家和漁民的幫助下展開工作，在陸地上複製紫菜在自然環境中繁殖所需要的生態系。現在這個系統於不同的國家之間有少許差異，但是基本上是這樣的：專家把在特定區域中蒐集到產量最高的紫菜所產生的孢子，移到室內巨大的水泥淺水槽中，並在槽中注滿海水。槽上架著桿子，桿子下吊著成由塑膠繩串起的牡蠣殼，每串有數百個，掛在水中。槽中的海水經過處理，去除了細菌，並且控制氧氣、溫度和營養含量，以模擬當地夏日的狀況。孢子會如同在野外那般在殼上生長，長成粉紅色的貝殼絲狀體。這時讓水溫下降，並且製造波浪，模擬秋天比較冷而且有颱風來襲的狀況。此時，貝殼絲狀體會釋放殼孢子。工作人員會把數層網子捲成粗柱狀，浸到水中，讓殼孢子附著到網子上。這些含有孢子的網子會捲起來冷凍，到了秋天，漁民會把網子在風平浪靜的海灣中展開，通常當地政府經營的海藻孢子中心會幫助栽種。

在那篇《自然》的論文發表後幾年，德魯－貝克的發現以及後續日本科學家的發明，拯救了全國的漁民，並且拓展為成功的國家協助產業。栽培紫菜不再像是賭博，而是有踏實的收穫，在日本、韓國與中國，栽培紫菜成為重要的的成功產業，並且擴及到東南亞國家。

德魯－貝克沒有去過日本，也不知道她的研究所造成的影響。她在一九五七年去世，享年五十六。不過日本漁民一直都知道她保護了他們的生計，甚至可能還保護了他們的生活。在九州沿海地區有一座紀念這位英國科學家的立碑，上面有她的銅製浮雕像及簡介。每年四月十四日她生日時，人們會在此聚集，紀念她拯救了海苔。時至今日，即使戰後悲慘的記憶已經逐漸模糊，甚或不復存在，依然有許多人出席這個紀念儀式，漁家發自內心地懷念與感謝這位英國科學家。現在每當我吃著喜愛的壽司時，也會感謝她。

# 第3章 大規模栽培海草

壽司在今日已經是相當普遍的食物，不論是高檔餐廳、美食廣場或是大學食堂都吃得到。東亞地區以外的人也愛上了這種由海苔包裹的美味。（有些傳統主義者可能會認為那並不美味，因為現在有的壽司中加了培根、咖哩、芒果、奶油起司等非傳統的材料。）在美國，食品商店壽司的銷售年增率是百分之十三，海苔零嘴銷售的年增率是則有三成。種植紫菜和銷售海苔如今成了價值數十億美元的產業。但是養殖海苔的漁民是如何跟上需求的呢？這種勞力密集的家庭式產業是如何跟上二十一世紀的？

為了找尋答案，我在二月的某個清晨開車前往南韓西南部全羅道的鄉間。這裡距離南韓首都首爾非常遙遠，幾乎沒有外國遊客來到這裡。全羅道有兩千多座島嶼，海岸線將近四千哩，有無數可供保護的海灣，這裡是南韓的海草農場。

今天陽光耀眼，但是風很強，溫度在攝氏零度以下。道路一側農田進入休耕期，水幾乎都排乾了，那裡原本有成排的作物。少數殘存在田間與圳道的水結成了冰，閃著一道道的光芒。另一側的農田就像是美國核心農業區域田地的迷你版，上面種著細長華美的青蔥，以及籃球大小的綠色高麗菜。農舍散布在田野之間，房子的屋頂不是明亮的藍色，就是鮮豔的橘色。而稻田邊用來培育秧苗的白色半圓形溫室，和這種傳統建築成強烈對比。

今天招待我的主人是南韓國家漁業與發展研究院位於木浦市海草研究中心的資深研究員黃恩景（Eun Kyoung Hwang）。她大約四十多歲，留著短髮，戴無框眼鏡，笑容可掬。她的英文說得很好，不過我能感覺得到她不常使用這個語言，要努力想出適當的字彙。她的兩位女性同事與我們同行，和我們一起前往全羅道最大的島嶼之一（Aphaedo），拜訪當地的紫菜農場和海苔加工廠。朴博士（Dr. Park）和我一起坐在後座，她打開保溫瓶，裡面有冒出香氣的熱飲，她說那是由水梨、蔥、棗子和薑混合製成的。我拿了一杯，這時李博士（Dr. Lee）從前座轉身拿了灑著海草粉末而呈現淡綠色的甜餅乾給我。

海藻餅乾並不讓我驚訝。來南韓的這幾天，我已經吃過各式各樣的海藻食品，我最喜歡的是黃博士和她的同事在前一天帶我去餐廳時吃到的，那是一道由maesaengi這種在全羅道冬天生長的海草做成的湯。一開始我還在猶豫是否要吃這道料理：漂浮在透明高湯裡面的海草，像極了絲滑的綠色毛球，光看就讓人心生警覺。湯中還有軟綿綿的白色團塊，不過立刻就可以看出是年糕和飽滿的白色牡蠣，我愛吃牡蠣。這道湯美味濃郁，有淡淡的堅果味。

車程中，黃博士提出了一個我猜她問了之後才能讓自己舒坦的問題，因為這個問題可能意味著我做錯了什麼事。她不明白我為何會選擇來南韓而不是去日本？對壽司有興趣的人都是去製作壽司歷史更為悠久的日本。

一九六〇年代到一九八〇年代初期，在東南亞以外的地區點壽司，吃到的會是來自日本的海苔。那個時候只有日本出口海苔到全世界。不過到了一九七〇年代，南韓也在西南部的淺水海岸大規模增建紫菜農場。當地的生長情況良好，產量逐年增加。從一九九〇年起，中國也加入市場，他們和日本合作，由日本方面提供技術，中國提供人力和栽培所需的海岸。到了二〇一三年，中國海苔的年產量是一百一十四萬噸，韓國是四十萬五千噸，日本則只有三十一萬六千噸。

日本的產量最近幾年已經趨於平穩，而且不太可能再增加。近海海水的溫度上升，使生長季節縮短，寄生蟲變多。工業汙染也造成只有部分地區能夠生長出安全的產品。紫菜農要在冬天黑漆漆的清晨，開著小船，花幾個小時在冰冷的海水中撈起紫菜。這樣的生活對年輕一代的日本人來說毫無吸引力，於是日本允許少數移工來填補人力空缺。

相較之下，南韓政府成立了海草研究中心，優先發展相關產業，現在南韓每年出口一百億片海苔，占全國產量的四成。日本的海草品質比較高，但是價格相對高昂，幾乎都是由高檔壽司店買下。（最高品質的海苔質地光滑均一，顏色是接近黑色的深綠色，折彎的時候會發出捻手指的清脆響聲，入口即化。）中國的海苔主要銷售國內市場，或是當作魚類和牲畜的飼料。南韓的海苔比較容易出現凹陷或小洞，品質介於日中兩國之間。因為在美國，食品店陳設的海苔幾乎都來自南韓水域，所以我告訴黃博士，來她的國家更恰當。[1] 除此之外，我和她聯絡時她很積極熱心，讓我無法拒絕。

我們此行的目的地是新安海合作社（The Shinan Sea Cooperative Association），他們的設施位於寬廣的淺海灣邊，我們抵達時，潮水還在數百呎遠處，細小的竿子上張著網子，上面附著的海藻全都顯露出來。小船擱在潮濕閃亮的沙灘上，沙灘映著船身鮮豔的色彩。我們前往大廳，把靴子脫下，換上脫鞋，去見裴昌南（Bae Chang-Nam），他是一位高大英俊，可以媲美香菸盒上瀟灑男子的人。他領我們進入辦公室，賓主在沙發上坐下，彼此簡單介紹，喝著送上來的茶。在黃博士的翻譯之下，我得知裴先生是從父親那裡繼承了這個事業，他的兒子將來有天也會從他手中接掌。他的兒子身材結實、額頭寬闊，剛剛才安靜地走進房間來。在南韓，栽種紫菜是家庭或是村落的事業，裴先生與眾不同之處在於他還經營了紫菜加工事業。大部分栽種紫菜的漁民會把收成拿去拍賣，但是裴先生比較傾向企業化思考，控制了下游的生產過程，就能包攬整個海苔生產過程的利潤。

黃博士和她的同事以韓語和裴先生交談，原來輕鬆的客套語調轉變成嚴肅的對話，然後主人微笑

1 在美國的食品店中有些是來自中國的海藻，不過除非美國農業部證明這些產品是有機的，否則我都會跳過。海草很容易吸收與累積礦物質和金屬，所以一定得在乾淨的海水中栽培。中國海岸線汙染嚴重，而且對於海藻種植區域的法規執行得並不嚴密。

站起身來，離開辦公室，回來時拖鞋已經換成了靴子。我們將要進入寒冷的天候中，一覽紫菜變成海苔片的過程。

第一站，我們看到一個鋁金屬建造的庫房，裡面有幾個巨大的桶子，每個桶子裡面裝滿了漂浮在水中的新鮮紫菜片，看起來像是緞帶碎片。桶子上面有類似長腳蜘蛛的巨大機器持續旋轉，攪動著桶子裡面的東西。再反覆沖洗數次，除去沙子、寄生蟲和其他附生的藻類之後，這些海苔被送進切碎機，處理成將近黑色的濃稠糊狀物。

糊狀物經由管路送到室內，流到一臺工業化海苔製造機中，這臺幾十呎長的藍色龐然大物一直發出旋轉與敲打的聲音，一條十六呎寬的灰色輸送帶通過巨大機器的核心部位，輸送帶上排列著黃色的墊子。在輸送帶的最左側，噴口把黑色的紫菜糊噴到墊子上，成為方形，在海苔糊外圈留下黃色的外框。每隔兩秒，就有一排墊子被送到機器中，不鏽鋼板從上方垂直壓在紫菜糊上，將水分擠出。在房間的另一端，輸送帶進入工業烤箱中，烤箱的大小像是小型儲藏櫃，能如同手風琴那般伸縮，方形紫菜糊完全烤乾之後便會暫停，這時方形的紫菜片會從墊子上剝落，掉到另一條輸送帶上，傳到其他的房間中烘烤、檢查，整疊束起來，裝盒，準備運輸。滑潤的海草變身為精美包裝中衛生紙般的海苔片，只花費數小時。

回到木浦市，黃博士說明了和裴先生會談的原因。有個社區海草研究團體提供他們自己發現的紫菜新品種給裴先生所在區域的海藻農。一開始，這個新品種長出的紫菜片比較大也比較厚，產量高，好像很不錯。但是裴先生嚐了由這種紫菜製成的海苔，認為口感和味道比較不好，所以決定不栽種這種新發現的品種，但是他周遭的海藻農的決定卻和他相反。現在他們發現這種新品種侵略性強。裴先生把含有紫菜種苗的網子一放到水中，新品種的海草就會占據網子，壓過裴先生公司需要的傳統品種。

黃博士說，這是個棘手的問題。她必須小心應對當地團體，確保沒有貶低他們的努力，或是看起來仗勢欺人。裴先生的困境是海洋養殖的特點之一：農民幾乎沒有方法可以控制「土壤」，這種狀況和當初英國農民耕種公田的時代很像。不論如何，黃博士的研究團隊正在找尋解決方案。她希望裴先生能在種植季節初期就把網子架設好，當他的紫菜品種先長到一定的程度，就能抵抗後來引入品種的入侵，不過他也可以改變栽種方式，讓自己栽培的品種生長得更好。

隔天早上，我在旅館吃了海草蕪菁湯和米飯後，黃博士來接我，我們往南渡過鳴梁海峽，前往珍島。有兩座橋梁跨越這座寬廣的海峽，橋上最顯眼是數座漆成明亮橘色的三角形高塔，高聳直入蔚藍的天空，塔上伸出的閃亮銀色纜索連接到橋身。過橋之後再開九十分鐘的車，便抵達了我們今日的目的地 Hoedong Harbor。我從脖子到膝蓋都包得緊緊的，膝蓋到腳指頭則藏在防水靴中，但是當我們走在巨大又空曠的水泥碼頭時，依然感覺寒風刺骨，所以我又戴上了帽子和手套。我們在碼頭末端登上了一艘船，船長則倒船往港口中駛去。

搭乘海草船在海上航行一點都不浪漫。這艘長長的船甲板寬達二十呎，上面幾乎放滿了約三呎高的藍色桶子，從甲板的一端排到另一端。李船長在船尾右側一個類似電話亭的橘色與藍色小房間中控制著船。電話亭邊有個橫放的圓桶，長度幾乎和船的寬度相同，上面有許多刀刃，那模樣就像舊式的手推除草器下方的滾輪，只不過是超大型的。

船駛出港口，進入寬廣的水域，前方視野沒有任何阻攔，可以看到海平線。船前面的大片海域覆蓋著漂浮的網子。十分鐘後，李船長讓船減速，靠近這片廣大的紫菜田。我看到許多細細長長的網子，整齊地羅列在眼前，就像陸地上種滿作物的農田。每排網子中間的通道寬度剛好夠我們的船航行。每位海草農各自所屬的「田地」之間，有更寬的航道隔開。成排的網子和「田地」形狀都非常對稱，幾乎一模一樣，上面也沒有記號，我無法想像各個海草農要怎樣才能找到屬於自己的田。不過海草農的確知道他們自己的田地所在，也知道不同的田產量有高下之分。海草農並沒有擁有自己的田地，而是自發組成合作社，向政府承租海域。農家每年會經由抽籤訂出順序，挑選來年栽種的紫菜田。每個人都知道哪些田中的海流最佳（不會太快也不會太慢），能避開海風與浪潮，依此來選擇。

網子長度約一百呎，寬八呎，底部固定在海底，好讓網子伸展開來，但太深了我們看不到。網子上緣每隔十幾呎便繫著啞鈴狀的保利龍，讓網子能夠浮起。網子有些部位在水面下，上面有保利龍啞鈴；有的部位掛在保利龍啞鈴上面，所以距離水面約有十八吋高，這高出水面的網子上掛著鬆垮濕潤的紫菜條。

在野生的狀態下，紫菜生長於潮間帶，每天兩次退潮期間，會暴露在空氣中數個小時。這樣的過程對紫菜而言極為重要，因為那些寄生的螺類、吃紫菜的甲殼動物，還有遮蔽陽光的微小藻類都無法忍受乾燥，所以不是掉落便是死亡。農民如果在潮間帶的柱子之間張網，紫菜會附著在網子上，退潮時網子便會暫時露出水面。但是我們目前所在的海域比較深，所以農夫在網子上繫了保利龍啞鈴，以模仿紫菜暴露在空氣中的狀態，每天要翻轉網子四次。

這聽起來是個耗費大量人力的工作，但黃博士向我保證並非如此，並且請船長示範給我看。他把船停靠在一張網子的末端，船上一名工作人員抓住最末端的啞鈴翻轉一百八十度，其他的啞鈴就一個接著一個，像是連串倒下的骨牌那般翻轉了，整個過程花不到一分鐘。

我們登上了另一艘船，這艘船要採收某張網子上的海藻。工作人員把網子拖到轉輪上，轉輪在網子下方削切海草，切下來的部位掉落到藍色桶子中。網子持續從船上通過，從船尾落回水中。在產季高峰，每張網子隔兩個星期就要削一次。到了三月氣候回暖，海草的生長速度減緩，漁夫便收回網子，正當此時，捕魚季也剛好來臨了。

我們在十點十五分回到港口，發現之前像是荒廢了的碼頭已經改頭換面。大約有二十多艘海草船擠在這裡，一排船繫在碼頭上，另一排船繫在這排船上，又有第三排船繫在第二排船上，全都亂成一團。整個港口色彩繽紛。船是藍色和橘色，緩衝的軟墊是明亮的黃色。農民以男性為主，也有一些女性，全都穿著塑膠靴、防水工作褲、羽絨衣和帽子，這些衣物的顏色都十分鮮明，組合在一起就像是由紅、藍、紫、黃、淡綠和粉紅編織而成的旋律。海藻養殖是個肩負重任的產業，但是在這裡的每個人穿得就像要去幼稚園那樣鮮豔。

在這些船甲板上的桶子裡，裝滿了濕漉漉的紫菜，一大堆看起來像黑色的爛泥。所有的船都在同個時間回到碼頭，因為在整整四十五分鐘後，眾所期待的拍賣即將在十一點開始。這段等待的時間可以讓每個人把採收來的海草濾乾，因為買家以重量計價，這樣海草的賣價才會相近。

十一點整，一個戴著紅色棒球帽的男子走上最外側船隻中的某一艘，仔細研究堆成小山的海草，開始鑑定。跟著他的是十多位買家，他們會競標船上的海草（也有的不競標）。拍賣商在船隻之間移動，走完一圈並沒有花多少時間，整個早上採收的海藻便全部都賣出了。之後船上的工人把及膝的冰冷潮濕海草鏟進長寬都為五呎的藍色或綠色聚丙烯塑膠袋中，袋子裝滿後以繩子打結。巨大的傾卸車隆隆駛到碼頭，高大的起重機從船上抓起一串被用繩子串在一起的袋子，吊起到空中，再移到卡車上。到了中午，水泥碼頭又恢復了空曠與寧靜，直到隔天早晨來臨才會再熱鬧起來。南韓的海苔產業每年成長百分之八，這些碼頭以及許多在南部海岸的許多碼頭將會變得愈來愈忙碌。

南韓政府瞭解海草養殖的經濟潛力，因此出資設立了黃博士工作的研究中心。韓國南部海岸的海水清澈，有數百哩長的曲折海岸線，能生產大量海草。來自海洋的蔬菜是未來的蔬菜。

# 第4章 威爾斯人的美食

條斑紫菜只在東亞海域中生長，不過在歐洲和北美洲有其他紫菜屬的物種棲息。數百年來，威爾斯人就一直採收生長在海岸岩石上野生的臍帶紫菜（*Porphyra umbilicalis*），通常稱為紫菜（laver）。一六〇七年，威廉．卡姆登（William Camden）在他編輯的《大英百科全書》（*Encyclopædia Britannica*）中寫道，彭布羅克郡（Pembrokeshire）沿海的居民會採收「一種藻類（海草）」，洗去沙子，用兩片石板壓去水分，切成條狀後揉成團，然後在水中煮上好幾個小時，做成深綠色的膠狀物，稱為「紫菜麵包」（laverbread），因為製作過程中有揉捏的步驟，才有了這個容易令人混淆的名字，其實它完全是由海草為原料製作而成，外型也不像麵包。

傳統上，紫菜麵包用來當來早餐，可以塗抹在吐司上（純粹主義者就是這樣吃的），攪拌到燕麥粥裡，或是捏成小圓餅狀在培根油裡煎熟。紫菜麵包也一直是晚餐的食材，可以和鳥蛤一起製作成奶油燉菜，鳥蛤是一種小型蛤蜊，嚐起來鹹中帶甜。數百年來，紫菜一直是威爾斯人的主要食物，它也是營養豐富的食材，每份紫菜中含有六公克蛋白質，三分之一每日所需的維生素A量，如果做好了就馬上吃，還可以得到一天所需維生素C的百分之五十。此外，紫菜還含有大量維生素B群以及其他礦物質，包括碘和鐵。

不過最近幾十年來，威爾斯人愈來愈少食用紫菜，現在幾乎都沒在吃了，有些人甚至從來不曾吃過。強納森．威廉斯（Jonathan Williams）成立了彭布羅克郡海灘食品公司（Pembrokeshire Beach Food Company），並且經營一間移動餐館，在威爾斯西南海岸地區活動，為的就是改變現況。我在網路上以「威爾斯海草」為關鍵字，搜尋到的結果幾乎都和強納森的生意有關。所以在六月中旬一個罕見的溫暖晴朗日子裡，我前往彭布羅克郡海岸國家公園的「西淡水」（Freshwater West）海灘。從七年前開始，強納森的活動餐車「海洋餐廳」就一直停在那裡。

這個海灘有兩座停車場，我隨便停結果停在比較遠的那一個，它位在海邊的懸崖上，距離海岸有數百呎遠。我走過點綴了白色和黃色野花的草地，往下看去，那裡是兩哩寬的半月形海灘，沙地上零星露出岩石。潮水退得很遠，我估計大概距離懸崖有五百呎。今天的海相平靜，長長的緩浪捲到海灘上碎去。我看到有人穿著潛水衣而覺得有些驚訝，因為其實這片海岸是英國最適合衝浪的海灘之一，今天的天氣特別適合新手。雖然表面上風平浪靜，但是我知道在那些碎浪後方潛藏著礁石，多年來有數百艘船隻因此失事。一七〇三年，光是一場風暴就讓三十艘船在這邊因為浸水而沉沒。

我走下懸崖，沿著水邊步行了約半哩，然後再爬回懸崖上，到另一座停車場。我之前擔心會找不到海洋餐廳，但是現在我覺得不會有人錯過這間餐廳，因為它不僅是這座海灘上唯一的小吃店，也因為四四方方的拖車漆成了明亮的藍色，寫著菜單的板子在左右邊張開，上面用黃色、粉紅色、水綠色的粉筆字華麗地寫成菜單，車子上還漆著發出光線的太陽、噴水的鯨魚和典型的海浪線條。車頂上有太陽能電池板。櫃檯後面有兩位廚師，強納森是其中一名。他身材高大（幾乎頂到拖車的天花板），一頭深色頭髮，留著鬍子，正忙碌著。我知道他在下午兩點鐘午餐忙碌時段結束之前，不會有時間和我說話，不過我早到只是為了確定有時間吃午餐。我加入了排隊的行列（在下午四點打烊之前一直有人排隊），點份塗抹了威爾斯海黑奶油的彭布羅克龍蝦三明治。「黑奶油」是紫菜麵包加入奶油烹煮，再以些許匈牙利紅椒粉和黑胡椒調味而成。我拿了三明治，穿過狹窄的車道，在懸崖上俯瞰海灘一角，那裡有一家子人在玩硬地滾球，有個女孩正努力地讓箱形風箏飛起來。

出乎意料地，三明治的味道豐富且濃郁。我知道龍蝦、奶油、紅椒粉和黑胡椒的味道，但是這些材料加起來不會讓味道如此層次豐富，一定是紫菜的緣故。我說不上來是什麼香味，但是也沒有海草的味道。不過海草似乎讓味道變得更深邃，就像在弦樂三重奏中加入了低音大提琴。

吃完午餐後在等強納森的空檔，我沿著懸崖散步，腳下草地柔軟而有彈性。我看到幾十隻灰沙燕從藍天俯衝而下，然後像是迴旋標那樣迅速轉彎回來，消失在牠們位於懸崖側面的巢穴中。繼續向前，我看到一座簡單的小木屋，兩排木材上端相靠搭成A字形的模樣。告示牌上說，當年採收紫菜的人，會把海草掛在小屋的屋頂上晾乾，西淡水懸崖上曾經有二十棟這樣的小屋散布，但是現在只剩下這一座。當年小屋屬於居住在附近小城安格（Angle）的家庭，他們把乾紫菜賣給南方六十五哩遠的海岸城市斯望西（Swansea）的工廠來補貼家用。

西淡水的紫菜採集事業始於一八七九年。之前一艘開往利物浦的美國商船因遭受風暴，擱淺在礁石上，當地的救助人員搭起從海岸到船上的救生索，除了兩名水手之外，把所有的人都救了出來。在此同時，船上一萬五千箱的貨物（包括了兩百一十四袋珍貴的珍珠母盒子）都散落到礁石與海灘上。這些商品散落的消息馬上傳了開來，就連遠在斯望西的撿拾者都來了。那些斯望西人注意到這裡除了一時散落的貨物之外，還有其他的寶藏：他們在浪中費力前進時，發現水底下長著厚厚的紫菜。之後他們和當地安格鎮的家庭約定，蒐集西淡水的紫菜並且晾乾，用馬車把紫菜運到彭布羅克（Pembroke）的火車站，轉送到斯望西的工廠，再把這些紫菜加工成紫菜麵包，和柏立灣（Burry Inlet）大量出產的鳥蛤一起販售。西淡水的家庭工業帶來的季節性收入持續到一九三〇年代，後來工廠便自己派卡車載人來蒐集紫菜。

強納森脫掉了圍裙，向小屋這邊走來。他說：「我在彭布羅克長大，距離這裡只有十分鐘車程，小的時候經常和爸媽來這裡。後來我學會了衝浪，就經常來這裡野餐。這座小屋讓我想起這裡以前的樣子。」他笑道：「這地方很適合親熱。」

強納森在斯望西的大學畢業之後，做了幾年顧問，職業生涯就改變了。他說在三十歲時，有天坐在電腦前面工作，突然瞭解到自己非常想念海洋，以及在彭布羅克的生活和食物，他們家都喜歡烹飪。經過再三思考之後，他決定轉成兼職工作，以空出時間發展餐飲事業，為顧客提供他從小時候就開始吃的海鮮與海洋植物。二〇一〇年夏天，他在彭布羅克附近的農產商店外擺了一個週末小吃攤。「第一天就遇到許多人，談了許多話，說到下巴都瘦了。我也發現，花了那麼多時間準備食物，結果一個小時還賺不到兩英鎊。不過那是我工作以來最快樂的日子。」強納森發現了自己的天職。

七年後，他擁有三個彼此密切相關的事業，包括海洋餐廳（Café Mor，Mor是威爾斯文中「海洋」的意思），生意蒸蒸日上。週末時，餐車裡通常會有五位廚子，名副其實地擠在一起工作。強納森喜歡用「廚子」（cook）而不用「主廚」（chef）來稱呼他們。他說：「主廚在這裡會很慘，他們應該在廚房工作，不應該拋頭露面。」他還有另外兩輛餐車，一輛是可以隨時在各處搭棚做生意的車子，另一輛像是有輪子的漁船，每年巡迴整個英國，參加三十多個地方節慶。

他的第三個事業是彭布羅克碼頭附近的工廠，負責處理與包裝海草食品，在全英國有四百多個銷售點，在海外的銷售處也持續增加中。彭布羅克郡海灘食品公司（Pembrokeshire Beach Food）最暢銷的產品包括威爾斯人魚子醬（Welshman's Caviar），這是把威爾斯紫菜風乾切條烤脆後製成。還有船夫餅乾（Ship's Biscuit）：加入紫菜所烘焙的餅乾，再灑上紫紅藻（dulse）與海鹽。威爾斯海黑奶油（Welsh Sea black butter）是我剛才吃的三明治中用到的紫菜麵包糊。這家公司也販售包裝好的紫紅藻、海帶和其他海草，有的是從當地採收的，有的是從蘇格蘭和愛爾蘭買來的。強納森說：「海草的需求量瘋狂增加。最近在倫敦的一場貿易展中，包括亨氏（Heinz）在內的食品商都來詢問，他們要找能夠增添產品營養價值的原料。」

不過現在還無法簽下大量供應的合約。強納森指出，問題在於「紫菜是一種神祕的海草。」就如同東亞的海苔，這裡的紫菜有的時候不會出現，或是數量很少。在威爾斯，冬季的風暴侵襲海岸線，會把岩石上的海草全部捲走，或是讓深海中殼孢子的漂流路線偏移了。最近強納森委託斯望西大學的海洋生物學家傑西卡·諾普（Jessica Knoop）主持研究紫菜的生活史，並且希望有天他能夠像在東亞種植海苔那樣栽培這裡的紫菜。不過到目前為止，他都無法保證能夠有穩定的產量可以滿足大型食品公司的需求。

這或許是好事。愈來愈多人對威爾斯紫菜有興趣，固然令人高興，但是強納森也敏銳地注意到太多人喜愛紫菜可能造成的衝擊。他說：「食品公司想要把海草當成快速增加自家產品養分的方案，這是很危險的，他們會把海底所有的海草刮光。現在只有我和斯望西的男孩們在採集海草，他們並沒有每天都來。」強納森口中的「斯望西的男孩」是賽爾溫公司（Selwyn's, Ltd）和潘克勞德貝類加工公司（Penclawdd Shellfish Processing, Ltd），他們把鳥蛤、淡菜、紫菜和其他海草加工之後販售出去。他說：「問題之一在於你不會看到所造成的損壞，那不像是雨林能讓人看到砍伐之後的樣子。」不過至少到目前為止，這只是擔心，不是事實。

我們在海灘上往下走，進入淺水處，這裡已經沒有沙子，取而代之的是岩石。強納森在露出水面的岩石上跳著走，我則小心翼翼地跟著，很快地，我們就到了水深及膝的水域中。（雖然是盛夏，水溫最高依然只有攝氏十三度左右）。這裡有很多腸滸苔（*Ulva intestinalis*），看起來像是削下來的胡蘿蔔皮，只不過是綠色的。強納森說：「這是窮人的紫菜，腸滸苔沒有什麼味道。」之後他停下來，從垂直的岩壁上採了一些緊緊攀附在岩石上的掌狀咖啡色海草，說道：「紫紅藻就不一樣了，相當可口，我們會做成沙拉，或是做成義大利麵。」我咬了一口，的確美味，而且有辛辣的口感，像是爽脆的芝麻菜。這裡有很多由岩石形成的潮間池，強納森一一指出那些鏽紅色、綠色、金色，絲線狀或蕨葉狀的種類，它們攀附在岩石上，在清澈的水中柔柔招搖。

今年五月時，已經採收過紫菜，所以現在這裡已經所剩不多，不過強納森靈活的身影到處尋找（我則困難萬分地跟著），最後終於找到了一些，並把它們從岩石上摘下來。我用雙手把這片紫菜攤開，它很有彈性，非常地薄，幾近透明，像是一張綠色的食物包裝紙。他說在威爾斯的海岸約有八百種海草，不過人們吃的僅約五十種。這個狀況讓他深感興趣，我看得出來他想像著各式各樣還沒有被開發出來的料理可能性。我則想到：如果現在我們吃的蔬菜中，我們只認識其中的百分之六會是什麼狀況？舉例來說，我很喜歡吃朝鮮薊（**artichoke**）可能就不會在那百分之六中，它是農夫長時間對南歐刺菜薊（**cardoon**）這種多刺厚葉的植物篩選所培育出來的。

這也讓我想到，許多我們熟悉的蔬菜，如果不是經過幾千年的篩選培育，讓它們慢慢變得美味且柔軟，可能就不會出現在餐盤中了。玉米的祖先是種子細小堅硬的大芻草；胡蘿蔔的祖先是野胡蘿蔔

（*Daucus carota*），這些植物都和南歐刺菜薊一樣，幾乎難以下嚥。來自海洋的蔬菜可以如同陸地蔬菜一般可口，甚至更好吃（我可以每天吃混了辛辣味紫紅藻的萵苣沙拉），而比較沒有那麼好吃的品種經過人手篩選培育之後，風味可能變得更好。我們現在只栽培了幾種海洋蔬菜，誰知道海草中還有哪些種類可以成為珍饈的呢？

比起栽種於土壤中的蔬菜，在開放海域中生長的海草更難進行篩選與培育，但是我們已經在這麼做了。去年強納森加入了英國貿易代表團，前往日本，見到了八十歲的山本博士（Fumi-ichi Yamamoto）。山本博士在一九五〇年代便開始研究紫菜養殖，他嚐了些強納森帶來的威爾斯紫菜，說這個豐富的味道讓他想起孩提時代吃的野生海苔。日本紫菜和現代的蕃茄一樣，經過篩選培育以適應現代的栽培、加工與運輸方式。（在南韓，裴先生的鄰居也對紫菜進行類似的篩選，而不是選擇保留傳統風味。）但是實在沒有理由說我們不會發現並選育出具有特殊風味的海草品種。

在威爾斯，強納森已經開始復興海草料理，但是臍帶紫菜是否能成為重要作物，還屬未定之天。當年德魯-貝克在英國的研究對於東亞的海草產業有很大的幫助，英國或許也可以在往後建立相同的產業。想到這裡，便有種輪迴圓滿的感覺。不過強納森進行的海草料理也很重要。在亞洲料理中出現的海草很棒，我們也可以採用更多其他地區文化中用到海草的食譜，包括海苔和紫菜（在食譜中這兩種可以互換）。彭布羅克郡海灘食品公司的網站上有這些食譜，而且經常新增。現在我們對於蛋白質和其他養分的需求愈來愈多，耕地和淡水卻愈來愈不足，把海洋蔬菜納入料理中，有助於改善現況。

我們要讚揚那些喜愛海草味道與營養的主廚（與廚子）。

# 第5章 以海草維生

說到可食用的海草，大家最熟悉的就是紫菜，不過如果你喜歡味噌湯，那麼就會和裙帶菜（*Undaria pinnatifida*）有很密切的個人關係。我一直很喜歡味噌湯，但是直到幾年前，我都是只喝湯吃豆腐，而把那些綠色的玩意兒留在漆器碗底。裙帶菜和用於壽司的乾燥海苔不同，漂在湯裡的裙帶菜看起來就像是真的海草。

現在我知道沒有吃裙帶菜真是嚴重的罪過。對有些人來說，裙帶菜嚐起來柔軟而且帶有一絲甜味。味噌湯混合了許多細緻的味道，裙帶菜讓這些味道的組合更加凸顯。裙帶菜本身也有許多營養，其中鐵、鈣和鎂的含量特別高。維生素K、葉酸和維生素B也很豐富。

味噌湯中的豐富味道不只來自於裙帶菜，昆布乾也很重要。昆布是褐藻中海帶屬（*Laminaria*）裡許多物種的合稱。料理味噌湯時，會放入一片約四吋長的昆布燉煮，在上菜之前把昆布撈走。昆布也可以用來熬高湯或是燉煮，增加料理中的鮮味（umami）。鮮味是我們的味蕾在鹹味、甜味、酸味和苦味之外，能嚐到的第五種味道。（我們位於鼻腔中的受器則可以捕捉到其他來自食物的分子，聞到各種氣味。）我們只能在舌尖嚐到甜味，在舌頭後端嚐到苦味，在舌頭兩側嚐到鹹味和酸味，但是接收鮮味的味蕾遍布整個舌頭表面。

鮮味最早是在一九〇八年由東京帝國大學的化學家池田菊苗（Kikunae Ikeda）所找到的，當時他在研究昆布讓味噌湯充滿味道的原因。他發現味道來自胺基酸中的麩胺酸鹽（glutamate）。一份裙帶菜中只有少量（二至五十毫克）的麩胺酸鹽，但是一份昆布中的麩胺酸鹽可以多達三千毫克。之後不久，日本化學家也發現味噌和柴魚片中有其他的胺基酸鹽類具有鮮味。當兩種以上含有鮮味的食物（例如味噌湯中的裙帶菜、昆布、味噌醬，或是披薩中的蕃茄、帕瑪森乳酪和鯷魚）混合在一起，組合起來的味道強度要比個別味道的總和還要高出許多。由於放入的是這些材料，味噌湯自然而然成為了日本人最常食用的料理之一。四分之三的日本人每天至少喝味噌湯一次，更有四成的日本人每天喝兩次。

日本人不只以長壽出名，日本女性乳癌發生率也是全世界最低。在美國，每八名女性中，就有一名在一輩子當中會被診斷出罹患乳癌這種可怕的疾病。但是在日本，三十八位女性中才有一人。癌症研究專家同意，日本傳統飲食和低發病率有密切相關。飲食和乳癌之間的關係很複雜，遺傳亦具有重要的影響。不論如何，在二〇〇三年，著名的《美國國家癌症研究院期刊》（*Journal of the National Cancer Institute*）上有一篇研究論文指出，「經常食用味噌和（大豆中含有的）異黃酮素（isoflavone），和低乳癌風險相關。」其他的研究則指出，光是食用海草就有效益，不過現在的研究還沒有充分到能夠下定論。我喝味噌湯完全是因為無與倫比的鮮味，如果能得到抗乳癌的益處那就更好了。

裙帶菜、昆布和其他褐色海草，通常合稱為「海帶」（kelp），在世界各地的海洋中都有生長。在藻類家族中，海帶屬大約在兩千五百萬到五百萬年前演化出從細小的絲狀，到美國加州海岸所生長如森林的巨大海帶群等各種形式。就生物質量來說，褐藻綱（Phaeophyceae）是海洋中最主要的海草。許多褐藻生長在高緯度地區，不過能夠自由漂流的馬尾藻（*Sargassum*）在溫暖的區域中也生長得很好。大部分的褐藻很長，質地富有彈性，具有能夠幫助漂浮的氣囊（pneumatocyst）。在北大西洋的溫帶區域，有一片馬尾藻海（Sargasso Sea），廣達三百萬平方哩，裡面有許多馬尾藻。這些馬尾藻彼此糾纏在一起，模樣就像帶著金黃色的漂流島嶼。海龜、海鰻、螺類、蟹類、幼魚和其他許多海洋生物會住在這些島嶼上或是島嶼之中，那是牠們在海洋中的綠洲。其中有許多生物只在這些島嶼中生活，並且演化出金黃的色澤，以偽裝起來躲避掠食者。

在東亞，有些人會把馬尾藻煮過或是炒過之後，當成餡料。不過亞洲、歐洲和北美洲冷涼海域所生長的其他褐藻味道比較淡雅，也更受歡迎。在七月的某天下午，我穿著一身潛水裝，套上黑色塑膠靴，坐在木船的方形船艄的木箱子上。拉區·韓森（Larch Hanson）駕駛這艘船，他是緬因州史都本郡（Steuben）緬因海草公司（Maine Seaweed Company）的老闆。我們正朝著顧爾茲波羅灣（Gouldsboro Bay）前進，拉區這位海草採收大師會在那個海域蒐集海帶。這是一艘傳統漁夫使用的無甲板舢舨，長約十六呎，數十年來因為塗抹亞麻子油而變成了黑色，船尾尾端橫板內的九馬力引擎提供了前進的動力。船的後方以八呎長的繩子連接著另一艘舢舨，那艘舢舨後面用繩子連接了兩艘更小的手划船，形狀像是扁頭平尾的舢舨。這些船在我們身後上下漂動，好像一群小鴨子。

現在是七月的正中午，萬里無雲，但是我穿著羽絨外套，兩腿間塞著毛帽，這是拉區從他家的衣帽架拿下，堅持要我穿上的。我不明白為什麼他還執意要我穿上潛水裝，因為我沒有打算下水，更不用說現在是溫暖的夏日，為何我要穿冬季的裝備。不過這雙靴子的確很有用。拉區會在潮水低的時候去採集海草，這意味著我們得踏過軟爛的海灘，涉水把這一串船繫在岸邊。

這天早上我從波士頓開車來到這裡，到拉區家時低潮時段已經過了一個小時，他急著要出發，所以出發前我沒有什麼時間和他聊聊。現在我滿腹的疑問，終於可以回頭請教他了。他站在船尾，身材修長，穿著貼身的潛水裝，看起來像是高中長跑選手。他的姿勢非常完美，皮膚白皙，氣色良好，細長的直髮如雪，剪成像是諾曼．洛克威爾（Norman Rockwell）插畫中十歲小男孩的髮型。我知道他已經六十九歲了，但是看起來比實際歲數年輕許多。我提高嗓門，問他問題，但是我本來嗓門就不大，所以就算我大喊，也壓不過引擎的聲音。他大叫回話：「等我們到了再說。」所以我暫時按捺住心中的疑惑，單純地享受這趟旅程。平緩的海岸線上有茂密的森林，海灘上覆蓋著海草。遠方的天空中，海鳥悠悠飛過，近處有些海鳥則突然降落在露出海面的岩石上。

大約過了三十分鐘，我們與陸地突出的一角擦身而過，這時風變大，海浪也增強。我把潛水衣的拉鍊拉到脖子，並穿上外套。又過了三十分鐘，拉區關上引擎，把船繫在繫船浮筒上，這時我心懷感激地戴上帽子。我們距離海岸大約四分之一哩，四周全是水。我往下看去，水面下有一大片褐色的海草。拉區說這是砂糖海帶（*Saccharina latissima*, sugar kelp），他的聲音圓潤柔和，有中西部的口音。這種海草從海底上長出來，固著器附在海底的岩石上，藻柄很長，不過我們在這裡看不到。又大又長的葉片狀部位連在藻柄上。砂糖海帶生長在寒冷的海水中，地理環境的條件是潮水要大到能夠帶來養分，但是又有足夠的遮蔽，讓風浪不會大到把海帶從岩石上拉走。

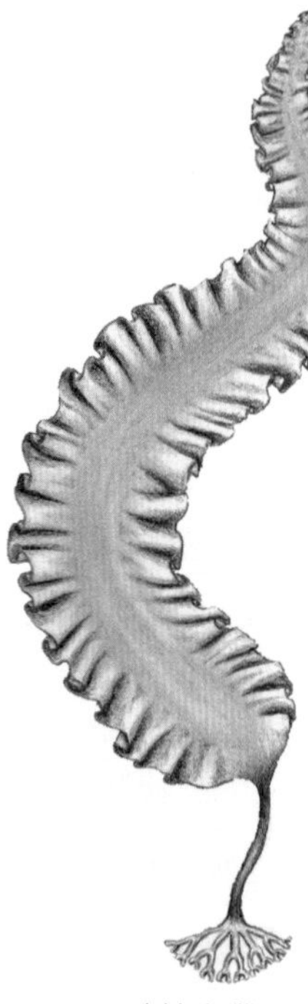
砂糖海帶

船四周的海面下都有海帶片漂蕩，它們在水中看起來毫無重量，靠著中空的藻柄漂浮著。在高潮的時候，只有葉片狀部位的尖端接近海面，但現在是低潮，葉片狀部位平平地伸展，一眼就可以見到。拉區上半身靠出船外，雙手伸入水中，拉起一團葉片狀部位和藻柄，用帶有鋸齒的小刀迅速切斷，很快地，船上便有一堆砂糖海帶。他從其中挑了一片葉片狀部位給我，看起來像是十呎寬、一呎長的千層麵麵皮，只不過顏色是褐色中帶著金黃。我摸著葉片狀部位中間平滑的部分，以及周圍波浪狀的地方。這些波浪狀的構造會讓水產生亂流，拉區解釋道，這樣可以攪動海水，好讓更多養分流到葉片狀部位細胞的周圍。這片麵皮看起來相當有嚼勁，而且表面光滑，好像在食用油中浸泡過。我拿起一端，對著陽光看，手上拿著的感覺雖然沉重，它卻是半透明的，透過這片海帶看到的太陽像是玻璃花窗上的金黃綠色玻璃。

我發現在葉片狀部位上有一些洞，有的甚至大如硬幣，我問這是為什麼。

拉區說：「喔，現在是海帶生長季節的末期。葉片狀部位是從下面靠近藻柄的部位開始生長的，所以你看到的那些是比較老的尖端部位，已經開始壞掉了，螺類和其他寄生物會吃海帶。」他拂去海帶上一個形狀和顏色都接近巧克力豆餅乾的螺類，說道：「這片顏色還不錯，漂亮的黑色，我們會把它送到工廠，切碎做成煮湯的材料。」

海帶的採收季節很短。在五月和六月，拉區和學徒們會定期趁著低潮出外採集。除了砂糖海帶之

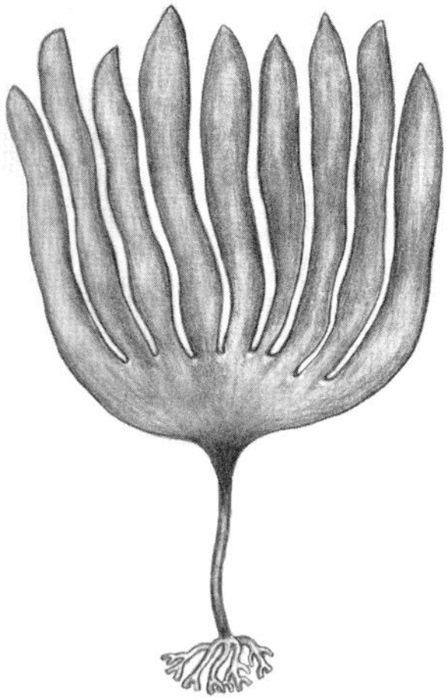

掌狀昆布

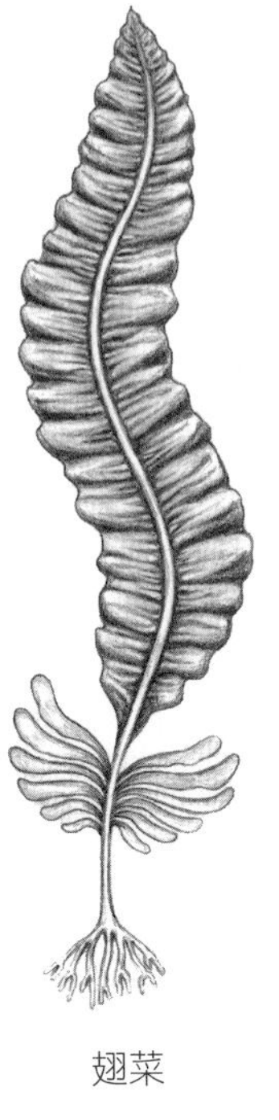

翅菜

外，他們也會採收其他褐藻，主要是掌狀昆布（*Laminaria digitata*），它薄薄的葉片狀部位就像是手指纖長的手掌。另外還有翅菜（*Alaria esculenta*），這種海帶葉片狀部位的底端有多對形狀類似蜻蜓翅膀的小型生殖構造。翅菜帶有些許堅果味，通常可以用來代替裙帶菜。掌狀昆布和砂糖海帶可以用來代替食譜中的日本昆布。

翅菜在兩種不同深度的海域中生長。能終年生長的種類由於所在的海床比較深，因此不會受到冰風暴的侵襲，整年都可以生長。生長於較淺海床的翅菜是一年生的，每到冬天就像是黑板上的筆跡一樣會被抹去。拉區只採收一年生海域的翅菜，讓多年生海域的翅菜持續生長，釋放孢子，長成一年生海域的翅菜。砂糖海帶和掌狀昆布可以活二到四年，如果生活史沒有完成，在被削下部分葉片狀部位之後，剩下的部位還會持續生長。這兩種褐藻都能撐過夏天，不過在水溫升高時生長緩慢，而且顏色較淡。這時拉區還是會採收，只是次數減少，有些收穫物會變成自家花園中的堆肥。

拉區四十年來一直採集這些海草。他說：「在我腦中有一幅這些島嶼位置的地圖，我知道在每個海底岩床上能夠採收多少桶翅菜，以及多少船掌狀昆布。在一九六〇年代，稅收估價處便有一幅稅收地圖，標示了這些海帶生長地點的海床，到現在這些海域都沒有變。換句話說，我並沒有採收過量。」在他的悉心照顧下，這些野生的海帶是受到管理的作物。

拉區現在要準備開始採收了。他把最小的一艘手划船拉到舢舨邊，這艘小船只有他的身高那麼長。他優雅地走到小船上，面對船尾坐下，把船划到幾十公尺外。船舷只高出水面十八吋，他蹲在小船底，雙手伸入海中撈起一堆海帶，接下來的動作節奏就非常流暢：伸手、抓海帶、拉起、切斷、堆到船上，伸手、抓海帶、拉起、切斷、堆到船上。小船裝滿後，他就把小船划到空蕩蕩的舢舨這邊，把海帶捧起送到舢舨上。之後再把小船划開，重複這個過程。就算是在平靜無波的小池塘上，這樣的採收過程也備極艱辛，何況這裡不是小池塘，小船不穩地起起伏伏。所以當要開始採收時，我提議要幫忙，他微笑拒絕了。波浪起伏的海洋、銳利的刀子、黏滑的海草、毫無經驗的採集者，實在不像是能夠幫得上忙的樣子。

兩個小時內，他來回裝載了數趟，後來我們便發動引擎回家。如此劇烈的勞動肯定讓人汗流浹背，但是拉區似乎完全沒有受到影響。回程中，他稍微繞道靠近附近一座小島，上面有幾十頭海豹，有的在水中玩耍，有的在沙灘上睡覺。舢舨上堆滿了海帶，在午後的陽光下閃著秋天金黃的色調。這個船形的大碗中滿戴的千層麵麵皮足以做成一頓巨大的晚餐。

我們回來時，潮水已經漲得更高了，但是我們依然得把船留在淺灘上繫著，涉水走到岸上。在更晚一點的晚上，潮水會漲到最高，他的學徒會把舢舨划到沙灘最高的地方，卸下船上的海草，裝到桶子裡，倒入接在小拖拉機後面的無頂拖車上，把海草運到乾燥用小屋中。不過現在我和拉區在森林中的小道上走著，穿過馬路，往他家走去。在路上我們看到木製平臺上四頂藍色帳棚，他的學徒就住在裡面，他們在過了採收旺季之後還會待在這裡，幫忙最後幾天的採收和包裝工作，同時也會建造新的乾燥用小屋。另一個帳棚中住著一個年輕家庭，第六個帳棚是某位買家的，數十年來他都會來買海草，現在他把這裡當成每年暫離塵囂的地方。第七個帳棚裡住著一位女性，她經營著當地的瑜珈中心，拉區秋天時將會在這個中心擔任教師。還有另一個帳棚位於針葉樹林中，拉區向裡面瞧了一眼，認為這個帳棚沒人住。之後我們在平臺邊休息，陽光從樹枝之間灑落，空氣溫暖，混合著樹脂和海水的氣味，鳥兒唱出兩個音符組合而成的簡單旋律。

這個地區只有拉區一人擁有執照，能以小船來採收海帶。他也從海邊的岩石上採集紫紅藻。通常每年會賣出六千磅的乾海草，也就是說他和學徒每年要從海洋中拉起六萬磅的新鮮海草。大部分的乾海草，包括砂糖海帶、掌狀昆布、翅菜，一些紫紅藻，都由他寄給個別的客戶，一包三磅重，客戶購買後可煮來吃。最近一間化妝品公司向他買了一千兩百磅乾海草，另外他還賣了大約四百磅的岩藻（rockweed）給一家販售碘酒的公司。岩藻往往在海岸密集生長。二〇一一年日本福島核電廠發生事故，來自美國西部海岸的顧客增加了一倍。有些人認為吸收來自緬因州海域的碘，可以讓身體不會吸收到受到福島輻射汙染的魚或其他食物中所含有的放射性碘。[1]

拉區沒有什麼野心，他需求的事業規模已經達成了。他自豪地說，他經營現金交易的生意，靠勞力過日子並且養活了有四個小孩的家。他盼望能發展出野生海草採集的社群，透過這些人，好好照料緬因州海域底下的巨大菜園。每年春天和夏天，大約會有數位年輕人來當學徒，學習他的各種技術，有些人每年都會來。這項工作需要勞力，在十週的處理過程中，總重六萬磅的海草會被舉起來六次：

從海裡撈到小船，從小船移到舢舨，從舢舨移到桶子，從桶子移到拖車，最後移到乾燥用的架子上。而且工作的時段很不尋常：為了要在低潮時前往採收，有時他們得在午夜時分坐船出發。而得到的報酬只有生活津貼、帳棚裡的床位，以及社區餐桌上的席位而已。

採收野生海草並沒有讓拉區賺大錢，但這是讓他經濟獨立與健康生活的方式。他有幾個徒弟後來也開了店。他的生活方式傳開了，這不只讓他滿足，也有實際的價值。人們對於海草種類的需求各式各樣，所以他經常要和其他的採集者交換，好滿足顧客的需求。他強調，他們之間不用金錢交易，而是「以海草換海草」。有些小公司開始養殖海帶，於是我問他的想法。拉區的中間名是Equanimity，意思是「平靜沉著」，讓我驚訝的是他的反應非常憤怒，一直強調：「他們種植得太密集。」所以這些海帶營養不足，也容易受到病蟲害。除此之外，這些養殖的人「是我的潛在競爭者」，還收到州政府提供無他們用於研發水產養殖方法的資助（「那是我繳的稅金」），這讓他特別生氣。後來我在他的網站上讀到：「在浪潮中生長的植物有哪些特質呢？不屈不撓、靈活適應、享受時光。看看那些採收翅菜的人，他們也有了同樣的特質。所以我當然不希望看到翅菜經由水產養殖的方式而『馴化』。」

1 這個理論是正確的。不過在二〇一三年，一項由美國國家海洋暨大氣總署（NOAA）資助的研究提出結論：「福島放射性核種所增添的劑量，等於或低於人們一般從天然輻射性核種所得到的劑量，而這些劑量來自於多種食物、醫學治療、飛機旅行或是其他背景來源。」

我們回到他家。一樓是辦公室，牆上掛著白斑狗魚（Northern pike）的剝製標本，那是他小時候在明尼蘇達鄉下生活時捉到的第一條魚。這棟房子所有的牆壁都是用松樹原木製成，空氣中飄散著木材的香氣。我把借來的外套放回架子上，上面有各種大小的外套，能讓體形不同的訪客穿。我跟著拉區踏上很陡的階梯到了三樓，在屋頂之下，幾乎所有的區域都規畫為共用空間，裡面有一座長長的木製流理台，上面有一排和牆壁一樣長的開放式置物架，放滿了盤子、廚具、裝了豆子與香料的容器。門邊還有一個燒柴火的爐子。

拉區向我介紹他的妻子妮娜（Nina），她正和幾位二十來歲的人說話。他們正在切菜，爐上大鍋子中的湯正滾著，看來這些菜是要放到湯裡面的。靠窗的那一面牆壁旁有兩張已經磨損的沙發，一對夫妻和小男孩在玩桌遊。房間對面的牆壁是書架，上面塞滿了書，書架旁有幾張椅子。一位年長的女士安穩地坐在其中一張，看來像在睡覺。後來我告訴她我很羨慕她能在這樣熱鬧的房間中打瞌睡，卻受到了責備，她說她那時是在冥想。房間的正中央是一張桌子，周圍一圈放著各式各樣的凳子和椅子，包括幾張拉區親手打造的溫莎椅。

湯已經煮好，該吃晚餐了。大部分的客人聚集到餐廳，總共有十六人。晚餐的菜色是椰子、魚、以砂糖海帶調味的湯、米飯與各種沙拉。全部都美味無比。我聽著拉區、學徒和客人的談話，聲音都混在一起。他們討論著新的乾燥屋建設進度，兩位學徒計畫早上要去採集，也聊到在洛克蘭瑜珈中心的課程。學徒丹尼爾（Daniel）拿了一個拳頭大小、發亮的黑色團塊到餐桌這邊，那是白樺茸（chaga, *Inonotus obliquus*），一種生長在白樺上的真菌，有些人會拿它泡茶，還有些人宣稱它能增強免疫系統。我的直覺拒絕別人端上一杯白樺茸茶給我，但後來我又想了想：我一直都很喜歡蕈類，而且味道愈強烈愈好，白樺茸茶和炒酒杯蘑菇有什麼差別嗎？大部分的美國人對海草嗤之以鼻，卻覺得吃菠菜沒什麼。可見，文化會讓我們覺得哪些食物美味。

我可以選擇睡覺的地點。我挑了大廳對面辦公室裡的床，而不是睡帳棚（這樣我就很容易走到廁所，無須在半夜得跌跌晃晃地穿過森林）。隔天一早，我和其他四名學徒到一間乾燥屋。他們全部都穿著牛仔褲和舊T恤，上面通通沾上了赭色的汙痕，這是由於他們所處理的海草（以及其他所有褐藻）中含有大量的碘所造成的。他們把海帶掛在木桿上，就像把毛巾晾在曬衣繩上。七月的陽光穿過透明的屋頂照進來，驅走了空氣中的寒冷。太陽的熱力加上大型風扇產生的氣流，讓這些海帶在四十八小時之後就乾燥完畢。這裡就算是在夏季，天氣也可能變得陰冷，這時乾燥屋就會開暖氣。每棟乾燥屋外面都有一個廢棄的油桶，當成火爐，上面接著一個管子，裡面燒著木柴。學徒的工作之一便是在半夜給火爐添柴火。

妮娜到乾燥屋這邊找我，送了我一包混合的乾海草碎，可以用來煮湯。這包乾海草如果沒有曬到太陽或受潮，至少可以保存兩年。包裝上有一份食譜，而在公司的網站上還有更多。我帶著一絲罪惡感道別，驅車前往波特蘭，拜訪一家水產養殖公司，這些公司是拉區的競爭者。我欣賞拉區對永續採收野生褐藻的承諾。但是事實上天然的資源有限，他們的野生海草不可能成為人類永續的豐富食物來源。我想要看看大規模生產的運作方式。

# 第6章 全新嘗試

我找到了普利桑普斯科特街（Presumpscot），但是沒有找到「海洋認可」（Ocean Approved）這間公司的辦公室。也難怪，那是一間普通的白色木造房屋，而且門前沒有任何招牌。我第二次經過時才找到，把車開進私人車道，停在草地上，旁邊的院子中有兩個白色的貨櫃。在我才剛走出車子時，托勒夫．歐森（Tollef Olson）就已經出現在我面前，暢談海帶的事情。我請他稍等一下，好從背包中翻找出錄音筆。在我剛拿到手上時，他便把我請到一輛棕色的舊旅行車上。

他以鏗鏘有力的語調流暢不停地說話時，還加了一句：「把那些東西推到下面就可以了。」他說的是車座椅上糾纏的線和小錨。他說我們要去南緬因州社區大學（Southern Maine Community College），他在那裡有養殖場和實驗室。我觀察開車時的他：兩鬢斑白的中年男子，臉部光滑圓潤，身材精瘦。拉區的成熟風采不可思議，托勒夫也很成熟，但和拉區截然不同的是，他的成熟閃閃發亮。這是個風和日麗的九月天，所以車窗被搖下來了，我只希望我的錄音筆能在汽車引擎聲和窗外風聲中好好錄下他的聲音。

他說「托勒夫」是他的姓，是好幾代之前從來自挪威的祖先所傳下來的。他在緬因州的奧本（Auburn）長大。一九五〇和六〇年代，家住湖邊，因此學會了划水橇和溜冰，不過他最愛的還是大海。一九七〇年，為了母親的健康著想，全家搬到佛羅里達州。沒上課的時候，他在當地的餐廳和商業漁船上打工。十七歲時他從高中輟學，航向大海。

他說：「我那時主要做的活是在漁船上捕魚以及海洋打撈，後者是在海中尋寶比較文言一點的說法。我也常衝浪，享受生活。我在佛羅里達礁島群海域釣蝦或從事刺網捕魚和延繩垂釣的範圍，北起緬因州海岸，南到英屬洪都拉斯。」

一九八〇年，他回到緬因州，住在巴爾港，和弟弟一起開了餐廳，專門提供融合了亞洲與美國特色的料理。冬天的時候餐廳生意清淡，他會受僱參加救助海難船的工作，潛水的區域一開始是在澳洲和南美洲的外海，最後乘船越過了大西洋、太平洋和印度洋。

「我在餐廳全職工作時，就對水產養殖有興趣，因為我是水產的買家，而且我認為水產養殖很合理。我處理過很多種海鮮，像是箭魚、青花魚、鯡魚和蝦子，這些海鮮盛產時產量非常多，產季過了就很罕見。然後我就看到人們還是帶上傢伙，把所有的魚都抓光，你知道後來會發生什麼事，這就是因為我們沒有養殖產業。我覺得養魚才是正確、合理的。」

不過他在一九八六年賣掉餐廳之後，投入的卻是在北美洲剛開始興起的海膽撈捕業。日本人有生吃這種多棘動物生殖腺的傳統，也會做成壽司。當時這種橘黃色舌頭狀的器官在餐廳中的售價高達每磅一百美元。對以前的緬因州人來說，海膽根本是個災禍，牠們會吃掉捕龍蝦籠中的餌料，塞滿籠子，啃食能保護未成熟的龍蝦和小魚受到掠食者攻擊的海帶。不過到了一九八〇年代，日本的進口商發覺緬因州產的綠海膽（green sea urchin）和亞洲東部的種類很接近，加上拜強勢日圓之賜，這些海膽還很便宜。緬因州的海膽突然在市場上有了價值。除此之外，撈捕龍蝦的漁民在冬天淡季時，可以撈捕海膽，做為另一項收入來源。

原本的有害動物現在有了市場需求。在一九八六年，商業產量趨近於零，到了一九九三年，提高到四千一百萬磅。緬因州海域到處都有海膽，沒有人認為牠們會受到濫捕的威脅，但是這樣的威脅後來的確發生了，海膽的數量大幅減少，漁民的獲利也跟著下降。到了二〇〇一年，產量只有一千一百萬磅，二〇一六年只剩下一百五十萬磅。

不過托勒夫早就開始持續前進。一九七七年，他開始了第一個水產養殖事業「海洋農場」（Aqua Farm）來養殖淡菜。野生淡菜長於潮間帶，會用線狀的「鬚」連接在岩石上，將彼此連接成一團。傳統上漁民會在岸邊用耙或是在船上用拖耙採收淡菜，不過托勒夫有不同的想法。他向州政府承租一塊班茲島（Bangs Island）附近的海域，在那裡放上一座用橫桿搭成的平臺，橫桿下掛著繫了重物的網繩，繩子上有針尖大小的幼小淡菜附著。這片海域很理想，能免於風暴侵襲，又有足夠的海流帶來淡菜所吃的浮游植物。野生淡菜在低潮的時候會暴露在空氣中幾個小時，這段時間內無法進食，但他培育的淡菜能夠持續濾食水中的食物。這些淡菜附著在繩子上，位於比較平靜的海水中，所以不需要長出較厚的外殼來保護自己，省下的能量能夠用於生長。這些淡菜生長得比較快，而且口感依然柔軟。在這種海域養殖還有另一個好處：淡菜中的沙子比較少，處理過程可以比較省錢。

托勒夫的淡菜繩子上無可避免地也長出了海帶。不論是在家中還是在餐廳，他一直都很喜歡把乾海帶作為烹飪材料。他說：「海帶不只能增添風味，也富含維生素和纖維。所以海洋認可公司商標上的文字就是：『海帶：高尚的蔬菜』。海帶的高尚不只因為它可能是地球上最健康的蔬菜，既不需要肥料、殺蟲劑和除草劑，也不需要用到耕地和淡水。」所以他每次離開淡菜平臺時，都會帶一些海草回家。不過他沒有把這些海草弄乾，而是開始嘗試烹煮新鮮的海草。

「海帶和豌豆很類似。乾燥的豌豆好吃又營養，作湯很棒。不過新鮮豌豆和乾豌豆相比，就完全不同了。新鮮豌豆或新鮮冷凍（fresh frozen）豌豆，味道甜美，鮮綠爽脆。」他聳聳肩說道：「不要誤會了。我喜歡乾海草，但是我是廚師，新鮮海草或是新鮮冷凍海草在烹調上的使用方式更多樣。」

要他人在菜餚中加入一些乾海草碎還滿容易的，因為乾海草看起來像是乾燥香草。但要說服人們吃下看起來像是海草的海草，就是另一回事了。不過托勒夫認為現在的時機剛好，美食家愈來愈多，他們對非傳統料理與非主流的味道搭配頗有興趣。在此同時，有機食品風潮大起，來自緬因州乾淨水域的海草不含汙染物。嬰兒潮出生的人現在已經年老，愈來愈注重健康的飲食。除此之外，在美國，一九八八年到一九九八年之間，壽司店增加了五倍。他認為美國人開始漸漸習慣吃味噌湯中的裙帶菜，海草沙拉中的鹿尾菜和裙帶菜，以及壽司中的海苔。該是拓展他們飲食領域的時候了。

托勒夫知道如果新鮮海草的生意要成功，不能只有在產季的時候賣給當地餐廳，因為這樣企業的規模會受到嚴重限制。他在從事商業捕魚時所深入瞭解的新鮮冷凍技術，很值得試試看。如果用一般廚房的冰箱來冷凍魚，細胞中的水分會慢速結凍，產生冰晶。銳利的冰晶會破壞細胞，這使得鱈魚或是鮭魚在解凍之後變得像是軟泥般稀爛。但是新鮮冷凍技術則不同，它會在幾分鐘內把魚的溫度降到攝氏零下四十度。新鮮冷凍食物中的水由於結凍的速度太快，以至於結晶比較不容易形成，細胞不會受損，維生素也不會那麼輕易流失。在海上經由新鮮冷凍保存的魚類，要比花數日才運送到市場的鮮魚來得可口。托勒夫認為以新鮮冷凍保存的海草值得一試。在緬因州工學院（Maine Technology Institute）的資助之下，他精通了這門技術。

技術問題已經解決，接下來的問題就是海草的來源。托勒夫早就開始思考生產規模的問題，採收野生海草顯然不足，他認為得自己養殖海帶。

我們抵達南緬因州社區大學，走過幾段水泥階梯，進入一個像倉庫的建築中，海洋認可公司的實驗室與海草養殖場就在裡面。我預期會看到大大的水槽，但是托勒夫帶我看的是四個普通的桌上型水族箱，其中三個還是空的，但是第四個水族箱的一端，有數個大約兩呎長，類似線捲軸的東西豎立著，事實上那真的是線捲軸，每個捲軸上纏著四百呎的線。現在這些捲軸還只是研究規模而已。到了秋末，這些水族箱同時會有二十八個捲軸，水槽裡面的線加總起來長達好幾哩。

水族箱的一邊點著生長燈，另一邊則接收到自然的光線。那些線呈淡棕色，而且還有點毛茸茸的。托勒夫對這個樣子很滿意。有些小東西從捲軸上伸出，他將手伸進水槽中，剪了一小段線下來，放到載玻片上，用蓋玻片蓋上。我跟著他到隔壁辦公室，他把玻片放到顯微鏡下，高興叫道：「喔，真是太棒了，它們已經可以放到海裡去了。它們現在長得就像是植物，你甚至可以看到藻柄底部有比較深色的區域，它們就是從那裡開始生長的。」

我透過顯微鏡看到了小人國版的砂糖海帶，它有藻柄和一個葉片狀部位，不過附著器太小了看不到，但應該牢牢地抓著線。模樣非常可愛。

這株小海草和水槽中其他的海草都只有一個月大。托勒夫把捲軸放到水族箱中，水中含有他採集來的野生海帶釋放的孢子。他說在頭兩個星期總是有點緊張，因為海草胚胎成長的最初階段是無法直接看見的。不過他每天都會轉動捲軸，添加一些營養混合物，並在晚上的時候關燈來模擬自然的光週期。他也每星期換一次水，並把水溫維持在攝氏十點五度。

到了十一月，這些小苗可以移出栽培了。他們公司向緬因州政府承租了卡斯科灣（Casco Bay）中的一片海域。托勒夫說移栽的過程很簡單，首先把兩個水面浮標用錨固定位置，每個浮標下有一個七呎長的ＰＶＣ管子，管子一端繫著重物，好讓它在水中保持垂直。他在船上把已經長滿小海草的毛茸茸細線螺旋纏繞在一吋粗的繩索上，這根繩索兩端各接在這兩根ＰＶＣ管子的底端，在水面下七呎深的地方伸展開來。這個深度有足夠的陽光照射到海帶上，吃水比較深的大型帆船也能從上面安全通過。小海帶生長的速度快得驚人，在生長旺季時，一天可以長四吋。經過四、五個月到了早春時節，當起重機把這根繩索吊起來，上面會密密麻麻長滿了五呎長的海帶。

養殖海帶而不採收野生海帶的另一個原因，是為了控制品質。托勒夫的海帶都在同樣的狀況下生長，所以容易監控。「我需要來源穩定的高品質產品，最好的方法就是自己栽培。雖然現在緬因州海域有大量的野生海草，但是我們發現採收者的區域有些已經重疊在一起了。如果有多人潛水摘取同一批海帶，海帶的生物質量便會開始無法維持永續。拉區是完全憑良心做事，但是不是每個人都像他那麼正直。這是人類的本性。如果你在自己範圍中的海床得不到預期的產量（可能是因為被風暴毀損了），就可能為了付這一季的帳單而過量採收。我真心希望我們能一直採收野生海草，但是如果經營管理不當，就會發生問題，在美國和世界各地的漁業歷史中都出現過相同的問題。」[1]

我們開車回到我停車的地方，那裡是公司的辦公室和加工的場所。托勒夫讓我看砂糖海帶褐色葉片狀部位漂白的過程，這讓海帶變成了亮綠色，之後會切成細麵條狀。藻柄的部位則橫切成中空的圓

1 海洋認可公司得到了NOAA和緬因州工學院的資助，發展養殖技術。（這點拉區說得對，海草養殖業者的確從政府那裡得到補助。）理由是海帶養殖業能提供新的工作機會，同時對環境友善。我覺得有道理。

片狀。他打開兩包冷凍包裝的海草，在溫水中解凍。我嚐了一些切成小片的翅菜，托勒夫說那很適合做成沙拉。而掌狀昆布口感爽脆、味道溫和，可以切薄了做成涼拌菜。這家公司還生產海草泥磚，可以直接丟到果汁機中打成冰沙。所有的產品都包裝好並以新鮮冷凍的方式保存，放在保利龍箱中運輸。

新鮮的產品開啟了新料理的可能性。托勒夫和強生威爾士大學（Johnson & Wales University）的主廚一起研究出新的食譜，這些全部都可以在海洋認可公司的網站上找到。（我可以告訴你，嫩煎鱸魚配上以奶油、檸檬、荷蘭芹和大蒜調味的砂糖海帶絲，非常好吃。）海洋認可公司有來自餐廳和機構的穩定需求，也計畫直接販售產品給消費者。這家公司在網路上免費公開海帶栽培手冊，並且向十多位緬因州海岸的獨立海帶農購買海草，以增加產量。

托勒夫持續拓展海草料理的疆域。他最近從海洋認同公司出發，和樹頂資本公司（Treetops Capital）結盟，建立了一家新的海草公司「海洋均衡」（Ocean's Balance）。他依然喜歡新鮮冷凍海草，不過他看到可以放在貨架上長期保存的海草泥可能也有市場。海帶泥可以加入醬汁、漢堡、湯或是其他料理中，來增添營養價值。這家公司向消費者推銷產品（我家附近的食品店便有販售這種小瓶裝的海草泥），也向大型食品供應商推銷。

為了拓展自己的烹調領域，我最近根據海洋均衡公司網站的食譜，煮了番茄濃湯，一種加了兩匙海帶泥，另一種沒有，然後讓來吃晚餐的六位客人盲試。我這個樣本少少的實驗當然不是什麼有決定性的研究，不過六位客人中有五位偏好加了海帶的版本。《紐約時報》雜誌知名的飲食編輯山姆・西夫頓（**Sam Sifton**），最近在《紐約時報雜誌》上寫了一篇他在曼哈頓的餐廳豪斯曼（Houseman）吃到的蒸扁鰺（bluefish, *Pomatomus saltatrix*），餐廳主廚是奈德・鮑德溫（Ned Baldwin）。他對這道料理本來並沒有多高的期待，但是他寫道：「鮑德溫的這道魚非常可口，溢滿滋味：有滑順的海味與鹹味，豐富的奶油味，味道強烈而飽滿。」這道料理的祕密是什麼？紫紅藻這種在北大西洋兩岸原生的海草。鮑德溫把紫紅藻攪入奶油中，並且在魚上面也放了滿滿一層。西夫頓對紫紅藻增添風味的能力深感興趣，他寫道，現在自己煮東西時都會添加海草。

西方人會像東亞人一樣那麼常吃海草嗎？如果是十年前，我應該會對這個論點嗤之以鼻，但是現在我想到的是那些幼稚園的小孩吃著餐盒中的海草點心：口感細緻鬆脆，帶些鹹味，入口即化。主廚、食品店老闆與栽培者都著急地為海草取個好聽的名稱，例如「海洋蔬菜」，或是感覺更親切的「海菜」（這樣的命名活動持續進行中，我看到有人用「海中甘藍」稱呼它，但我覺得不太有趣。全食超市用的名稱是「蔬菜家族中的珍珠」，這也怪怪的，因為珍珠不能吃。彭布羅克郡海灘食品公司把自家新推出的胡椒風味紫紅藻稱為「海松露」就有創意多了。）毫無疑問，那些風味十足的紫紅藻、昆布與裙帶菜、鬆脆的海苔，以及其他海草產品將會端上西方世界的餐桌。海草粉可以當成調味香料，可以當成沙拉生吃，乾燥的、泥狀的、新鮮冷凍的，也可以加到湯品、燉菜、鹹派、歐姆蛋和烘焙食品中。我也等著它們進入加工食品中，來增添營養價值。海草正以各種方式進入你的飲食。

# 第7章 螺旋藻

人類所吃的藻類不是只有海草。在中國，人們一直以來就會採集深綠色頭髮狀的髮狀念珠藻（*Nostoc flagelliforme*）來吃，這是一種藍綠菌。髮狀念珠藻生長在中國和蒙古的高海拔沙漠中，白天大部分的時候處於乾燥休眠的狀態，直到露水出現，這些念珠藻才會「甦醒」。當地人把髮狀念珠藻當成食物的歷史已經有兩千年，而越南人最近才開始吃。中國人把髮狀念珠藻稱為髮菜，通常是在節慶時享用它，把它當成好運的象徵。髮菜本身沒有什麼味道，卻能吸收其他食材的風味，就像是用植物澱粉製成的粉絲那般。

另外一種藍綠菌螺旋藻（spirulina）在數百年前或是更早一些，也進入了拉丁美洲和非洲地區的食譜中。螺旋藻因在顯微鏡下像是細小的綠色螺旋而得名。在西元一五〇〇年代，來自西班牙的征服者抵達了阿茲提克的首都迪諾奇狄特蘭（Tenochtitlan），這座城市建立在墨西哥一座大湖中的島上（這座大湖現在已經乾涸，成為今日的墨西哥市）。入侵者注意到阿茲提克人會用細密的網子從湖面上撈取藍綠色的物質，當地人說小販會賣「一種小點心，那裡面含有某種從大湖中冒出來的成分，這種成分會黏在一起，可以用來當成揉麵團的材料。」非洲中部從很久以前開始，當雨季使查德湖氾濫，溢出的湖水形成淺池塘時，人們就會蒐集這些池塘中的螺旋藻。查德卡南布（Kanembu）部落的女性會從庫森羅姆湖（Lake Kossorom）中蒐集螺旋藻，放到陶罐中，用布過濾出水分，然後放在陽光下乾燥，稱為「蒂核」（dihe）。有七成的卡南布食物中加入了蒂核。

如今在美國，室外的人工池塘養殖螺旋藻並且加工成深藍綠色的粉末成為一門生意。世界最大的螺旋藻製造商之一厄斯萊斯營養公司（Earthrise Nutritionals）在美國加州索諾蘭沙漠上，擁有面積達四十七英畝的流動池塘，來培養這種藍綠菌。當地位於墨西哥邊境北方三十二哩處，若開車從棕櫚泉（Palm Springs）出發，需要數個小時才能抵達。

我在七月中旬某天早上十點半開車抵達厄斯萊斯，室外的氣溫已經高達攝氏四十三度，正是適合螺旋藻生長的天氣，但是對人類來說就不是了。該公司的資深副總經理兼技術長阿姆哈．貝雷博士（Dr. Amha Belay）在門口迎接我，並且建議我在氣溫升得更高之前，快速參觀一遍。貝雷博士說話的語調溫柔，帶有他家鄉伊索比亞的輕快腔調，膚色有如咖啡歐蕾。三十多年前，他在亞的斯亞貝巴大學（Addis Ababa University）的教授休假年時來到厄斯萊斯，從此就留在這裡了，那時厄斯萊斯才剛成立不久。

我們走上戶外的鋼製螺旋梯，爬到大約六層樓高，這段路走得相當艱辛，我親身體驗到在沙漠中觸碰金屬扶手並非什麼好主意，更別提要抓著它爬樓梯了。這個螺旋階梯繞著一座六十呎的火箭形高塔，塔中有公司的噴霧乾燥機。從塔頂可以看到所有設施。下方左邊是蓄滿水的人工池塘，其中的水來自礦物質豐富的科羅拉多河。這些水先在小池塘中靜置幾天，讓其中的雜質沉澱，然後藉由重力流到比較大的池塘中，在這個階段添加蘇打粉（碳酸鈉），讓水的pH值大幅增加，池中水的鹼性程度是家用自來水的千倍，不但適合螺旋藻生長，也能抑制許多可以和螺旋藻共同生長的生物，以及以螺旋藻為食的物種。

這些水會運到三十七座「流動池塘」中，池中有讓水流動的人工「跑道」，水很淺，跑道很長，彼此之間的空地很窄，實際上就只是讓跑道能互相隔開而已。跑道的一側架著水車，持續讓水循環流動。從高處看，厄斯萊斯的池塘就像是排列整齊的黑色菱形玻璃，猛然出現在空無一物的橘黃色沙漠中。

螺旋藻的生長速度很快。在四月到十月的生長期會快速分裂，每天可以增加三成的質量。每兩到三天，水中藻類的濃度便達到某個標準，在這裡全天候待命的工人會把池中一半的水經由地下管路抽出來，送到我們右邊的加工廠中，現在我們就在這個工廠裡躲避炎熱的天氣。池水在這座工廠中經過許多層不鏽鋼篩網，讓其中的生物質量持續提高，最後從泥漿狀濃縮成糊狀（濾出來的水會送回池塘）。生產線上最後一臺機器擠出的螺旋藻糊，像是軟趴趴的祖母綠色蛋糕糊，落在輸送帶上，往乾燥塔送去。在乾燥塔中，這些螺旋藻糊會噴出成為小滴狀，在高溫之下，其中百分之九十三的水分會蒸發掉，剩下的深綠色粉末不但無菌，而且可以好好地保存超過一年。

厄斯萊斯每年生產五百公噸的螺旋藻，其中一半被買去當成食品添加物，剩下的一半幾乎全由星巴克之類的食品公司買下，他們會把螺旋藻放到瓶裝的水果冰沙中。螺旋藻中含有藻藍蛋白（phycocyanin）這種藍色色素，它使螺旋藻的綠色更深，接近深祖母綠。最近美國食品及藥物管理局批准藻藍蛋白為第一個食物天然色素，使得螺旋藻有了新的市場。現在厄斯萊斯和其他培養螺旋藻的公司開始萃取與銷售藻藍蛋白給那些想要換下人工藍色色素的糖果與食品製造商。

螺旋藻養殖業者往往會宣稱自己的產品是「超級食物」，大肆宣揚其中驚人的營養成分。他們的說法是，螺旋藻含有的鐵質是菠菜的二十三倍、$\beta$胡蘿蔔素是胡蘿蔔的三十九倍，鈣質是牛奶的三倍，蛋白質含量是豆腐的三點七五倍。但是我們別被誤導，這個數字是基於同樣熱量或是同樣重量的分量來比較的。如果以每次食用的分量來計算，就會完全不同。厄斯萊斯和其他公司建議消費者每天食用三公克的螺旋藻，大約是一茶匙的量。一份螺旋藻所含的$\beta$胡蘿蔔素的確是一日所需的一點四倍，身體會把這種色素轉換成維生素A。一茶匙的螺旋藻的確也可以提供一天所需鐵質的十分之一，也的確具有抗氧化的性質。但是一份螺旋藻中含有的蛋白質是一天所需的百分之二[1]，如果你吃的分

1 有些素食主義者或是素食者會把螺旋藻當成蛋白質來源，但是螺旋藻中並不含有人類能吸收的維生素$B_{12}$，因此會加重維生素$B_{12}$不足的症狀。

量是建議量的五倍（也就是吞下三十個半吋長的螺旋藻片），所得到的蛋白質量，只要吃兩顆雞蛋就可以攝取得到。

就算你吃了這麼多螺旋藻，身體把 $\beta$ 胡蘿蔔素轉換成維生素A的量也是有限的（維生素A過多會讓肝臟受傷）。就算吃下過多的這種色素並不會讓人中毒，你也得考慮大量 $\beta$ 胡蘿蔔素累積在皮膚造成的結果。如果你的膚色淡又攝取太多 $\beta$ 胡蘿蔔素，皮膚可能會變成橘紅色，在萬聖節的時候，這副模樣可能滿有趣的，但是你大概不會希望一年到頭都是如此。這種狀況稱做胡蘿蔔素沉著症（carotenosis），得花好幾個月才能恢復正常。（吃螺旋藻粉末還有其他的染色效果：會讓舌頭和牙齒暫時變成藍綠色，使你的模樣變得和螺旋藻的味道一樣奇特。）總的來說，如果你覺得自己缺乏維生素A，可以每天吞下六個螺旋藻片，但是其實每天吃下三分之一根胡蘿蔔，就可以完全滿足一天所需的維生素A，以及一大堆其他的微量營養成分，而且只需要花少許的錢。

這並不意味著在人類的飲食當中，螺旋藻無法占有一席之地。在已開發國家中，絕大多數的人可以吃得到菠菜、胡蘿蔔，以及其他蔬菜水果，或是早餐穀物片等添加了維生素的食物。但是在開發中國家，約有三分之一的五歲以下兒童因為沒有辦法吃到這些食物，而罹患維生素A不足的症狀。大約有二十五萬到五十萬個兒童因為維生素A不足而失去視力，其中有一半最後會死去。每天一匙螺旋藻能夠挽救他們視力，甚至生命。孕婦如果沒有吃到這些食物，胎兒的維生素A會不足，因此一茶匙螺旋藻可以補充懷孕時所需要的重要養分。螺旋藻中的鐵質也有助於減緩貧血症狀，而這是開發中國家的孩童常有的健康問題。

許多國際或當地的協助組織會在開發中國家分發緊急的維生素補充品，以對抗維生素不足造成的症狀，不過瑞士的慈善組織天線基金會（Antenna Foundation）採取的是「教人釣魚」的方法。基金會傳授婦女在盆子或是人造淺塘中培養螺旋藻的方法，她們可以手動或是以簡單的馬達攪動池水，直接用陽光或是以太陽能乾燥器乾燥螺旋藻（太陽曬乾的螺旋藻有個好處：沒有經過加工，幾乎沒有味道。）螺旋藻不但能添加在兒童的飲食中，包裝之後販售還可以換取她們急需的金錢。比起蔬菜，螺旋藻栽培時所需的水和肥料少，既能忍受高溫，而且在許多熱帶國家，全年都可以培養與收穫。

天線基金會的專家已經幫助了印度、柬埔寨、寮國、尼泊爾，以及從馬利到馬達加斯加七個非洲國家的村民，開始用池塘培養螺旋藻。最近幾年，其他慈善機構也推動了類似的計畫。雖然有些人依然在傾銷這種產品（例如有個團體宣稱「一匙螺旋藻便含有數份常見蔬菜的營養價值。」）不過在營養不良的國家，螺旋藻應該在餐桌上有一席之地。

# 第三部　藻類的實用功能

# 第1章 餵養植物與動物

藻類就像一臺養分發電機，能生產各式各樣的營養，不過我們人類不一定得直接吃藻類才能獲得這項好處。

人類最早利用藻類的方式之一，是把巨型藻類當成農田中的肥料。數百年來，愛爾蘭沿海地區的小農家會在低潮時採收岩石上的海草，把濕淋淋又沉重的海草放到大籃子，用馬或是人力帶回家。這些海草經過沖洗之後，農民會將它們放在一邊任其分解，幾個星期後就可以灑在田中，與土壤混合在一起，用來栽種馬鈴薯。一個農場的收成多寡或是某個家庭來年是否能持續承租土地，海草肥料有時是因素之一。在愛爾蘭西部外海中的阿倫群島（Aran Islands）上滿是石灰岩，居民代代從海邊撈取海草和沙子，鋪在那塊原本不存在的農地上。

至少在兩千年前，農夫就開使用海草飼養牲畜了。一位希臘作家在公元前四十五年寫道，「在飢荒之年，農人從海岸摘取海藻，以淡水沖洗後餵給牛隻，讓牠們苟延殘喘。」在愛爾蘭，畜養牲畜的人會把海草混入給豬、牛、羊的飼料中，而且不只在荒年才這麼做。通常海草只占牲畜飼料的一小部分，不過在蘇格蘭奧克尼群島（Orkney Islands）中的某個島上，有一種野生綿羊至少在公元前五千年前便開始把海草當成主要食物。這種北羅納德賽島綿羊（North Ronaldsay sheep）肩高十八吋，重四十五磅，牠們在低潮時會到岩石上啃海草。牠們這麼做不是因為糧食不足，而是這種綿羊主要就是以巨型藻類為生。如果給牠們青草，牠們會別過頭去。

愛爾蘭農夫最常採集到的藻類是岩藻（*Ascophyllum nodosum*），通常也稱為或泡葉藻，這是一種褐藻，看起來像是黃褐色的拖把，有細長的藻柄和許多小小的泡狀結構。岩藻可以長到八呎長，壽命長達十五年，在愛爾蘭和其他歐洲北部國家的海岸中非常普遍，也密密覆蓋著緬因州、加拿大新伯倫瑞克省和新斯科舍省的一些海岸。我於是到了新斯科舍省去研究這種如野草般常見的巨型藻類對世界的貢獻。

我的調查從搭乘一艘小艇，在新斯科舍省西岸韋奇波特港（Wedgeport Harbour）中的晨霧裡慢慢前進中開始。掌舵者是尚－塞巴斯蒂・勞森－古伊（Jean-Sebastien Lauzon-Guay），他是阿卡迪亞海洋植物公司（Acadian Seaplants Limited）的海洋生物學家，這間公司是全世界最大的乾岩藻生產商。他們會把岩藻加工成給農作物使用的液態肥料，或是給牲畜與寵物吃的乾燥

岩藻

食料。這間私人公司約有三百五十位員工，並且直接和約六百名個人採收者簽訂合約，那些人遍布加拿大、美國、愛爾蘭與蘇格蘭，生產了幾百萬磅的海草。阿卡迪亞的產品運往全球八個國家，最近還在愛爾蘭與蘇格蘭買下並擴建了兩間處理廠。

現在正值中午，低潮剛過了九十分鐘，勞森－古伊帶我去見採集者傑夫．杜塞特（Jeff Doucette），他正準備要開始今天第二趟的採集。我們朝著這座小港口的外側前進，碼頭上繫著好幾艘採收海草的小艇。這裡海潮的起伏非常劇烈，每小時升降的高度約有一呎，現在這些船位在碼頭之下十五呎。繫船用的船樁粗大結實，上面覆蓋著海藻，看起來像是樹幹，隱隱浮現在那些船的後面，讓這些船看起來更小了。勞森－古伊找到了杜塞特的船，它看起來像是漆黑的鐵鑄澡盆（抱歉了，傑夫）。這艘澡盆邊緣距離水面三呎。幾個小時過後，上面便會堆滿海草，讓船緣更貼近水面。「昏厥號」（*The Black Out*）看起來並不美觀，卻是為了實用目的精心設計出來的。

杜塞特站在船上，手上拿著一把長長的金屬銼刀，大聲地招呼我們上船。他留著光頭，體形如同美式足球的後衛，非常適合這份工作。他告訴我他已經採收海草三十年了，這段歲月已經長到能讓他的兒子長大到足以也買一艘自己的船。（他得意地笑道：「他以前和我一塊兒，但是老爹我是個嚴格的老闆。」他的母語是阿卡迪亞法語，語調變化活潑，而且不會發出齒擦音。）我們抵達時，他才剛磨好他的海草耙，那個工具看起來一點都不像是能用來蒐集落葉的耙子，反而比較像是鋸木頭用的鋸子，或許能來代替牛排刀。不過這個海草耙有一點不同，它有十二呎長，頭部由三個不銹鋼部位焊接在一起組成，彼此相隔約六吋，底端左右側各有一個滑軌，讓刀片距離底部五吋高，如此一來就不會從底部割起海草，好讓海草能重新生長出來。刀片上有寬鋸齒，看起來相當危險，可以輕鬆切斷海草。最上面緊密排列的長長鐵梳可以抓住切下來的海草，方便把海草撈出水面。

杜塞特告訴我們：「這個耙子是我自己做的。我大約試過十種不同的樣式，換刀片，改變形狀，每個小小的改造都有助於我工作。」他笑道：「就在這裡，如果你拿得動可以試試看。」

杜塞特通常在每天的漲潮和退潮時和其他自己駕船的採收者一起出發，每天採收兩次。挑選時間的訣竅在於要在潮水漲到一半或是退到一半的時候抵達海草生長的區域。如果水漲得太高，岩藻就會太深；如果潮水太低，岩石上的岩藻暴露出水面便無法採收。現在已經沒有人採收岸邊的岩藻了，至少在新斯科舍省是如此，因為採收過程比較費力，而且速度又慢，更糟糕的是會把單一區域中的岩藻全部都刮得一乾二淨，多年都無法長回來。杜塞特使用的這種海草耙，不會把浮起來的海草整個拉起，採收者搭船還可以四處移動，每個人能採收的區域要比在岸上大得多。

省政府規定總採收量只能占海草生物質量總額的兩成，勞森-古伊的工作是追蹤省政府各單位租給阿卡迪亞海洋植物公司每個區域中所撈出的海草量，如果某個區域的收穫量到了最大值，該區域就會關閉不得採收，目前這樣的區域有幾十個。這家公司經營海草生意幾十年了，我很清楚他們必須承諾讓這個生態系統能夠維持運作，成為稚魚和海鳥的重要棲息地。根據杜塞特的說法，現在海草的產量比以前任誰都可以來自由採收時還要高。

我問杜塞特，收成好的時候，一天的收穫量會有多少。杜塞特說兩趟總加起來約八噸。撈起的分量之重讓我十分驚訝，他嘲笑我說道：「你大概一次只能耙起三十到五十磅吧。」對許多人來說，採收海草是季節性的工作，從初夏開始持續到秋天，剛好這段期間不抓龍蝦。但是杜塞特全年工作，只有當耙子手柄凍到結冰而滑到無法握緊時，他才休息。

杜塞特解開纜繩出發，我們跟著「昏厥號」進入霧中，前往塔克島（Tucker Island），這是一座平坦而無人居住的島嶼，距離港口一哩半。當我們接近島岸時，船慢了下來，慢慢漂進淺水中，暗暗的水下有一叢叢的岩藻。

杜塞特站在船中央，把十二呎長的耙子投入水中，讓鐵製前端落到海底，然後一手換一手慢慢地把耙子拖回來，將耙頭舉高，靈巧地放下、一扭，要雙手才能捧起的大量濕潤海草便掉落到船底。這些海草呈現褐色、金黃色和橄欖綠，有著秋天的色調。然後他又將耙子丟到水中，以穩定、悠閒的速度重複這樣的步驟。他解釋道，通常每次來，會砍兩到三叢海草。新手往往使用比較短且輕的耙子，不過費同樣的力氣只能採到一半的海草。他讓我親自試看看，但是我想他的耙子頭又遠又重，再加上海草的重量，應該可以輕易把我撬出船外，所以有禮貌地拒絕了。勞森-古伊建議我們靠到岸邊，以便就近觀察岩藻。

岸邊布滿了一堆堆東西，那是密實的海草，從水邊延伸到約一百呎遠的森林邊境。一開始我以為那成堆的東西全部都是海草，不過我下船之後就知道，海草下面是崎嶇的岩石，走起路來相當危險。（勞森－古伊說他每回帶初次到這裡的實習生來，他們一定會跌倒。他講這話是在事先安慰我嗎？）我們蹲下來一探究竟，每株植物有二十到三十條分支，每條分支上又有短分支，以及和橄欖大小顏色相近的小氣泡。每個小氣泡都需要花費一年才能長成，以便讓藻體漂浮，功能如同釣魚線上繫著的浮標。勞森－古伊撥開一株拖把狀的藻體，讓我看到連接在岩石上的部位。雖然附著器黏得很緊，但冬天的風暴和厚冰還是可以把比較大的海草拔起。

我穿的靴子高及膝蓋，但是還是有一隻灌進了寒冷的海水。我回到船上，朝著港口前進。我大聲對傑夫道謝，不過這時他已經漂到稍遠之處，身影逐漸隱沒在霧中，我不知道他是否聽到了。回到了碼頭，勞森－古伊指著碼頭上那些拖車大小的藍色箱子。阿卡迪亞給每個採收者一個箱子，杜塞特回來之後，會用起重機把戰利品吊到箱子裡，等箱子滿後，阿卡迪亞公司的卡車會把箱子載走，秤重，再換一個空箱子回來。杜塞特採收的海草會運往該公司在康沃利斯（Cornwallis）或雅茅斯（Yarmouth）的工廠加以處理。

農民很久以前就知道，把海草放到土壤中能提高作物產量。近年來他們終於確認海草可以當成肥料，提供礦物質。雖然事實的確如此，不過現在的研究發現，真實情況比這個更複雜也更有趣。海藻中含有某些成分，屬於生物刺激素（biostimulant），能以其他的方式大幅增加植物的生長。

我對生物刺激素及它們在植物生長中所扮演的角色幾乎一無所知，所以我拜訪了該公司栽培部門的資深經理傑夫．哈夫廷（Jeff Hafting），並參觀他們在康沃利斯的研發單位。哈夫廷身材高瘦，有一頭金髮，他在加拿大卑詩省大學得到植物學博士學位，然後加入了一間在夏威夷飼養鮑魚的新創公司。鮑魚這種海生貝類大小如拳頭，滋味鮮甜，在東亞的價格特別高，牠們的食物是紫紅藻。當時他發展出在戶外的水槽中培養紫紅藻的方法，種出了許多海草，好滿足這種腹足綱軟體動物的胃口。

他現在在新斯科舍的工作內容上從在陸地上栽培海草（等下就會提到），下到評估岩藻的生物活性。我們從實驗室開始瞭解生物活性。他在約兩吋高的透明玻璃瓶中栽培綠豆，這些玻璃瓶密密地放在架子上，用生長燈照著。哈夫廷拿出其中三個小瓶子，要我注意這些綠豆小苗的側根，那是從比較粗壯的垂直胚根中長出來的絲狀細根。第一株豆苗種在蒸餾水中，它的側根像是兩天沒刮的白色鬍子。第二株種在含有礦物質的蒸餾水中，這些礦物質萃取自岩藻，它的側根像是耶誕樹的樹枝。

第三株長在鏽紅色的水中，其中含有萃取自海草的礦物質和生物活性成分。乍看之下，這一株的根系和第二株一樣，但是當我靠近細看時，發現胚根上有側根的區域占比更大，側根長得也更密。這當然不是什麼讓人震撼不已的差別，但是其實這些幼苗才種了一個星期而已。哈夫廷說，除此之外還有最重要，但要用顯微鏡才能看得到的差別。在放大之後，我看到側根尖端密布著根毛，像是瓶刷。以完整海草萃取物培養的綠豆根毛比其他的濃密。（絕大部分的植物藉由根毛和與根毛共生的菌根吸收養分。）施用生物刺激素的植物，根系生長得更茂密，開花與結果的數量也大幅增加。

我們走過一些小型溫室和房間，裡面全都有生長燈亮著，然後我們在一個房間前面停下，那個房間裡面放滿了用黑色盆子種著的小株植物：青椒結著胡桃大小的果實，番茄正在開花。這些植物有的施用了岩藻萃取物，有的則沒有，它們的生長過程都被測量並記錄了下來。另一個房間中放滿了三呎高的玉米，哈夫廷有點不好意思地說：「這個房間中的植物會受到虐待，我們在澆植物的水中放了鹽類，或是讓有的植物處於乾旱。我們發現如果施加了萃取物，植物會長得比較好，這可能是因為它們的根系比較強壯。我們另外也對切花進行類似的實驗，添加萃取物的切花含有比較多的抗氧化物，可以撐得比較久。」

萃取物產生了數種功效。其中之一是刺激植物分泌更多的多醣類給菌根。菌根吃得愈好，數量便愈多；菌根數量愈多，提供給植物的養分就愈多。除此之外，那些分泌物能讓土壤的質地更容易留住水分。萃取物也會刺激植物中與固碳、礦物質代謝、去毒酵素、滲透質（能夠控制水分吸收的分子）、生長激素等相關的基因表現。

實驗室和田野實驗都證明施用少量的海草萃取物到土壤或是噴灑到植物葉片上，能夠讓產量增加一到三成，不過由於萃取物價格的考量，所以只有在經濟價值高的作物上才會使用。舉例來說，美國加州有六成的生食葡萄栽種在含有海草萃取物的土壤中。目前海草生物刺激劑的市場價值為四點五億美元，不過這個產業才剛起步。有鑑於世界各地的旱況，灌溉水含鹽量增加，極端的溫度起伏等增加植物壓力的因素愈來愈嚴重，在未來幾十年，海草生物刺激劑的需求都不會減少，現在需要解決的問題是產量必須跟得上需求。

阿卡迪亞的動物飼料處理廠位於雅茅斯七十五哩外，那裡是第二次世界大戰時遺留下來的除役空軍基地。哈夫廷和我抵達的時候，數輛大型農場拖車拉著改造的施肥機，在兩個跑道上緩慢前進，一路施放海草。這座基地一共有五條跑道。拖車會拉著翻草器把這些海草翻面並弄鬆，就像在牧場上曬乾草一樣。晾乾海草通常會花上一天，天候狀況不佳時可能還要好幾天。接著，改造過的牧草切割機會來收海草並且把它們切碎。這天下午晴空萬里，工人把乾海草蒐集起來，放到藍色卡車上，運到基地的飛機掩體屋中。我們跟在一輛卡車後方，進入飛機掩體，穿著橘色反光背心的工作人員舉著旗子，引導我們進去。

說這個巨大的洞穴狀建築是「屋」其實並不恰當，但它和「屋」一樣裡面都是黑漆漆一片。飛機掩體很長，門很寬，高度有三十呎，足以讓卡車開進去。但是它沒有窗戶，愈到裡面光線愈暗。我們看著一臺卡車響著警告鳴聲倒車進入掩體一端，在小山丘一般高的岩藻堆上卸下貨物，揚起一片海草粉末。卡車離開之後，小型貨車來回移動，把這些海草移到掩體的另一端，那裡有好幾臺機器連接在一起，全都覆蓋著綠色的粉塵，發出隆隆噪音，進一步把這些海草乾燥、切碎，最後研磨成粉。另一個機器把磨碎的海草裝到白色的塑膠袋中，每袋可重達一噸。這些袋子堆放在棧板上，將來會送到飼料工廠。但加入飼料中的分量其實很少，約只占飼料總體積的百分之二。

直到最近，冰島人在冬天糧草不足的時候，還是會用海草飼養牲畜。就算不是在這種生死交關的情況下，海岸的居民也會拿一些海草餵食動物。在食物中添加一些海草能讓牲畜更健康。在二十世紀初期，科學家首度分析褐藻中的成分，發現其中有礦物質、脂肪酸和蛋白質等預料中的物質，但是含量並不足以解釋海草帶來的健康效果，因為餵食給動物的分量很少。科學家們也發現褐藻中有許多動物無法消化的強韌醣類。總而言之，民間傳統上餵給動物海草，從來沒有什麼科學上的理由，它似乎無害，但是也不會有什麼效果。

直到二十一世紀，海草的祕密才浮現出來。相關的基礎研究是在一九九〇年代完成的，那時候科學家開始更加注意結腸（大腸）在動物營養來源中所扮演的角色。糖類、短鏈多醣類、脂肪與礦物質，都是在胃部和小腸中，以鹽酸和酵素分解。傳統上，人們認為大腸只有兩個功能：一個是在消化道末端再次吸收食物殘渣中的水分，另一個是壓縮食物殘渣（其中包括無法消化的長鏈醣類），以便排出體外。

我們一直都知道大腸是微生物聖地。胃部和小腸是酸性的而且通常不適合微生物居住，反觀大腸中的酸鹼度則相當中性，可以做為微生物溫暖的家。在一九七〇年代晚期，科學家一直相信大腸中主要的微生物是大腸桿菌，但是後來由於培育腸道微生物群落的實驗技術，以及基因定序法精進，能確認微生物的種類，微生物學家因此也更瞭解這些腸道住民的數量之多（有一百兆個，相當於人體細胞總數的十倍）、種類之廣（超過一千種）。除此之外，他們也瞭解到，這些腸道居民是無害的，有些甚至對健康大有裨益。事實上，大腸中微生物和真菌群落的多樣性對健康極為重要。

我們身體中有這些細菌算是幸運的了。這些細菌具備了人類缺乏的消化酵素，能夠把最難以消化的醣類（這些化合物會進入消化道尾端），分解成短鏈脂肪酸，身體便能燃燒這些脂肪酸，獲得能量。我們現在知道人類有一成的熱量來自這些短鏈脂肪酸，而在草食動物中所占的比例更高。腸道中的益菌還會製造維生素，也能調節其他器官的類激素化合物。另外，我們之所以喜歡或至少感激這些細菌還有一個原因：它們能製造抗氧化物，並且具備抗發炎的效果，也能使腸道更偏向鹼性，抑制有害微生物住進腸道。當腸道中有許多有益的微生物，有害的微生物就比較不容易占有一席之地。

腸道微生物群如此重要，因此有些科學家認為它們也是一種器官。這種重要性也推動了價值數十億美元的「益生菌」產業，把活的微生物混到優格或是其他人類和動物所吃的食物中。吞下益生菌聽起來好像很棒，但是實際上胃酸和肝臟分泌的膽汁破壞有機化合物的效果強大，連那些有益健康的微生物也不能倖免。就算這些益菌通過胃和小腸的夾殺，抵達大腸時也已經衰弱不堪，卻要它和其他一百兆個細菌競爭腸道中的棲地。對大部分的益生菌來說，這趟從喉嚨展開的旅程並沒有什麼好結果。[1]

1 和人類健康有關的題外話：現在支持營養正常的人使用益生菌的資料很少。除此之外，許多市售的「活菌」其實在進入消化道之前，就已經死亡了。有些證據指出，如果一般抗生素消滅了腸道中的正常微生物，或是罹患了某些消化疾病，那麼益生菌會有效。大腸水療（colonic cleansing）這個風潮完全搞錯了方向，而且還會干擾大腸中自然平衡的微生物生態系，讓那些益菌死亡，害菌便能趁機占領騰出的空間。

那麼，現在問題來了，如果我們不能真的把益生菌加到腸道中，那麼可以讓本來就在腸道中的益生菌增加嗎？

這便是益生質（prebiotic）的作用。一九九五年，葛蘭．吉布森（Glenn Gibson）和馬賽爾．羅伯弗洛伊（Marcel Roberfroid）發明了這個詞，其實意思就是某些腸道益生微生物喜歡吃的化合物。當這些微生物喜歡吃的長鏈醣類來源充足，它們就會更加活躍並且繁殖，這便能有利於宿主。換句話說，益生質能讓腸道中的戰場有利於益生菌這一方。多年來，食品與飼料製造商會在產品中添加來自菊苣的多醣類菊糖（inulin），因為這樣可以使腸道益菌增加。岩藻的功能也類似，草食動物消化道末端的某些有益微生物喜歡吃它所含的多醣類，因此讓海草成為一種益生質。

海草益生質可能也能夠用來對抗世界各地流行的抗藥性微生物。人們之所以會遭遇到這種問題，是因為幾十年來，農民餵養肉牛、豬與肉雞的飼料中，含有少量的抗生素。這不是為了要治療疾病，而是能夠促進牲畜生長。對於這種未達醫療效果的抗生素濃度是怎麼在牧場中發揮作用的有數個理論，不過就實務上來看，抗生素的確有用。對於大型養殖場來說，抗生素特別重要，因為那些動物都是圈養管理的，不僅壓力大，也容易使牠們身體衰弱而容易得到疾病，微生物也更容易在個體之間散播。

給動物低於醫療效果的抗生素劑量雖然能加速生長，但我們現在已經知道這種做法會對人類有害。動物身上的病原體持續接觸到抗生素，會使其後來變得不會受到藥物影響。當我們吃到這些含有抗藥性微生物的肉類時，有時候便一併吃下了這些病原體。如果這些病原體在我們體內生長繁殖，引起疾病，抗生素就可能無法治療這種傳染病。就算是素食者也無法倖免：在牧場附近生長的蔬菜，也有抗藥性病原體。更糟糕的是，抗藥性病原體可以經由水平基因轉移，把抗藥性轉移給體內本來好好居住，不會造成危害的微生物。

我們已經快要沒有可以有治療效果的抗生素了。全世界每年約有七十萬人死於抗藥性微生物感染，其中美國至少就有兩萬三千人。二〇一六年，英國首相下令進行的「微生物抗藥性研究」（Review on Antimicrobial Resistance）報告指出，如果在二〇五〇年沒有新的抗生素研發出來，全世界每年將有一千萬人死於無藥可治的細菌感染。報告也指出，目前正在研發的抗生素很少，「其中可能只有三種對於對抗大部分（超過九成）現在醫生得要治療的抗藥性細菌有治療潛力。」二〇〇六年，歐盟禁止把抗生素當成生長促進劑來使用。美國醫學會公開敦請農民停止以治療之外的目的對動物使用抗生素。世界衛生組織和其他著名的健康機構也呼籲相同的事情。雖然泰森食品公司（Tyson）和珀杜公司（Perdue）等主要雞肉商承諾會減少抗生素的使用量，但是在美國，仍有四分之三的抗生素是用在促進動物生長之上。

顯然我們得禁止這樣使用抗生素，但毫無疑問地，肉品工業會懷念它。阿卡迪亞讓岩藻有充分的理由取代抗生素。（當然，肉品工業改變生產過程，避免不人道的密集飼養也大有幫助。）該公司有三十一名研發人員，其中有十三名具有博士學位，富蘭克林．艾文斯（Franklin Evans）博士是該公司的動物生理學專家。他說：「我們在各種動物上試用產品，包括線蟲、大鼠、家禽、肉牛、豬、兔子和鴨子，每一種試驗動物的益菌都增加了，沙門氏菌和大腸桿菌也減少了。」他和另一位同仁的研究報告發表在《應用藻類學期刊》（*The Journal of Applied Phycology*），結果指出海帶和其他海草對促進牲畜生長的效果至少強過菊糖五倍，並且能與治療用的抗生素媲美。

那些吃苦耐勞的愛爾蘭和蘇格蘭農民在一開始就知道了。

# 第2章 濃稠的藻膠

今日的阿卡迪亞海洋植物公司在岩藻上投入大筆資金，這是一種巨型褐藻。不過該公司在一九六七年成立的時候，主要的生意是來自鹿角菜（*Chondrus crispus*），這種紅藻也稱為愛爾蘭苔菜（Irish moss）。鹿角菜是小型的褐紅色海草，葉片狀構造的邊緣有非常明顯的皺褶，它的價值在於含有鹿角菜膠（carrageenan）這種多醣類。鹿角菜膠是一種藻膠（phycocolloid）。把海藻製成細緻的顆粒，能夠吸收水分，也能懸浮在液體中讓液體變成濃稠的膠狀。

愛爾蘭人最早發現鹿角菜膠的功用，可能是從用愛爾蘭苔菜泡茶時發現的。萃取鹿角菜膠的方式很簡單：用很多水煮一點點鹿角菜，然後馬上倒入冷水，過濾之後便會得到膠狀殘留物。在中古世紀，歐洲的醫生和治療師建議可以用鹿角菜膠治療呼吸疾病和其他許多症狀（這個民間療法是錯誤的，鹿角菜膠沒有醫療效用）。到了十七世紀，鹿角菜膠主要用來製作白牛奶凍（blancmange），這是一種以牛奶、糖和杏仁果製成的白色果凍狀甜點。十九世紀中期，愛爾蘭移民和蘇格蘭移民抵達美國，很高興地發現在新英格蘭地區的海岸有類似的海草大量生長，這種點心也因此成為美國的日常甜點。在芬妮．法默（Fannie Farmer）的著名食譜——一九一八年級的《波士頓廚藝學校食譜》（*Boston Cooking-School Cook Book*）中，便有傳統版和巧克力版兩種食譜（本書附錄皆有收錄）。

這道點心促成了一項產業。一九四〇年，芝加哥的乳品公司「克林姆公司」（Krim-ko）在麻州的西圖艾特（Scituate）蓋了一座工廠來提煉鹿角菜膠，因為附近的海岸長滿了這種海草。該公司用鹿角菜膠製造以牛奶為主要材料的布丁狀點心「乳酪凍」（Junket），同時也讓巧克力牛奶中的可可粉散布均勻。第二次世界大戰時，阿拉伯膠和三仙膠等從植物提煉的傳統增稠劑無法進口，美國的公司便嘗試使用鹿角菜膠來代替。在當時，想要增稠乳製品，鹿角菜膠是為首選，現在也一樣。這種成分只要非常低的濃度就可以達到效果，在牛奶製品中只需要占百分之零點二。二戰後，其中一家公司——位於緬因州洛克蘭的阿爾金公司（Algin Corporation）要求化學工程師發展出效率更高的鹿角菜膠萃取方式，以及新的用途。

阿爾金公司的研究人員們被暱稱為「布丁男孩」（pudding boy），他們調理出各種精製的產品，開發了三種類型的鹿角菜膠，並且從褐藻中提煉出另一種類似的藻膠，稱為海藻酸鹽（alginate），它能用來製造半固體的凍狀食物，黏接食材，以及讓液體變得濃稠。阿爾金公司發展的時機剛好，大戰結束後，新興的便利食品公司開發出新的食物保存方式與化學添加物（例如冷凍乾燥和苯甲酸鈉），並且增加生產線。從莎莉（Sara Lee）、貝蒂妙廚（Betty Crocker）、哈絲蒂絲食品（Hostess）、卡夫食品（Kraft）與聯合利華（Unilever）等公司的實驗室和試驗廚房中，都出現了罐裝派餡、蛋糕預拌粉、海綿奶油蛋糕（Twinkies）、加工肉（要讓肉塊黏在一起）、美乃滋、沙拉醬、人造楓糖漿、有液體內餡的糖果、牙膏（取代了牙粉）、洗髮乳、潤髮乳、護膚液、刮鬍膏、唇膏、空氣芳香劑等，這些產品能夠問世，多多少少都是因為有了藻膠。造紙工業成噸地購入鹿角菜膠和海藻酸鹽，將之塗在紙上，好讓表面光滑。紡織印刷業者發現藻膠能夠防止染料擴散（這樣波卡圓點花色就不會變成波卡圓餅花色）。製藥工業利用鹿角菜膠和海藻酸鹽作為藥片的黏著劑，酒廠利用鹿角菜膠「純化」啤酒，不然酒中的蛋白質和多酚會讓酒液混濁。科學家發現可以把海藻酸鹽加到心絞痛藥物中，海藻酸鹽和碳酸氫鹽能阻擋胃酸進入食道。對於目前這些產品和相關產業來說，藻膠依然非常重要。

阿爾金公司後來成為了海膠公司（Marine Colloids），他們雇用大學生、兒童和正值淡季的龍蝦漁民在麻州、緬因州和加拿大海洋省分的海岸採收鹿角菜。對許多住在海邊的居民而言，夏季就代表得在日出之前起床，在岩石上攀爬一整天，或是搭乘平底小船採集大量海草。成年的「採收者」如果在晚上低潮時也工作，每天可以採收多達千磅的海草，一個夏天就能賺到一年的大學學費。如果不想讓腳沾濕，或是沒有足以背負海草的腰力，也有別的賺錢方法。該公司也雇人在海灘上把海草攤開曬乾，然後裝到條板箱中，運回工廠。在西圖艾特這樣的小城，夏季採鹿角菜已經成為備受重視的文化，也是當地人重要的收入來源。此城中有一座美麗的「海洋與採藻博物館」（Maritime and Mossing Museum），對這個文化有更詳細的介紹，該館只在週日下午開放。

到了一九七〇年代，海膠公司已經成為世界上最大的鹿角菜膠製造商，北美洲的鹿角菜已經供應不足。該公司把加拿大支部的的年輕員工路易・德沃（Louis Deveau）派到墨西哥和東亞，為緬因州的萃取工廠找尋新的海草來源。雖然這些地方的海水溫暖，不會有鹿角菜生長，但是德沃發現另一種紅藻珊瑚草（*Eucheuma cottonii*）可以取代鹿角菜。由於海膠公司和其他公司積極購買，墨西哥和菲律賓的漁民會在平靜的海灣中插上柱子，柱子之間連接著繩子，利用這些繩子栽培珊瑚草。

一九八〇年，美國的多國公司富美實（FMC）買下了海膠公司，德沃則買下了該公司的加拿大分公司，改名為阿卡迪亞海洋植物公司，也就是我之前所拜訪的地方。在他和兒子尚－保羅（Jean-Paul，公司目前的執行總裁）的努力之下，公司的營業項目擴展了，並且開始處理岩藻。北美洲的農民本來是從歐洲進口岩藻，但供應量並不穩定，顧客經常買不到貨。後來阿卡迪亞填補了市場空缺，這個新產品大獲成功。不過尚－保羅解釋：「我們當時很清楚知道這項產品的功效百分之百是來自民間傳言，所以我們投資了很多在科學研究上。」他們在康沃利斯設立了實驗室，並且和加拿大國家研究院合作。

這項新開展的業務很幸運。在一九九〇年代初期，阿卡迪亞的鹿角菜膠事業衰退。東亞的珊瑚草農民對這種富含鹿角菜膠海草的出售價格，高到沒有一家北美洲公司買得起。阿卡迪亞退出了鹿角菜膠生意，轉而讓菲律賓人和印度人賺這個錢。

鹿角菜膠現在是菲律賓海邊村民的主要收入來源，他們以小家庭的經營模式栽培了大量海草。二十一世紀，養殖海草讓數以萬計的家庭脫離貧困。珊瑚草養殖業如今更是重要，因為外國的拖網漁船會在外海非法捕魚，使得當地漁民陷入絕望。為了賺錢求生存，漁民們孤注一擲，只好採取適得其反的方法，在有珊瑚礁的海域中炸魚，這不但會讓可以食用的魚死亡，也會讓其他水中生物一起送葬。更糟糕的是，魚群賴以維生的珊瑚礁也受到破壞。在捕魚收入急遽減少的狀況下，鹿角菜膠產業變得愈發重要。全家人可以製作讓海草生長其上的繩子，把繩子綁在淺水處的柱子上，並且照料與採收作物。過去這些海草會運到國外，用以提煉鹿角菜膠。不過最近幾年改在當地的工廠加工，這提供了更多備受需求的工作機會。

但是很不幸，這些地區現在受到了新的威脅。鹿角菜膠核准並且開始使用的時間已經超過六十年，但是有些人最近卻一直宣稱吃鹿角菜膠有害健康。其中的公眾人物包括喬西・艾克斯（Josh Axe）博士、安德魯・威爾（Andrew Weil）博士，以及部落格「食物寶貝」（Food Babe）的格主凡妮・哈里（Vani Hari）。他們支持輔助與另類醫療，並且在網站和部落格上聲稱鹿角菜膠會引起發炎，對身體造成傷害。完全不理會美國食品與藥物管理局、歐盟、聯合國糧農組織／世界衛生組織聯合食品添加物專家委員會（JECFA）、日本厚生勞動省等，都指出食用鹿角菜膠是安全的。

這種錯誤的觀念從何而來？最早擔心鹿角菜膠安全的人是喬安妮・托巴科曼（Joanne Tobacman）博士，她研究的是鹿角菜膠分解後的產物「波利膠」（poligeenan），並且認為這種物質會傷害腸道。

波利膠和鹿角菜膠的差別很大，它並不具備讓液體濃稠、乳化，或是其他讓鹿角菜膠受到重視的特性。事實上，波利膠並不會使用在食物中，而是在診斷醫學上別有用途。JECFA檢查了托巴科曼的研究證據並提出結論：鹿角菜膠是安全的，人類的食用量並沒有限制。不過那些健康大師依然發起反鹿角菜膠的運動，許多美國公司為了回應消費者的憂慮，開始不在產品中添加鹿角菜膠。這樣的結果和健康完全沒有任何關係，鹿角菜膠的市場卻因此受到波及，菲律賓和印度貧困的農民收入因此減少了。

我喝沒有乳糖的鈣質添加牛奶，這種牛奶中有少量的鹿角菜膠，好讓添加的鈣質能懸浮在牛奶中。我開始研究藻類的時候滿高興發現我自己每天都吃了一些藻類。現在的我依然喝這種牛奶。

有些海草製造了後來挽救生命的膠體。這個故事要從日本講起。在一六五八年的某個冬天晚上，旅館老闆太郎左衛門把煮龍鬚菜（Gracilaria）這種海草時剩下的湯倒在廚房門外。隔天早上他發現這些湯變成了透明帶有粉紅色調的固體，他意外發現到有些海草能產生藻膠（phycocolloid）；藻膠在適當的狀況下能夠形成膠體（gel）。從技術上來說，是藻膠分子之間形成了化學連結，成為透明的半固體三度空間結構。從此太郎左衛門和其他廚師不會再把龍鬚菜湯倒掉，而是用它來製作其他食物，特別是甜點。現在這種海草中的成分稱為洋菜（agar），英文名稱來自於馬來語中的「膠」：agar-agar。

在十九世紀中期，洋菜從平實的廚房材料，搖身一變成為拯救生命的超級英雄。一八七〇年，巴斯德的病原體理論剛剛問世，並沒有受到眾人接受。巴斯德指出，引起疾病的是微生物，而非「有毒瘴氣」（noxious miasmas），而且微生物是生自於其他微生物，並非自己就會出現的生物。不過他沒有發展出實驗證據，來證明某種特定的微生物會引起某種特定的疾病。到了一八七〇年代中期，普魯士的醫生柯霍在自己的房子中建立一間臨時實驗室，展開了這方面的研究。他證明牛隻重要的疾病——炭疽病是由炭疽桿菌（*Bacillus anthracis*）這種微生物所引起。一開始他用來自死於炭疽病牛隻脾臟的血，注射到小鼠體內，發現每次小鼠都會死亡。不過這還算不上炭疽桿菌會造成疾病的確鑿證據，畢竟也可能是血液中的其他成分殺死了小鼠。

柯霍知道，要確實證明炭疽桿菌是罪魁禍首，就得先得到炭疽桿菌的純系培養，然後再注射到實驗動物體內，如此一來除了微生物之外，就不可能有其他造成疾病的原因。但是在當時，任何一種細菌的純系培養都極為困難。科學家不能在液態培養基中培養，因為微生物會分散開來，難以蒐集與濃縮。柯霍後來終於以從牛眼球中所萃取出來的無菌液體，做出純的炭疽桿菌培養。但是在實驗室中，以小牛房水（aqueous humor）當作培養基並不方便。

柯霍很清楚，如果能在固態的培養基上培育細菌，細菌便不會分散開了。他曾用馬鈴薯片培養，效果還算可以：微生物能長成密集的菌落。不過馬鈴薯一旦經過消毒過程便會成為泥狀，而且本身不透明，難以測量並且計算菌落的大小。

柯霍接下來嘗試使用從動物的皮膚、骨頭和結締組織萃取出的膠原蛋白製作而成的明膠

（gelatin）（由於細菌難以消化利用膠原蛋白，所以還會額外添加一些營養湯汁）。明膠製成的培養基是透明的固體，也耐得住消毒過程，不過它有一個嚴重的缺點：在攝氏三十五度的時候便會融化。柯霍希望能夠研究生長在哺乳動物身上的微生物，而哺乳動物的體溫往往在三十五度以上，因此明膠並不適合，他又陷入了困境。

幸好不是只有他一個人在處理這個狀況。德國研究空氣中微生物的科學家華爾特．海森（Walther Hesse）博士也遇到同樣的難題。他的妻子芬妮（Fannie）是美國人，同時兼任實驗室助理、醫學繪圖者，也是一家五口的總管。她從住在東亞的朋友那裡得到一份用洋菜來製作果醬和果凍的食譜。海森博士夫人知道自己做的果醬在夏天的溫度下也不會融化，因此建議華爾特在實驗室試用洋菜。這種以洋菜混合一些養分製作成的培養基在攝氏六十度時依然維持固態，非常理想。海森馬上就把調配方式給了柯霍，在一八八一年時，柯霍找到了引起炭疽、結核病和霍亂的細菌。[1]

對微生物學家而言，洋菜膠很快地就變得和顯微鏡一樣重要，它也是現代實驗室中重要的培養基。除此之外，洋菜膠在鑑識科學、病理學和親子關係試驗中有新的用途：由多醣類組成的堅固基質可以像是濾網般分離大小不同的DNA和蛋白質，這個目前普遍使用的方法稱為洋菜膠電泳（agarose gel electrophoresis）。在一百五十多年前柯霍首先使用洋菜膠之後，它在醫學和科學中的重要地位就一直持續至今。

．．．

在二十一世紀，大部分的洋菜取自石花菜屬（*Gelidium*）的海草。這類海草有叢狀的葉片狀部位，在西班牙、葡萄牙、摩洛哥附近海域，水溫低、水流強烈的八到六十呎海底中，石花菜生長得最茂密。專業的潛水者利用特製的海底割草器，從海底採收石花菜，並且能夠留下葉狀體再生。鬆落的海草如果集中在水下的凹陷處，採收者可以用吸的方式抽到船上。海草如果沖上了海灘，採收者會把它耙起，裝到貨車上。

但很不幸，多年來人人都可以免費採收石花菜的結果可想而知。二〇一〇年，摩洛哥政府宣布，由於石花菜採收量大幅降低，所以規範了出口量，以長期保護這些生物。未來新的石花菜來源將會受到限制。由於這種海草只在水流強勁的環境中生長，水產養殖很難複製這樣的狀況，因此無法栽培。在最近七年，洋菜膠的價格約上漲了三倍。也因龍鬚菜屬等海草製造出來的洋菜品質比較低，來源短缺的狀況很快就衝擊到全世界的研究和醫療檢驗室。或許哪天我們會回頭使用牛眼睛。

人類數百年前便知道藻膠的存在，不過科學家還在拓展藻膠的新用途。全世界皮膚癌的發病率正在增加，大部分防曬油成分是能吸收或是阻擋紫外線的化合物。雖然防曬油的確能保護皮膚，不過我

1 柯霍的實驗室助理朱利亞斯．派區（Julius Petri）發明了由兩個玻璃圓盒組成的培養皿，以他的名字命名為Petri dish。但是很少人認識促成洋菜培養基的女性芬妮．海森。

們現在知道其中的二苯甲酮（oxybenzone）與其他常見的類似化合物，能使海洋生物致命，就算是少量也是如此。問題是，現在每年約有六千到一萬四千噸的這玩意兒流入海洋，尤其在遊客密集的地區更是特別多，例如珊瑚礁。夏威夷政府在二〇二一年將禁止使用非礦物質成分的防曬油，來保護夏威夷群島海域中的珊瑚礁。當地只能販售以鋅和二氧化鈦為阻隔成分的防曬油。

不過我們有好消息。瑞典、西班牙和英國的科學家各自研究了海草，發現以海草為防曬成分的防曬油能有效吸收紫外線A和紫外線B。當然這個新聞並沒有什麼讓人太驚訝的地方，畢竟三十億年來，藻類就一直持續改進全天然又無毒害的防曬技術。佛羅里達大學藥學院的研究人員用生物工程的方式培育出一種藍綠菌，能夠製造更多的防紫外線分子shinorine。[2]順便提一下，不用擔心，shinorine不是綠色，而是透明的。

藻膠也即將有新的醫學用途。例如美國國家衛生研究院的生物醫學影像與生物工程研究院的科學家，正在研發取代糖尿病胰島素注射劑的方法：海藻酸鹽貼片。這種貼片貼在皮膚上，能讓胰島素長時間穩定地通過皮膚進入人體，而不會產生疼痛。

科學家也發現藻膠能對抗微生物感染。在造成感染的細菌中，有八成能夠形成生物膜（biofilm），這是由細菌聚集在一起形成的薄膜，非常黏滑，可以讓細菌彼此溝通，以便躲避身體的防禦系統和抗生素藥物。生物膜也讓細菌能夠沾黏在表面上，例如肺臟組織，讓感染發生在對細菌而言適當的部位。**囊性纖維化**（cystic fibrosis）是一種遺傳疾病，患者的肺臟和消化系統中會充滿黏液，這些黏液會成為感染微生物棲息的場所，使得生物膜成為囊性纖維化的重要病徵之一。最近十年，英國卡地夫大學的研究人員和挪威的藻類製藥公司（AlgiPharma）合作，發展能破壞生物膜的海藻酸鹽藥物。現在這個頗具希望的藥物正在囊性纖維化病患的身上進行臨床實驗，有可能用來治療其他許多疾病。

藻膠算是一條老狗，但是依然在學習新把戲，而且是能夠救命的把戲。

2 譯註：這是一種胺基酸，暫無標準譯名。

阿卡迪亞公司多年來已經沒有從事鹿角菜的生意，但是後來鹿角菜又回到了公司。在一九九二年的一場國際海草會議中，一位來自日本的食品製造商受到鹿角菜花朵般的外型所吸引，於是告訴德沃這種海草在日本可能有市場：可以當作沙拉或是配菜。不過，阿卡迪亞公司得要改變這些鹿角菜的顏色。他解釋道，一餐可口又健康的日本傳統「和食」（和協的食物），要包含五種顏色：白色與黑色，這通常是米飯與海苔，以及綠色、紅色與黃色。如果阿卡迪亞公司能培養出具有後面這三種顏色的鹿角菜（而且形狀一致、沒有汙損），就可以賺大錢了。

現在的阿卡迪亞公司會生產兩百萬磅的濕三色鹿角菜，乾燥後運往日本。這種海草的商品名稱是「花之鹿角菜」（Hana Tsunomata），在雅茅斯附近的陸上設施中栽培。栽培過程始於實驗室，像我這樣的外來者禁止進入。在實驗室中，工作人員會從單一母株上摘取細小的鹿角菜，這些小鹿角菜在生燈的照射下生長，一年後會長大到拳頭大小，之後轉移到戶外的「泡泡池」中，這些人工池很淺，有幾十座，裡面裝滿了來自附近海邊的海水。阿卡迪亞公司的哈夫廷和我在池邊走著，由於水底下有輸送氣體到水中的管路，讓這些水看起來像微微沸騰著。這些池子總面積超過七英畝，鹿角菜會在裡面繼續栽培六個月。

我們在一個將可以採收的水池邊停下，池子裡有許多深赭紅色的小絨球，在水流中輕柔翻動著，哈夫廷撈起了一個。在野外，鹿角菜會附著在水底固體上往上生長，就像一叢植物。不過在水池中的鹿角菜由於一直處於移動的狀態，沒有感覺到上下之分，因此是向四面八方一致生長。哈夫廷把鹿角菜攤開，葉片狀結構和他打開的手掌一樣大，外觀來與觸感都像是由高品質的塑膠製成，輕薄且富有彈性，整齊就如機器切出來的一般。

鹿角菜要花十八個月才能長成這樣理想的狀態。一輛卡車停靠在對面的路邊，準備蒐集某個池子中的鹿角菜。卡車先卸下載貨位置上的巨大方形濾盆，將之放入池中，撈取海草，待水漏盡之後，再把濾盆收回車上。這輛卡車會開往附近的建築，那些海草應該就是在那裡轉變成那三種受歡迎的顏色。

雖然那個過程的細節屬於商業機密，但是大致的程序在自然界中已經進行了非常久：落葉性樹木的綠色葉子在秋天會轉成黃色、橘色和紅色。植物葉片之所以呈現綠

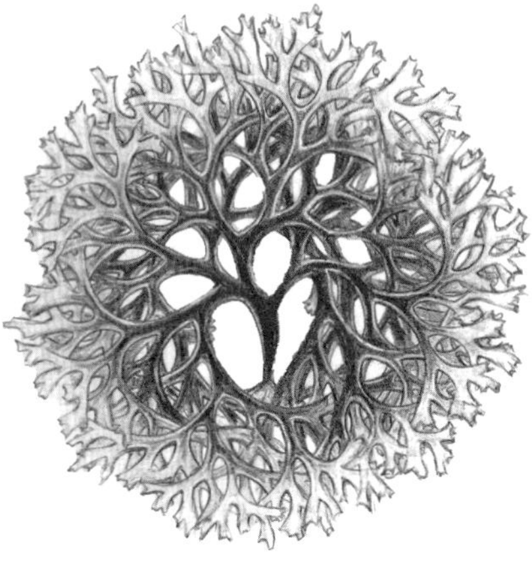
鹿角菜

色，是因為含有葉綠素。秋天氣溫漸漸下降，日照時間縮短，葉綠素便逐漸分解，讓葉片中其他色素的顏色呈現出來。阿卡迪亞的科學家研發出能讓鹿角菜中主要的色素藻紅素（phycoerythrin）和其他的輔助色素分解的方法，使其他需要的顏色呈現出來。一旦顏色轉變完成，這些海草會被送往外型如筒倉的乾燥設備。在這個乾燥器中，鹿角菜會飄在空中，彼此碰撞，像是戲院爆米花機器中的爆米花，讓表面附著的其他東西掉落，同時也裂成日本客戶要求的碎彩紙大小。

當我準備離開的時候，哈夫廷給了我一包「花之鹿角菜」，其中含有三種顏色的海草。我得說裡面的東西看起來真的不怎麼樣，很容易被誤認成乾荷蘭芹碎片，只不過顏色是深褐色、深赭色和深綠色。回到旅館，我用玻璃杯裝水，把一匙花之鹿角菜碎片放入水中，這些碎片馬上開始伸展、擴大，我好像看到一部花開過程的縮時影片。五分鐘後，我眼前漂浮在水中的纖細碎彩紙有如春天的花束，呈現出新葉的鮮綠、櫻花的粉紅和金盞花的豔黃。我撿起一片放入口中嚼，有點脆感，不過沒有味道，這種食物完全以外貌獲取人心。回到家後，我依照包裝上的指示，用它來當作鮮豔的盤飾，為春天的沙拉添加明亮的色彩。

雖然阿卡迪亞並沒有以栽培美麗鹿角菜來改變世界的企圖，但是在陸地上養殖海草這件事讓我深感興趣。如果採收野生海草是把海草當食物的第一步，在海洋中把海草當成作物栽培是第二步，那麼第三步會是在陸地上養殖海草嗎？

Seakura是間成立不久的以色列公司，他們正在往這條道路發展。海草的主要賣點在於它們會吸收海水中的物質而含有各種養分，如果海水乾淨，這個傾向是好事，但是如果海水不乾淨，就適得其反了。並不是每個國家都有南韓全羅道或是美國緬因州那樣乾淨的海水，這樣乾淨的海水也可能無法維持下去。而且，這也讓位於內陸的國家或區域無法栽培海草。

Seakura這間水產養殖公司位於以色列首都特拉維夫的北方，鄰近地中海，公司的創辦人尤西·卡塔（Yossi Karta）發展出了新的技術，他希望能夠藉由這項技術，大幅增加全人類能夠吃到的乾淨海草產量。該公司在溫室中的循環水槽裡面培養海草，溫室能讓光線透入，又能阻隔空氣中的汙染物。雖然水槽中注滿了海水，但是這些海水不是從附近的地中海抽來的，而是來自當地深鑿的海水井，這些井位於地下的石灰岩層。Seakura很幸運，石灰岩不僅能過濾水中的汙染物，還能增添鈣和鉀。

在該公司的介紹影片中，我看到水槽裡綠色的石蓴薄片和團狀的紅色龍鬚菜受到緩緩的水流推動而旋轉。養分、光照和其他與生長有關的因素都控制得宜，那些海草只需五個星期就能完全長大，Seakura每年能收穫高達九次。換算下來，每英畝水槽的年產量高達一百公噸，要比同面積的海域所能採收的量高多了。這些海草的品質很好，其中四分之一是蛋白質（含有九種必須胺基酸），一半是纖維，還有其他許多礦物質與維生素，而且沒有汞、砷或其他野生海草會吸收到的重金屬。Seakura去年的收成大部分在以色列本土銷售，有些則賣到英國和比利時的店家。大部分的產品是粉狀或片狀，不過他們也銷售高溫殺菌過的海藻泥，以及新鮮冷凍的海草磚，能夠加到冰沙或是燉菜中。一份海草泥中含有的碘據稱和一份黑線鱈相當，錳和鎂含量相當於一份甘藍菜或菠菜，纖維素量相當於一個蘋果。

該公司最大的潛在客戶是食品製造商，這些廠商希望能找到以天然產品增加湯、餅乾、沾料、零食中維生素和礦物質的方式，海藻可以提供這些養分。當我打電話給卡塔時，問他公司的目標。他說他雖然計畫增加公司的設備，不過主要目標是盡可能把Seakura的技術授權出去。

卡塔不是一般的企業家，他是有滿腔熱情的潔淨海草推廣者，他認為海草是上帝為所有陸地生命準備好的泉源，對人類演化無比重要。對他來說，海草是生命出現的源頭，他致力於讓所有人類都能接觸到這種有益健康的潔淨資源，包括那些住在離海岸很遠的人。從這方面來說，他讓我想起約翰・哈維・家樂（John Harvey Kellogg），這位醫師創辦了家樂氏食品公司。他要「平衡科學和《聖經》」的計畫，讓他大力宣揚他和弟弟共同發明的早餐全穀物片。市面上有些海草的品質，讓卡塔打從心底感到痛苦。他的目標是讓陸上養殖海草業能在世界各地發展，不論是用過濾海水，或是由乾淨的水配製成的人工海水。

卡塔說，Seakura經常諮詢美國馬里蘭大學海洋與環境工程研究院海洋生物科技系的系主任尤納森・撒哈（Yonathan Zohar），他主要研究在陸地永續養殖魚類的方式。卡塔說，撒哈用類似Seakura

的水槽養魚，同時，他也是養殖餵魚用微型藻類的專家。他曾和撒哈討論過要如何利用Seakura的海草來養魚。無庸置疑地，我覺得這很有趣，而且撒哈的辦公室位於巴爾的摩市中心的一棟建築物中，所以我打電話給他，約好時間過去拜訪。

我在辦公室見到的是一位身材修長、滿頭白髮、聲音渾厚且帶有些許以色列口音的人。我們一起走下幾道樓梯，來到一扇巨大的金屬門前。我以為裡面應該有些明亮而且安靜的房間，就像一般的實驗室那樣，有工作檯、通風櫥、顯微鏡、燒瓶、震盪盤，以及許多分析儀器和其他器具，每件東西都白淨發亮，一塵不染。想不到我進到的是一個有半英畝大的昏暗吵雜空間，天花板低矮，裡面全是家裡後院會有的那種灰綠色游泳池。大樓的管線系統從我們的頭頂上縱橫交錯，天花板上掛著日光燈，機器發出的嗡嗡聲不絕於耳。我在市中心的辦公大樓裡，看到了一座室內養魚場。

我們靠近一座水槽，裡面有幾千條六吋長的歐洲海鱸（branzino），逆著水流敏捷地游動。撒哈抓了一把魚飼料丟到水槽中，許多魚游了過來，在水面上翻動。其他的水槽中有比較成熟的嘉鱲魚、鯕鰍、石斑魚，以及其他常見的食用魚類。有些比較小的水槽還特地加上蓋子（為了隱密？），裡面有已經完全成熟的種魚，牠們緩緩游動，或是停在水中。撒哈主要的研究工作之一是找出讓魚產卵的條件，並且讓不同種類的魚都能在水槽中繁殖。在這個不見天日的實驗室中，撒哈和同事與學生每年飼養出兩噸完全健康的魚類。

用這種方式養魚最棒的優點是不會破壞環境。水槽中的人造海水是由自來水加上一些便宜的成分所製成的，而兩座利用微生物的過濾器能持續移除水中的魚類排泄物，因此數個月後，即使魚都已經成熟了，水依然能保持純淨清澈。撒哈的魚是在乾淨，受到調控且模擬野外狀況的水中長大的。牠們更健康，而且不需要使用抗生素，也沒有任何廢棄物會離開這棟大樓（不過這些魚最後都到了巴爾的摩的餐廳中）。

相較之下，傳統的戶外養殖方式，條件就很嚴苛了。如果是在海中飼養，魚是圈養在漂浮的網子中，牠們的排泄物會危害環境，過多的氮和磷會刺激藻類生長，最後讓細菌呼吸作用旺盛，使得海水中的含氧量下降，對魚造成壓力。

這些魚還要面對其他壓力。野生的魚會隨著季節漫遊，找尋最適合生長與能夠維持健康的環境，但是飼養的魚類只能待在同一個地方，因此環境比較不理想，較容易受到海蝨等生物的寄生而生病或全部死亡。[1]

現在有些圈養的魚類，使用的飼料並不理想。傳統上食肉性魚類長大之後，漁民得餵牠們魚肉和魚油的混合物，這兩種東西都來自於其他個體比較小、油脂多、骨刺多，（對人類而言）不可口的「下雜魚」，例如鯷魚、沙丁魚、鯡魚等，那些圈養的魚在野外就是吃這些魚。不過由於下雜魚也愈來愈稀少昂貴，水產養殖業已經開使用黃豆和其他植物蛋白質取代魚肉。這些陸地植物並不是魚類的最佳食物，因為牠們從來都沒有演化出吃陸地上黃豆的能力。除此之外，這些植物不會製造某些胺基酸：離胺酸、甲硫胺酸、蘇胺酸和色胺酸，魚類需要這些胺基酸。養殖魚類是全世界重要的食物來源，而其中還有很大的改善空間。

撒哈和他的團隊正在研究改善方式。他們餵魚苗和幼魚吃特殊的微藻類或由微藻類養大的浮游動物。在實驗室的「藻類廚房」中，有許多從地板接到天花板的塑膠管子，被生長燈照著，散發出褐色、金色和綠色的光輝，那是要給實驗室裡面各種魚吃的多種藻類。微藻類含有所有的必需胺基酸，有些還具備牛磺酸（taurine）這種算得上是胺基酸的化合物，它能幫助魚類維持體液、電解質和鈣的平衡，同時也有助於細胞膜穩定。微藻類也會加到較大魚類的飼料中，為牠們提供植物營養，這樣就能既攝取到下雜魚的營養價值卻又不需要從海中捕捉。

不過撒哈也希望在養殖魚類時使用Seakura所養殖的海草。我們偏好的大型魚類通常是食肉性的，但也有些美味的魚類吃巨型藻類。其中一種是臭都魚（rabbitfish，意思是「兔子魚」，牠因為和兔子以植物為食而得名，並不是有一對長耳朵。）臭都魚在東亞很受歡迎，價格也高。臭都魚不只是

1 事實上，根據一篇發表在《海洋資源經濟學》（*Marine Resource Economics*）的研究模型指出，海蝨造成的養殖鮭魚業的損失是年收入的百分之九。緬因州大學的水產養殖教授伊恩．布里克奈爾（Ian Bricknell）博士估計，每年養殖鮭魚的死亡造成了五點二五億美元的損失。除此之外，寄生蟲的侵擾使得抗生素和化學藥劑的使用量增加。在智利，鮭魚養殖業發展快速。根據來自政府與企業的資料，漁民在二〇一四年就用了一百二十萬磅的抗生素。

因為纖細溫和的味道而受到推崇，牠們也沒有骨頭，同時富含不飽和脂肪酸。以前往往是撈捕取得，現在在東亞也有飼養。撒哈相信可以使用陸地水產養殖的方式飼養臭都魚，並以水箱栽培出的海草當成牠們的食物。如果他成功了，我們就會有新的營養海鮮，不需要使用下雜魚，養育的過程也不會對海洋造成負面影響。

陸地水產養殖愈來愈普遍。在加拿大溫哥華，那姆吉斯族原住民（Namgis First Nation）提撥了七百六十萬美元經營庫特拉養殖場（Kuterra），在陸地上的水槽飼養鮭魚。在緬因州，北歐水產養殖公司（Nordic Aquafarms）正在建造陸地的鮭魚養殖場。挪威的公司「亞特蘭大藍寶石」（Atlantic Sapphire）已經花一億多美元在佛羅里達州蓋了一座陸地鮭魚養殖場。陸地蝦子養殖也是另一項正在成長的產業。二〇一五年，在印地安納州便有十一家公司利用水槽養殖蝦子，在馬里蘭州和麻州也有這樣的公司。蝦子也吃海草，研究人員一直在發展在養蝦水槽中種植海萵苣（*Ulva lactuca*）的方法，結果頗具希望：兩種生物一起培養時，蝦子所含有的脂肪酸成分比較健康，類胡蘿蔔素的含量也比較高。海草會把蝦子產生的廢物當成養分吸收，讓水保持乾淨。

目前陸地魚類養殖因為投資成本高，所以受到限制：水槽、控制設備，以及廢棄物處理裝置都很昂貴。不過消費者對於健康、永續收穫、環境友善魚類的需求持續增加，對於高品質魚飼料的需求也因此增加。在潔淨狀態下培育的微藻類和海草，完全不會造成汙染，能夠滿足這些要求。

# 第4章 做為原料的海草

海草做為人類和動物食物的歷史悠久。不過海草也有做為耐久材料的歷史，或許未來也一樣。在一六〇〇年代末期，蘇格蘭人發現焚燒海帶產生的灰燼中富含兩種鹼性成分：碳酸鈉和碳酸鉀。這兩種化合物再加上沙子，便是製造玻璃的主要原料。

傳統上，製造玻璃所需的碳酸鈉來自焚燒木材的灰燼，但是在十七世紀，蘇格蘭陸地上的樹木因為做為燃料和建材而被砍伐殆盡。雖然英國有大量煤礦可以當成燃料，但是留下的灰燼並不能當成製作玻璃的原料，所以英國的玻璃製造商必須向海外尋找來源。在歐洲大陸，玻璃製造商用的是燃燒地中海豬毛菜（Mediterranean barilla, *Barilla soda*）這種體內累積了大量鹽類的草。地中海豬毛菜很適合代替樹木灰，主要是因為所含的碳酸鈉比例高，製作出來的玻璃比較透明。

不過地中海豬毛菜灰價格高昂，而且在一七〇〇年代變得更貴了，由於工業化以及歐洲變得愈來愈富裕的關係，高品質玻璃的需求增加了。對英國玻璃製造商而言，還有一件事讓情況雪上加霜。在十八世紀，英國和西班牙之間戰爭不斷，只要有戰事，豬毛菜灰就不容易取得。幸好深陷危機的英國玻璃製造商發現海帶灰能夠取代豬毛菜灰。用海帶灰製成的玻璃可以吹成球狀、壓扁或切成塊狀，品質雖然不高但是夠便宜，不漂亮但是能滿足大部分人的需求。

大規模製造海帶灰始於一七二二年的奧克尼群島（Orkney）。當時羊毛的價格攀升，於是地主趕走了租地的佃農，空出田地放牧綿羊。有些佃農被迫遷徙，有些接受地主的安排，搬到海邊的土地。這些土地往往不適合放牧，也難以支持這些家庭從事農耕，所以他們只好轉而採收海草並且燒成灰，因為這是那些海畔農民的專屬權利，也是他們唯一的經濟來源。一開始這些農民拒絕這檔差事，有人寫道：「他們的祖先從來都沒有想到有天會要製作海帶灰，顯然也不想要自己的子孫擅長這項工作。」奧克尼人痛恨這項工作，也痛恨燒海帶時產生的黑色油煙。他們害怕這種油煙可能會毒害土地和動物，或讓自己的妻子不孕。不過，後來海帶灰的價格提高了，這種家庭工業散布到整個群島以及英國本土的海岸。

燒海帶灰的工作會受到季節的限制，非常辛苦。冬天風暴頻繁，會有大量的海草沖上海岸，人們得迅速將它們蒐集起來，以免被捲回海中。當海草上岸之後，對於誰可以採收這些海草以及採收的量都有詳盡的規範。這些規矩中，有許多是關於可以取得的海草部位：因為海草中段的部位比較不會受到損毀，價值比較高。一七七三年，山繆．強生（Samuel Johnson）與詹姆士．包斯威爾（James Boswell）前往內赫布里底群島（Hebrides）旅行，他說當地的「麥克唐納德家族（MacDonald）與麥克勞德家族（MacLeod）為了爭奪一塊岸礁，長年來紛爭不斷。在大家知道海帶的價值之前，這兩個家族都沒有想要那塊地。」也有些地方的人開始種植海草。他們會把岩石搬到沙岸，泡在水中，讓海草有地方附著。沖上岸的海草在蒐集與乾燥之後，會由馬匹和手推車經由「海草小路」運送。葉片狀部位腐爛得快，會拿去做堆肥；藻柄部位會堆起來，在海岸附近以石頭圈起來的火堆和窯中，與石南和麥桿一起焚燒四到八個小時。當灰燼堆到約十八吋高，就會鏟起來，用鐵棒敲碎。

在經濟狀況改變的慘況中，數萬個蘇格蘭高地地區居民從事焚燒海帶的工作。但很不幸地，他們只能把海帶灰賣給地主，而地主盡可能壓低價格，同時提高地租，進一步壓榨貧窮的佃農。這些海邊的農民雖然憤怒，但是沒有權力，反倒是地主把這些海帶灰賣給蘇格蘭大城格拉斯哥中的玻璃工廠和肥皂工廠，賺取豐厚報酬。華爾特．史考特爵士（Sir Walter Scott）在回憶錄中寫道，那些在內赫布里底群島的海草地主「收入增加了三倍，家中人口也加倍了，但是他們幾乎不用管自己的事業，特別是海帶灰的生意。」不過海帶灰的生意讓許多蘇格蘭家庭生存了下來。到了一八〇〇年代初期，高地居民每年採集四十萬噸海草，製作成兩萬噸海草灰。光是在奧克尼群島，就有兩萬人在一年當中的某段時期會從事海草灰工作，這個人數幾乎是當地所有的人口。

高地居民百年來靠著燒海帶灰維生，地主則因此賺大錢。不過在十八世紀末之前，其實是因為高品質的西班牙豬毛菜灰在支撐這個市場價格。在一八一五年，英國和西班牙之間的戰爭結束，政府降低了豬毛菜的關稅，海帶灰的價格從一八一〇年每公噸二十二英鎊，下跌到一八三〇年的四英鎊。這項產業的崩潰導致蘇格蘭海邊的農地沒有任何出租的價值，特別是因為這些農地已經出租了兩個世代，原來佃農的後代又分割了這些土地。農民被驅逐，再次沒有食物可吃，加上大批遷往他處。海帶灰產業幾乎就要消失。

但是它並沒有完全瓦解，多年來，一些居住在這些農地上的人靠著焚燒海帶取得碘，這些碘能夠當成消毒劑。但是這項產業也因為在第一次世界大戰時期，在智利發現並開採了碘礦而逐漸消失。

雖然在玻璃工業和碘工業不再用到藻類，但是它們仍出現在其他的產品中。矽藻土中富含矽藻化石，可以加到油漆中調整油漆的反光性，它也有輕微的研磨效果，所以在牙膏和金屬研磨劑中也有矽藻土的蹤影。一八六七年，諾貝爾把矽藻土加到硝化甘油中，製成炸藥，直至今日，這種爆裂物中依然含有矽藻土。現在藻類還有一項更新穎、潛力更大的用途，而且在十八世紀時，根本沒有人想到會有這種產品出現。

二〇一七年八月，我看到英國公司 Vivobarefoot 推出了新的防水跑鞋，叫做 Ultra III Bloom。根據廣告的說法，這種輕量柔軟鞋子的鞋面和鞋墊都是用藻類當作原料製成的。我本來認為其中含有的藻類成分很少，應該只是個宣傳手法而已，但最後我還是決定研究一下。Vivobarefoot 讓我去找製作鞋子材料的 Algix 公司，所以我打電話給該公司的創辦人之一兼技術長萊恩・杭特（Ryan Hunt）。

我很驚訝地發現，藻類鞋子真的是由藻類為原料製造而成的。Vivobarefoot 的鞋子中有一半的塑膠聚合物是由藻類製成。二〇一八年是該公司首度整年運作的一年，該年 Vivobarefoot、Altra 和 Keen

的鞋子中的發泡材料是由藻類製成，比拉邦（Billabong）與火線（Firewire）公司的沖浪板，及Surftech的立式槳板也是，這些總共使用了十二萬磅的藻類，也就是池塘表面那些綠綠的東西。這件事絕對要進一步研究，所以我問萊恩是否能前往拜訪。

五天後，我從阿拉巴馬州的伯明罕（Birmingham）機場開了兩個小時的車，到達了Algix位於密西西比州墨理迪恩（Meridian）工廠剛毅樸實的大廳中。萊恩很忙，會遲一點來，剛好讓我有時間研究兩座展示櫃。玻璃架上展示著公司製作Ultra III Bloom鞋子時使用的素材樣本：白色的厚中底，彩色的薄內墊，以及充滿鑿紋的堅硬鞋底。架上十幾個樣本蓋著人人熟悉的廠牌名稱：Keen、克拉克（Clark）、安德瑪（UnderArmour）、Skechers等。另外，玻璃櫃中還有兩隻完整的鞋子：Vivobarefoot的跑鞋，以及類似卡駱馳（Croc）的便鞋。

我看到有個人笨拙地摸出門禁卡，刷過大廳的玻璃門。如果是在爵士俱樂部中，我覺得這個人應該是薩克斯風手：深色的頭髮豎立起來，戴著黑眼鏡，留著黑色的山羊鬍。他是萊恩，看起來不像是以研究塑膠為職業的人。

說到塑膠，人們總認為那是非天然的人工化合物。但是從分子結構上來看，塑膠是有機化合物，是以碳原子為骨架的聚合物，這些長長的碳原子鏈上連接了氧、氮和其他元素，依塑膠的種類而異。遠古時代的生物死亡之後，身體的含碳分子經過長時間的擠壓，變成天然氣和石油，那是現在絕大部分塑膠的材料。因此絕對有可能以剛死亡不久生物中的含碳分子為原料來製造塑膠。萊恩也因為這樣進入了塑膠產業。

萊恩會進入這行，完全是個意外。二〇〇九年他正在喬治亞大學念博士，專攻生物工程，研究如何用藻類製造生物燃料。「當時我們在找研究助理。有一個計畫是用高能電磁脈衝打破藻類的細胞壁，以萃取其中的油脂。有個叫做麥克・范・杜魯南（Mike van Drunen）的傢伙來了，他在一九九〇年代以同樣的技術為啤酒和果汁殺菌。我們兩個一起工作。有天一位材料科學系的教授來我們的實驗室，告訴我們他正在利用羽毛和雞身上的其他廢棄部分為材料，壓縮塑型之後，製成塑膠。」

「我覺得這很有趣，而且我有一大堆藻類殘骸，於是便對他說：『你看看能用這個做什麼。』所以他把這些殘骸拿回去，製成了一塊塑膠給我。」

「麥克看到這塊塑膠後，眼睛為之一亮。雖然我認為他和我一樣是個電機宅，但他也是企業家／塑膠工程師，還擁有一間蠻大的塑膠包裝公司。」

萊恩和麥克知道他們的藻類塑膠可能有些搞頭，甚至可能促成大事。藻類和雞羽毛一樣，富含蛋白質，而蛋白質和塑膠一樣，都是由碳連接而成的長鏈分子。二〇一〇年，麥克和萊恩成立了Aglix，在接下來的五年中，發展出讓藻類轉變成塑膠的方法，以及把這些塑膠轉變成有市場價值的產品。

其中一種他們製造出來的塑膠稱為乙烯醋酸乙烯酯聚合物（ethylene-vinyl acetate，EVA），這種聚合物的原料通常是石油和天然氣。EVA是許多消費性產品的原料，例如食物包裝、足球鞋釘和游泳浮力棒。在Algix製造的EVA中，由藻類蛋白質製成的塑膠可以取代一半來自化石燃料的碳氫化合物。最初麥克和萊恩認為他們可以生產環保EVA顆粒，賣給下游的製造商，就像是艾克森美孚公司那樣。不過這些未來企業家很快就瞭解到，他們得製造非常多塑膠顆粒，而且利潤很薄，所以絕對不可能以此競爭得過那些主宰這行的大規模製造商。他們需要投入的是比較下游的事業，製造高價值（因此高獲利）的產品。

經過緊鑼密鼓的實驗，他們研發出3D列印用的塑膠線、生物分解的花盆、容器、包裝材料、保鮮膜，還有其他幾種有發展潛力的產品。花盆在技術上很成功，但是要比一般的花盆貴一點。雖然零買的消費者會因為環保的理由多花錢購買這種花盆，但是花盆主要的買家是園藝公司，他們並不會這麼做。保鮮膜和容器也有類似的困難。當消費者購買這些價格不高的物品時，許多人都是以價格為考量。Algix的保鮮膜比其他競爭廠牌的貴一些，雖然環保，但不容易在市場中勝出。在最早一批的藻類塑膠產品中，只有3D列印材料還算成功。

Algix因此知道賣EVA顆粒並不能賺錢，但賣EVA泡沫或許可以，它是把充滿空氣的融化EVA射出成型製造而成的。四十年來，跑鞋和其他運動鞋用EVA泡沫來製造鞋底，有的是將融化泡沫倒入模具裡面，有的則是攤開成一片然後切割成鞋底的形狀。每年用含有EVA的鞋底製造出來的運動鞋有十億雙，這些EVA泡沫能讓鞋子充滿彈性，保護足部，減少地面對關節的衝擊，一方面也支撐足弓。另外，沖浪板、密封材料、頭盔、地板軟墊等其他幾十種物品中也都有EVA泡沫。

這種「藻華泡沫」（Bloom foam）是由等量的藻類ＥＶＡ和化石燃料ＥＶＡ混合製成的。萊恩告訴我，藻華泡沫製作的鞋墊不只代替了原本完全用化石燃料ＥＶＡ泡沫的鞋墊，它的性能也更好。藻類聚合物會連接石油聚合物，使產品更為堅韌，不容易斷裂，其中的空氣泡泡分布得也比只有化石ＥＶＡ聚合物製成的泡沫更為均勻，所以藻華ＥＶＡ彈性比較好。藻類成分還有其他兩個比較不容易看出的優點，其中一個是能改變泡沫表面的化學特性，因此覆蓋在上面的布料比較不會剝落。另一個優點是鞋子製造商會趁泡沫還熱的時候，在上面印出公司商標。藻華泡沫上的印痕會會比較銳利。

萊恩和創業伙伴曾擔心產品的顏色。Aglix能製造各種色彩的泡沫，但藻類中的葉綠素會讓這些顏色顯得比較暗沉。不過鞋子製造商對這種狀況不以為意：這樣的顏色特徵表示藻華泡沫更為自然，對於注重環保的跑者來說，反而是個賣點。

製造運動鞋對環境不友善，是眾所周知的事實。運動鞋的原料幾乎都來自化石燃料中的化合物，且絕大多數在亞洲製造，但當地工廠使用的電力又是來自燃煤發電。根據麻省理工學院的研究，製作一雙鞋子會排放三十磅二氧化碳到大氣中，相當於讓一盞一百瓦特的電燈亮一個星期的量。Vivobarefoot藻類運動鞋的二氧化碳排放量沒有那麼多。製造商在鞋子內墊上面刻著「環保成效」：減少五十七加侖需要處理的廢水，以及相當於四十個氣球的二氧化碳排放量。穿上海藻運動鞋，留下的碳足跡會比較少。[1]

藻華泡沫的原料就是一般的藻華。你可能和我一樣，覺得蒐集池塘藻華再簡單也不過。不過萊恩告訴我，這是他們最頭痛的事。「二〇〇九年和二〇一〇年時，有很多人想要發展藻類燃料，而且看起來很有希望，我們預期藻類燃料公司會有很多廢棄物給我們使用，但這樣的未來並沒有發生。」一開始萊恩找上自來水處理廠，而且主要是找加州的處理廠。這些處理廠會透過三級處理程序把水淨化，在最後一級的處理程序中，水會進入池塘或是室內水池中，讓微型藻類生長，藉此吸收水中的氮和磷，這些藻類死亡後通常會丟到垃圾堆，這對於Algix來說似乎再適合也不過。但是問題在於每座自來水處理廠每年只能產生幾千噸的藻類，Algix還需要更多。

萊恩說：「二〇一二年，我們遍尋藻類不著，甚至想過自己建造流動池，但是那要花費幾百萬美元，我們沒有那麼多錢。所以麥克和我到Google Earth上，看看哪裡的水域中有綠色的藻華。當我們找到密西西比州和阿拉巴馬州時，眼睛就亮起來了。」這兩個州有九萬六千英畝的鯰魚飼養池，重要的是這些池子裡長滿了藻類。

飼養者用魚飼料來餵養鯰魚，而且肯定不是用湯匙餵，所以那些沒有被魚吃進去的飼料最後便會

---

1 但是這種鞋子丟棄時還是會有問題。由於EVA通常不會回收，鞋子最後只能丟到垃圾堆。鞋子裡的海藻成分既不會增加也不會減少碳排量：藻類吸收了大氣中的二氧化碳，最後變成垃圾堆中的碳（來自石油的碳也一樣），兩者約要千年之後才會回到大氣中。

成為藻類的養分。魚長大一磅，池子裡就也長出一磅的藻類，這些通常得處理掉。所以當萊恩問這些飼養者能不能收購這些藻華時，他們都非常高興。Algix於是就近養殖場，在墨理迪恩郊外建立工廠，這裡剛好也接近灣區的港口。

現在該去Algix的工廠參觀了。工廠占地兩英畝，上方是鐵製的波浪板屋頂，有好幾層樓高，裡面一塵不染，光線明亮。我們在第一站看到的是活動採收器，但由於剛好處於待修理狀態，所以沒有什麼可觀之處：平板拖車上放了一個寶馬迷你車大小的鐵箱、幫浦和白色管子，以及一個白色大桶。採收器啟動時，每分鐘能從魚池中吸起數百加侖的水，把藻類濃縮，輸出濃稠的草綠色泥漿到後面的大桶中，每天的產量可高達一千加侖。（不用替那些鯰魚擔心。管子開口裝了濾網，可以避免鯰魚變成魚漿。）乾淨且富含氧氣的水會經由管子送回池塘。

Algix的油罐車會把這些泥漿載回工廠。萊恩指了指油罐車卸貨的地方，那些泥漿會先放在儲液槽中，然後攤在輸送帶上。輸送帶會依序進入八個工業級微波爐中，百萬瓦的功率會讓泥漿的水分蒸發，藻類細胞壁破裂。水蒸氣經由連接到屋頂的銀色粗管路排出，乾燥的藻類顆粒輸送到高速氣流式粉碎機，讓藻類以音速彼此碰撞，變成細緻的粉末。

這些粉末經由真空管通往一座複雜的機器，這座機器是Algix技術的核心，它看起來像是三層樓高的複雜遊樂場溜滑梯，就像在公園中給小孩子玩的那一種，而且一樣漆成了黃色、白色、藍色和銀色。藻類粉末和艾克森美孚製造的塑膠樹脂顆粒，以及其他的添加物（視客戶需求而定）會一起融化，進入押出器，那是一臺數公尺長的機器，其中有兩根由幾十個訂製的零件裝配而成的螺桿。押出器的另一端，有薄薄的綠褐色塑膠帶冒出，一半是藻類塑膠，一半是石油塑膠。塑膠帶會被送到另一臺機器，切成小顆粒狀，這些顆粒最後會送到在中國的承包商，製成最終產物。二〇一八年，該公司為了滿足訂單，收購了一千兩百萬噸的藻類。萊恩相信這還只是剛開始而已。

Algix現在有十多輛藻類採收器，但是他們需要幾十輛才能在當地蒐集到足以應付訂單需求的藻類。由於一組設備的成本要一百萬美元，所以公司現在還沒有足夠的資金提高產量。不過他們發現中國有大量的藻類已經蒐集好並且稍微乾燥過了。

太湖位於上海西側約七十五哩處，是中國第三大淡水湖，面積為九百平方哩。太湖曾經是充滿田園色彩的度假休閒地，但是最近幾十年來周圍地區住了數百萬人，還有許多化學廠、紡織廠和農地。工業廢水、地下汙水和肥料汙染了池水，每年夏天，生長活躍的綠藻會累積得很厚，並且覆蓋三分之一的湖面，藻類死亡和腐爛時冒出的氣味令人作噁。多年前，有次藻華爆發得特別嚴重，周圍兩百萬居民無法得到飲用水。（他們打開水龍頭時，流出的是綠色黏液。）雖然政府努力限制流入湖中的汙染物，但是改善得很慢。幸好風通常會把藻華推往湖的西北部，把這些藻華自然而然集中在一起，政府的權宜之計便是在岸邊建造十六座蒐集站，把水中的藻類抽起來。每座蒐集站每年會生產約三千噸半乾燥的藻類。

二〇一六年，Algix和中國政府當局達成協議，獲准能夠收購來自太湖的藻類。現在該公司的藻類原料中有很多就是來自中國的藻華。不過萊恩希望能從美國得到更多藻類。雖然中國的藻類加上運費都還比美國藻類便宜，能讓他的環保鞋墊成本下降，但是他還是擔心把藻類運過半個地球所造成的環境成本。萊恩說他們需要更多、更有效率的採集器，才能使用更多的本土藻類。但是這需要研究和經費，得等到公司收入增加時才能達成。

塑膠製造是很精細的產業，有幾千種不同的配方與產品。Algix只用藻類取代了其中寥寥幾種，現在該公司的工程師正在研究高價值的熱固性塑膠，能製成某些管子、樹脂，和無縫地板。不過並不是所有的塑膠產品都可以用藻類做為原料。有些塑膠在製造過程中會經歷很高的溫度，但是如果藻類塑膠加溫到攝氏兩百五十度以上，聚合鏈就會斷裂。但聚碳酸酯和尼龍中的聚合物很強韌，因此需要加熱到這個溫度以上。另一方面，保利龍成形所需的溫度比較低，所以裝箱保利龍顆粒和隔熱箱在技術上可以用藻類塑膠和石油塑膠的混合物製成，但是利潤過低是個阻礙。不論如何，由於全世界每年塑膠的生產量達三億磅，市場上並不缺機會。

製造傳統塑膠會在大氣中排放溫室氣體，塑膠本身也會造成環境問題。只有少數細菌能夠分解塑膠，我們丟棄的垃圾袋、漁網、牛奶瓶、包裝盒，以及其他數千種塑膠產品，多會保持數百年不壞。

每年生產的塑膠中，只有一成被回收，現在回收的比例更是大幅下降，因為中國不再進口西方的回收塑膠了。

每年約有五百萬到一千兩百萬噸的塑膠進入海中。風和海浪會把塑膠破成碎片，有些只有藍綠菌大小。這些碎片隨著洋流飄動。對浮游動物、魚類、海鳥、鯨魚和其他海洋動物來說，這些微小的塑膠看起來像是可吃的藍綠菌。有些動物因為吃下含有毒素的塑膠而死，有些則因為塑膠卡在消化道中而身亡。有些活著，被其他更大的動物吃了，那些塑膠和毒素便一路在食物鏈中累積，最後抵達人類。

如果塑膠不要那麼耐久就好了。多年來，有些公司生產以植物材料製造可生物分解塑膠，因此你使用的包裝用塑膠顆粒可能是由玉米澱粉製成，而不是保利龍。但是植物需要耕地和淡水，所以植物包裝材料對於環境保護來說沒有多大意義。科學家現在從不同的角度切入，轉而控制天生就能合成塑膠聚合物的細菌（或是經由遺傳工程改造的細菌）。這些細菌有能力製造大量可生物分解的塑膠。重點是，這些微生物是異營生物，需要餵食糖，這又引起了老問題：需要產生糖的耕地與淡水。此外細菌塑膠生產成本昂貴，無法和石油塑膠競爭。

現在這個難題或許有瞭解決方式，其中需要用到藍綠菌。二〇一七年，密西根大學植物研究實驗室用遺傳工程的方式，改造了藍綠菌。這些藍綠菌會持續漏出一些糖分（那當然是它們以光合作用產生的）。研究人員把這些會釋出糖分的藍綠菌和製造塑膠的細菌一起培養，把它們變成為活躍的搭檔。藍綠菌會餵養細菌，細菌會製造塑膠。兩者共同合作，產生的生物質量在處理之後，有三成是塑膠聚合物。除此之外，由藻類提供能量的細菌，製造塑膠的速度是沒有藻類時的二十倍，而且不需要用到昂貴的糖。這有可能一舉改變現況。

藻類塑膠的前景特別重要，因為全世界塑膠的生產速度正在增加。美國加州大學聖塔芭芭拉分校一個由羅蘭．蓋耶（Roland Geyer）博士所領導的研究團隊，在二〇一七年的報告中指出，所有已經製造出來的塑膠（約八十三億公噸）中，有一半是最近這十三年所製造的。艾克森美孚預測，到了二〇五〇年，全世界的化石燃料中有兩成用於製造塑膠，比現在多了一倍。如果我們能用含有一半藻類塑膠的產品來代替，便能減緩未來溫室氣體的排放。

就某個層面來說，我們像是回到了一八六九年，約翰．衛斯理．海特（John Wesley Hyatt）還沒發明出第一種塑膠。這時美國陷入撞球狂熱，光是在芝加哥就有八百個撞球場，對撞球的需求量增加得很快。撞球的材料是象牙，在非洲和南亞的獵人因此殺害了成千上萬頭大象，就如同《紐約時報》所說的，讓這種動物「快要滅絕」。撞球製造商也覺得自己將會滅絕，因為木頭和金屬都無法取代象牙。有一間公司懸賞一萬美元給能夠製造出象牙代替品的人。紐約的年輕畫家海特把棉花、硝酸和溶劑混合在一起，製造出了賽璐珞，這是全世界第一種合成材料。塑膠救了大象。

在本書完成時[2]，Algix才開始商業生產兩年而已。在二〇一九年，愛迪達、克拉克和Toms Shoes都為自家品牌的某些型號訂購了藻類鞋墊。該公司現在的藻類來自猶他州和威斯康辛州的自來水處理廠、佛羅里達州的藻華，與新墨西哥州和德州從藻類提煉ω-3油脂的業者。近期更新增了來自密西根州立大學的研究團隊。要說藻類塑膠會成為新一代的賽璐珞，改變人工材料的未來，現在還太早。不過顯然這次的新材料能挽救的是人類的性命。

2 本書原文版出版於二〇一九年。

# 第5章 藻類油

藻類塑膠的發展引人入勝，但是目前製造塑膠所排放的溫室氣體，只占了所有排放量的一成。如果用藻類燃料替代運輸燃料，對化石燃料的使用和氣候變遷可能會產生更重大的影響。根據美國能源資訊管理局的資料，全世界所消耗的能量中，有四分之一用於交通與運輸貨物。所以我在二〇〇八年拜訪了位於德州艾帕索郊外的生物燃料公司瓦森製品，然後開始寫這本書，當時他們正在嘗試用溫室培育藻類來煉油。瓦森的創立者葛蘭・克茲（Glen Kertz）當時宣稱，每英畝土地能製造出十萬加侖的藻類燃油。也就是說，如果我們把美國西南方一百萬英畝的半乾燥土地（美國政府光是在內華達州就有數千萬英畝這樣的土地）給藻類居住，所製造出的藻類燃油，幾乎足夠取代美國二〇一五年所需要的汽油、柴油和飛機燃料，總加起來高達一千兩百七十億加侖。

當時我想，這個說法真是讓人振奮，而且這麼熱衷的可不只有我一個。主流新聞媒體，包括彭博、ABC新聞、福斯等，都來參觀瓦森，在電視上播放著讓藻類生長的綠色板子的影像，並報導這種新燃料的未來。在這片「藻類造油」的風潮中，克茲不是唯一的企業家。舉例來說，二〇〇九年曙光生物燃料公司（Aurora Biofuels）的執行總裁羅伯特・華許（Robert Walsh）對美國公共廣播電視公司的《新星》節目說道，他的公司每年將會生產一億兩千萬加侖的燃料。

人們很容易受到瓦森和其他跟隨其後的新興公司的引誘。但至少這些公司主張的基本概念是合理的：石油是數億年前藻類在地底中擠壓而成的，所以我們為什麼不利用現在的藻類並加速這個過程呢？與其把石油從地底抽出來，讓大氣中的二氧化碳增加，我們更應該培養藻類，從大氣中收回二氧化碳。

藻類燃油有希望的原因在於，所有的生物會把得到的一部分糖分轉變成油脂，在藻類中，這些糖分是自身經由光合作用合成的，而在動物中則是經由攝食獲得。同重量的油脂，所含的能量是糖的兩倍。它那就像神奇行李箱，大小不變但是可以裝入的食物加倍。如果你是被困在陰暗角落的藻類，無法進行光合作用，隨身儲存的油脂可以讓你熬過困境。

油脂有多種形式：人類把能量以脂肪的形式儲存起來，抹香鯨用蠟，藻類中則是用液態的油。不同藻類的含油量各有變化，有些種類儲存的油脂特別多，可達自身重量的一半。甚至有些種類對貧乏的日子更為慎重，如果察覺到之後的生活不好過，油脂的儲藏量可以高達體重的百分之八十五。

在二十世紀中期以前，化石燃料的產量一直很高，價格便宜，那時沒有人認為需要其他的替代能源。但是在第二次世界大戰中，軍隊對海外燃料的需求非常高，這讓美國政府開始實施配給，當時有些科學家便開始思考可以用藻類油替代。不過戰爭結束之後，石油的供應量恢復了，這方面的需求便消失殆盡。到了一九七三年，石油輸出國家組織（OPEC）因為美國在以色列與阿拉伯國家之間的戰爭中再次提供武器給以色列而實施石油禁運。美國的加油站因此大排長龍，油價也一飛沖天，這讓美國瞭解到依賴外國供油的危險。石油禁運在一九七四年解除，但是西方世界沒有忘記原來自己如此脆弱。一九七八年，美國能源部提供資金，研究以植物中的糖與種子油做為交通燃油的替代品或添加物的可能性。當時有一小部分資金用於研究藻類，這項研究計畫後來變成了水生計畫（Aquatic Species Program）。

水生計畫提供經費，讓生物學家蒐集數千種藻類，並且研究它們的生長速度、光線需求、養分需求、對鹽分的耐受程度、油脂產量，以及其他特徵。有三百種藻類看起來特別有希望，於是在加州、夏威夷和新墨西哥州的實驗室和各種大小的流動池塘裡培養測試。

能源部給水生計畫的經費是每年一百萬美元，約占經費中植物替代能源研究範疇的百分之五。這樣零星的經費當然不能讓我們深入瞭解如何把藻類當成燃料。到了一九九五年，油價大幅下跌，預算壓力增加，能源部結束了這項計畫，把剩下的研究經費集中到以玉米和其他植物生產乙醇的計畫。水生計畫最後的一份報告指明了藻類的經濟潛力，指出「這份報告不應該視為結束，而是開始。」報告中估計，五十萬英畝的土地能夠製造出相當於八十億加侖的汽油，也就是每英畝一萬六千加侖。不過報告中也說，一開始投資於建造流動水池的成本很高，除此之外，還需要把二氧化碳灌入池水中以促進藻類生長，把藻類和水分離並抽取其中油脂的過程也會增加處理費用。總而言之，培養藻類，萃取其中油脂並轉成能使用的產品，會讓藻類燃油的價格約為每加侖兩百四十美元，這個價格高到無法商業化。但是每個人都知道，現在這項科技連起步的階段都還不到，只能說是剛剛萌芽而已，持續的研發能讓價格大幅降低。

到了二十一世紀初，原油價格穩定上漲到了極高的數字。一九九八年時，每桶是十七美元，到了二〇〇八年每桶是一百六十美元。專家推測全世界步入了「高油價」時期，因為全球的石油生產量到達了顛峰，之後會逐漸減少。除此之外，一百九十個國家在一九九七年簽訂了《京都議定書》，同意降低溫室氣體的排放量以對抗全球暖化，該議定書在二〇〇五年生效。如果政府要達成議定書中的承諾，必須採取種種政策（例如徵收碳稅），這會使得化石燃料的價格上升。許多能源專家認為，油價會無止盡的攀升，或是每桶至少超過一千美元。

這種推測讓許多企業家和投資者認真地考慮藻類燃油，在二〇〇八年已經演變成了極度熱衷。有二十多個新興公司在尋找投資資金，創投公司、天使投資者、各個基金會以及政府單位紛紛慷慨解囊。有些新公司的公開募股非常成功，甚至連大石油公司如雪佛龍、殼牌、艾克森美孚等，都來參一腳。[1]二〇〇〇年到二〇一〇年之間，這些藻類燃油公司得到了超過二十億美元的投資。

從後見之明來看，那些投資者對獲利證據如此微弱的產業居然投入了那麼多資金，令人震驚。雖然水生計畫提出了一些概念及有趣的初步資料，但實際上就如該計畫所說，生產出來的燃油非常昂貴。數千種藻類中，只有八種經過詳細研究，而且經過測試的生產方式只有一種。最大的實驗池只有四分之一英畝，而且只建造了兩座。許多成本的問題根本沒有解決，但資金還是快速投入了。

當時所有的公司都發展得很快，其中藍寶石能源公司（Sapphire Energy）獲得了最多媒體報導及資金。二〇〇八年初，該公司還只是位於分租的房間中，只有三個辦公室、幾個實驗檯，以及一座沒有人用的溫室。但是他們很快就募集到超過一億美元的資金，包括來自於比爾蓋茲個人的卡斯凱德投資公司（Cascade Investment）、文洛克創投（Venrock）、Arch Venture與威爾康信託（Wellcome Trust）。該公司的目標是製造一種「直接投入」的油，這種油類似原油，精煉之後可以完美地和汽油、柴油與飛機燃料混合在一起。

雖然藍寶石能源公司的銀行存款豐厚，但是他們清楚創業的投資成本和薪資很快就會把這些錢耗光。公司開始進入生產，以賺取持續的收入。他們租賃實驗室和溫室，在聖地牙哥建立辦公室，並且雇用員工。公司的化學家研究萃取技術，工程師著手設計流動水池，藻類學家鑽研各種藻類生產的油脂，遺傳學家研究藻類的染色體，生態學家專注於維持池塘中的藻類成長，財政人員分析成本與報酬。藍寶石能源公司和其他的競爭者要面對大量又複雜的決定。有些決定看起來很簡單，例如：池塘堆動水流的槳輪轉動速度要多快才最合適？最利於藻類吸收的二氧化碳氣泡尺寸是多大？但這些問題其實相當困難。舉例來說，這兩個問題會互相影響，也會受到電力價格、流動池塘的形狀與深度影響，也當然會因培養的種類而不同，除了這些分析工作之外，許多從來沒有在實驗室中測試過的變數也相當特殊又令人陌生，更別說是在實際的狀況下了。

藍寶石能源公司最初決定在戶外池塘培養微型藻類，而不採用瓦森產品公司所採取的方式：在室內的光生物反應槽（photobioreactor）中培養，這種水槽形狀像是透明的塑膠板。水生計畫集中研究戶外的水池，藍寶石能源公司可以借鑑他們的經驗。除此之外，沒有人知道光生物反應槽應該怎麼設計才會最好。美國與歐洲的大學和新興公司正在試驗不同的透明塑膠結構：垂直的、環狀的、斜管的、水平袋狀的、平板的、手風琴狀可以伸縮的，但是最後沒有哪一種勝出。除此之外，藍寶石能源公司一心想要大規模生產，開放式池塘一開始的投資成本比較低。在經過一年密集的實驗室測試後。藍寶石能源公司在新墨西哥州的拉斯克魯塞斯（Las Cruces）打造了占地二十二英畝的設施，包括數座四十呎長、六呎寬的水池。二〇〇八年十二月三十一日，研究人員首度在其中一個水池培養了藻類。

---

1 有些人說這些石油公司投資藻類只是一種公關活動，花小錢展示對於環境的關切，這種手法稱為「漂綠」（greenwashing）。而比較善良的說法是，這些大石油公司是為了將來石油儲存量不足（看來就快了）而事先投資。

實際在戶外培養藻類時所遭遇到的困難，讓計算理想的槳輪轉動速度和確認最佳的二氧化碳供應系統這些問題在相較之下顯得簡單多了。當時藍寶石能源公司的副總裁克雷格·班克（Craig Behnke）得處理這些狀況。他告訴我：「我們一再受挫。大部分在實驗室中生長快速的藻類品系，在實地生長時卻不是最好的。所以真正的問題變成：各種藻類在實際培養的狀況下表現是如何？」在戶外，沙塵暴會遮蔽池子的光線，下大雨的時候池水的化學成分在一個小時內就會改變。某種藻類在光線強烈、池水pH為7的時候，生長得很快，但是當水變得渾濁或是pH下降時便停滯下來。就算藻類最後終於大量繁殖，這種成功本身也會招來禍害。輪蟲和其他微小的水生動物會來吃這些肥美的藻類，就像一群微小的吸塵器吸走灰塵那樣。從數哩外飄來的藻類孢子，有些會落在藍寶石能源公司富含養分的池子中，吃掉用來培育公司挑選出藻類的養分。接二連三的挫折，數千種培養作物時遭遇的衝擊，都阻礙了藻類的培養，並且足以讓班克和同事抓狂。

這些科學家和工程師得要調整自己的職業生涯。班克說：「我們得學著去當農夫。」舉例來說，他們學到灌溉藻類和灌溉植物不同。植物的生活週期長達數個月，栽培植物的農夫通常在作物整個生長季節中只施肥幾次。不過藻類的一生約只有三天，之後便會因為分裂而消失，所以藻類要持續施肥，但是施用的分量（經由嘗試錯誤所找出來的）要讓它們能快速吸收。過量施肥只會引來競爭者。這些新手農夫學到了以控制酸鹼度來防治真菌與寄生蟲的方式，以及讓浮游動物飢餓的技術。某些方面上，培養藻類比培養蔬菜和穀物更具挑戰，因為它們的生長速度和長在土中的植物不同。一如當時的營運經理布林．戴維斯（Bryn Davis）所說：「如果你在早上發現池子有些不對勁，卻在中午以前沒處理，到了晚上藻類就會死光。」

在拉斯克魯塞斯的測試工作不只在最初的幾個小型流動水池中進行，也擴大到幾座三百呎長、一百呎寬的新水池中，並持續了二〇〇九年一整年，接著進入二〇一〇年。這些身兼農夫的科學家一點一滴摸索出藻類的生長曲線，在歷經一年的試驗之後，開始找到正確的方法。助理主任克利斯多夫．約恩（Christopher Yohn）告訴我：「最後我們終於能把一種新藻類放到池子中，並且讓它們大量且快速的生長。」如今是進行商業規模生產的時候了。

二〇〇九年，能源部給了藍寶石能源公司五千萬美元，該公司還從農業部得到了五千四百五十萬美元的擔保貸款，以便在新墨西哥州的哥倫布（Columbus）建造一個占地一百英畝的商業量產設施，因為當地的土地便宜，陽光充足。這個哥倫布的設施不只要培養藻類，還要從中萃取油脂（這些油脂後來賣到了裂解廠，裂解廠會把油脂裂解成各種交通工具所需要的燃油，就如同裂解原油那樣。）二〇一二年，藍寶石能源公司開始大量培養三種藻類。

工程師一直以來都專注於以最省能源的狀況下，把藻類從水中取出以及把油脂從藻類提煉出來的方式。有個問題從當時到現在都還沒有解決：製造藻類油脂的過程中，有四成以上的能源用在採收與處理藻類。在戶外，他們讓藻類生長的密度為一加侖的水中約只有半茶匙藻類，超過這個密度，藻類會彼此遮擋光線，反而讓整群藻類生長的速度下降。有些種類會浮在水面上，有些則本來就會沉在水底，有些藻類演化出的特性則是有如沒有重量，在水中載浮載沉。那麼，用什麼方法從水中取出藻類會最省錢呢？

過濾是最容易想到的方法，但是能過濾出微型藻類的濾網，其孔隙比頭髮的寬度還小，很容易堵塞，需要經常清理。另一個做法是一開始就讓藻類黏在一起，畢竟蒐集一坨泥團比蒐集上百萬粒灰塵簡單。有些培養者會把細微的顆粒放入藻類培養液中，藻類會經由凝聚作用（flocculation）黏著在顆粒上，結成團塊，也稱為凝聚塊（flocs）。這些凝聚塊依照密度不同，會浮在水面上，或沉到水底，不過這個方法還是要把凝聚劑和藻類分開。還有一個方法是高速離心讓水和藻類分離。培養者會評估藻類的特性，例如是浮在水上或是沉到水底，來選擇適當的蒐集方式，有時候也會結合數種不同的做法。

當藻類從水中取出之後，接著便要從中取出油脂。我原本以為這個過程應該還算簡單，畢竟微型藻類的細胞壁很薄，破壞應該很容易，沒想到卻是極度困難。藻類為了適應在沉浮時持續改變的水壓，演化出強韌又具有彈性的細胞壁，非常難打破。此外，細胞壁還不是從藻類抽取油脂時唯一的障礙。從水中取出的藻類並不是乾燥的藻類，其中還有大量水分，有潤滑的作用。想像一下要壓碎在一碗水中的沐浴精油珠，就能發現問題所在：大部分的珠子會完整地從手裡跑出來。

你可以用加熱的方式乾燥藻類，然後使用一般壓榨的方式，但是乾燥的過程需要大量能量。培養者通常用己烷（hexane）之類的溶劑處理藻類，這類溶劑可以溶解細胞壁，也可以溶出油脂。這種處理方法效果不錯，但是油脂還要加熱才能和己烷分開，這又使得費用增加，而且己烷是危險化合物。

其他實驗性的方法還有用超音波或是微波讓細胞爆裂，或是以化合物讓細胞破裂，讓細胞內的成分流出。不論用什麼方法，要從頑強的藻類中取出油脂，都是藻類燃料成本上升的主要原因之一。

如果萃取油脂的花費高昂，那麼有可能避免這個過程，直接把整個藻類轉變成油脂嗎？畢竟大自然經由壓力和數億年的時間，把藻類變成了石油。二〇〇九年，藍寶石能源公司的工程師開始試驗這個方法：把藻類全部的有機成分轉換成油脂，而且不是花費數億年，而是數小時。

這個方法是水熱液化法（hydrothermal liquefaction）。在這個方法中，生物會被放在反應器中，以高溫的水（攝氏三百四十九度）處理，同時施以每平方吋三千磅的壓力，相當於海平面氣壓的兩百倍。在這樣的壓力下，水不會蒸發成水蒸氣，而會成為過熱的水。過熱的水有侵蝕性，能夠撕裂固態的有機化合物。水熱液化法之所以適合用於處理藻類的原因之一在於能應付潮濕的生物，免除了乾燥所需的費用。班克說：「水熱液化法就像一臺分子果汁機，那些看起來像是大型生物分子的東西處理後都無法保持完整。」不只油脂，藻類所有的有機成分也都會被液化，因此水熱液化法可以讓公司未經煉油脂的產量加倍。這些油脂含有的磷和其他礦物質必須去除（需要額外的費用），但是可以將它們回收餵給藻類。

水熱液化法在一九二〇年代就發明出來了，但是到最近才建立起能大規模生產或是長時間運作的系統。水熱液化法的測試系統中到處都出現機械上的毛病，金屬零件無法耐受侵蝕性的環境，操作人員必須少量多次地放入藻類，還得經常停下操作，清潔處理器。除此之外，水熱液化法還很危險。想想鍋爐爆炸造成的慘況，水熱液化處理器爆炸是那景況的千倍。不過二〇一一年，藍寶石能源公司還是在拉斯克魯塞斯建立了一個小型的前導水熱液化系統。這組系統擁有專利，能持續運作。

這一年，《華爾街日報》特別報導了藍寶石能源公司有能力製造「綠色原油」，《富比世雜誌》把該公司選入十六家早期階段「值得關注」的公司。美國國家環境保護署認可這家公司出產的「原油」能交給傳統的煉油廠處理，同時符合了《空氣清淨法案》（Clean Air Act）中的所有要求。二〇一二年，該公司建造了最大的流動水池（每座面積為二點五英畝），成為全世界第一座能夠量產油脂的戶外藻類農場。該年秋天，美國海軍為了分散燃油來源，成立了「綠色大艦隊」（Great Green Fleet）。這隻快速反應部隊中有數十架噴射機和直升機、兩艘驅逐艦、一艘巡洋艦，皆使用藻類油和食用油混合物，與化石油料以等量混合的燃料。二〇一三年，藍寶石能源公司報告，已經生產了一百萬加侖的油料。頂尖的獨立煉油廠特索羅煉油公司（Tesoro Refining and Marketing Company，現在叫做Andeavor）簽署了同意書，願意買他們的油料。藍寶石能源公司的合作事務部主任提姆．桑克（Tim Zenk）宣布該年九月會有一場產業會議：「藻類燃油產業正在商業化之路上穩定向前……政策制訂者可以充滿信心地預測藻類燃料的供應能持續下去。」

除了有藍寶石能源公司為綠色大艦隊提供藻類燃油，美國舊金山的公眾公司「太陽酵素」（Solazyme）也有。二〇一六年夏天，我前往加州拜訪太陽酵素的創辦者之一強納森・沃爾夫森（Jonathan Wolfson），不過稍早之前該公司改名為TerraVia。我們在公司總部的一間會議室碰面，沃爾夫森年約四十多歲，身材結實，棕髮藍眼睛。他來得匆忙，試著在一場會議之前排進這次訪問，所以說話毫不拖泥帶水，他安排我參觀了他們的實驗廚房，同時一直瞄著電話：他在等他妻子打電話過來，好載她去醫院生下他們第三個孩子。

他說起太陽酵素成立的過程。他和一起在艾茉利大學（Emory University）念書的哈里森・迪隆（Harrison Dillon）是好朋友，也都喜歡戶外活動。從事徒步冒險讓他們對環境議題的關注和興趣結合在一起。他們夢想將來從事的工作，能和保護自己所愛的自然有關。兩人在一九九〇年代還是大學生的時候，設想了各種友善環境的生意，但在畢業之後卻有各自的發展。迪隆在杜克大學取得了遺傳學博士學位與法律學位，然後在矽谷一家公司任職多年。沃爾夫森在紐約大學取得了企管碩士學位和法律學位，成立了一間金融服務軟體公司。在二〇〇三年，這兩位好朋友重逢了，這時兩人都具備幹一番事業的教育程度和工作經驗。就如同沃爾夫森所說：「這很重要，而且做正確的事情的同時又能賺錢，感覺很好。」他們決定進行藻類燃料。當時美國能源部還出資給水生計畫的科學家從事研究，不過沒有要成立公司。沃爾夫森搬到矽谷，兩個人創立了太陽酵素公司。如同矽谷的其他公司一樣，太陽酵素公司是從一間車庫開始的。

起初，他們的目標和受到能源部資助的科學家一樣，是在戶外流動水池中生長，利用太陽能量的藻類。在家人、朋友和天使投資者的幫助下，他們雇用了六名研究人員，測試各種藻類物種的油脂產量，並且擺弄這些藻類的基因組，看看能不能讓它們搞出更多類似於原油的油脂。最初幾年，他們覺得自己在科學上頗有進展。不過沃爾夫森說有天他們看了財報，領悟到就算他們能夠生產油脂，也無法以接近市場化石燃油的價格販售。這令他們非常惶恐不安，決定改變公司不成熟的策略，把投資轉移到完全不同的方向。

沃爾夫森說：「我們想到的是，光合作用藻類在單位面積上的生產效率其實沒有很高。它們需要接觸到陽光，得散在很大的區域上，而且彼此不能相互遮蔽。就另一方面來說，藻類真正有效率的地方，在於光合作用陰暗的一面。」沃爾夫森所說的是光合作用中不需要光照的那一半反應，稱為卡爾文循環（Calvin Cycle）。藻類利用太陽光的能量製造出ATP，再利用這暫時儲存下來的能量把二氧化碳轉變為糖，進一步合成各種更複雜的有機化合物，包括油脂。這個過程不分日夜。他說：「一開始我們沒有發現這點。不過在知道後，我們開始研究沒有進行光合作用，但是能夠生產大量油脂的物種。」

等等，不進行光合作用的藻類？藻類的主要功能之一不就是能進行光合作用嗎？

還記得所有的藻類都起源於一隻有著柔軟細胞膜的單細胞異營生物嗎？這個生物吞食了能行光合作用的藍綠菌，卻沒有消化它。這個藍綠菌的後代在那個異營生物的後代中生存下來，成為了葉綠體，把來自陽光的能量供給宿主使用。這個神奇的創新讓地球變成綠色，人類才能得以出現。但是對於所有的微型藻類來說，能量全部都來自太陽並非好主意。有些種類保留（並且能夠重新啟動）異營祖先的能力，可以從吃其他有機成分獲得能量。這就像油電混合車能以汽油或是電池驅動，這些混合營養生物（mixotroph）會選擇哪一種，端視光子或有機分子哪個比較充足。[2]在地球漫長的歷史中，有些種類的微型藻類發現自己吃有機分子比吸收陽光來得有效率，這些生物（目前已經發現五十多種）完全放棄了光能，關閉了葉綠體或是根本把葉綠體剔除，讓自己再次成為異營生物。

沃爾夫森和迪隆專注找尋最有效率的異營藻類，成為這個領域的領先者，幾乎沒有多少人研究這些藻類製造油脂的潛力。他們找到了優秀的備選種類，製造出的油脂可以占細胞體積的一半。他們也發展了生物工程上的種種技術，改造這些藻類的基因組，把產量提高到占百分之八十。然後他們使用啤酒、乙醇和其他發酵生產工業中已經非常純熟的技術，在封閉的鋼槽中培養這些藻類，直接給它們

2 為什麼沒有所有的混合營養藻類都具備開關呢？因為這種彈性是需要付出代價的：混合營養藻類都需要花費資源建立和維持兩種能量系統所需要的工具：葉綠體、消化系統和酵素。不過混合營養的確是個有效率的策略，最近的研究發現，混合營養生物的種類要比以前所想的還要多。

糖吃。

等等！我打斷了沃爾夫森。藻類最棒的地方不就是可以用免費又無汙染的陽光做為能量來源嗎？為什麼太陽酵素公司要花錢買糖來餵藻類呢？除此之外，植物把光子轉換成能量，或把二氧化碳和水轉換成糖的效率都比藻類低多了。不論是玉米、甜菜或是甘蔗，栽培、收成與處理這些作物都需要耕地、稀少的淡水和昂貴的肥料，翻土、播種和收穫及處理也都需要能量。如此一來，藍寶石能源公司這些從吃糖藻類得到的油，要怎麼和利用免費陽光藻類製造出來的油在市場上競爭呢？再說這種方法怎麼能稱得上環保呢？

沃爾夫森說明自己的道理。住在鋼槽中吃糖分的藻類可以日以繼夜地生長，而不受白天有陽光時段的限制。它們可以在任何氣候區中生長，而不限於溫暖而且光照多的區域。這些藻類在數層樓高的培養槽中生長，同樣大小的土地上生產的油脂要比戶外生長的藻類高出許多，使用的水卻更少。除此之外，他也不需要面對戶外培養時所遭遇到的問題，因為鋼槽中的狀況完全受到控制。沒有競爭物種會飄進去，沒有飢餓的浮游動物會吃掉藻類，也沒有沙塵暴、寒冷的早晨、多雲的天氣、大量的雨水等會降低生產速度的因子。

除此之外，太陽酵素公司的藻類在發酵槽中的生長密度，是在戶外水池中的十倍，這意味著太陽酵素公司可以省下處理藻類的錢。培養出來的藻類乾燥後可以直接進入一般的油脂壓榨過程，使用的機器和榨取油菜籽、黃豆和其他含油作物相同，既不是高科技，也不昂貴。沃爾夫森說：「這樣可以大幅減少電的用量。」太陽酵素公司最後分析出，雖然買糖給藻類吃是額外的花費，但是高產能和省下來的能源費用足以抵銷。

二〇〇七年十二月，太陽酵素公司開始生產第一批可再生燃油，到了二〇〇九年，已經在伊利諾州的佩歐利亞（Peoria）有自己的小型發酵廠，並且和其他發酵廠簽約，擴大產量。二〇一〇年，該公司首度銷售產品：兩萬兩千加侖的燃油由美國海軍買下。二〇一一年，有一架美國國內線航班的噴射機使用了他們的燃料。到了二〇一二年，他們和藍寶石能源公司一樣，提供燃料給綠色大艦隊。就如同這家公司的核心價值：「讓世界上最小的生物解決世界上最大的問題。」

但是到了二〇一四年，災難降臨到藍寶石能源公司、太陽酵素，以及藻類燃料業界中更小的公司。液壓破裂法（hydraulic fracking）這種新式的石油開採技術使得美國的原油產量大增，其他產油國沒有降低產量的意願，結果造成原油價格暴跌。在二〇一一年每桶原油的價格是一百二十美元，到了二〇一四年跌到七十美元，二〇一五年年底是三十美元。在美國許多地方，每加侖汽油不到兩美元。藻類燃油完全無法競爭。

就如同藍寶石能源公司的約恩所說：「我們已經準備好，在原油價格八十到九十美元的時候有競爭力。但是在原油每桶三十美元時，任何替代燃油都不可能還具備競爭能力。」二〇一五年，藍寶石能源公司關閉了藻類燃油部門。該公司在高峰期有一百四十名員工，但是我在二〇一六年二月前往拜訪時，只剩下約四十名。他們和其他之前生產藻類燃油的公司一樣，改變了組織結構，以生產高價格、低體積的產品存活。我和班克與約恩談話時，該公司正把產品線轉移到色素、蛋白質、保健品，魚類和動物飼料上。事實上許多更小的藻類燃油公司也以這種方式續存，其中有些正在生產還原蝦紅素（astaxanthin）。這是一種類胡蘿蔔素色素，放到飼料中能讓蛋黃和鮭魚的顏色更鮮明，也可以是人類食物的添加劑。不過藍寶石能源公司沒有成功，他們在二〇一七年完全結束了。

沃爾夫森告訴我，太陽酵素公司最後總共生產了超過一百萬加侖的藻類燃油：「在租稅獎勵之下，我們還是破產了。」這個狀況對新產業中擁有未經試驗科技的新興公司來說，還不算壞。「剛好在這門生意開始變得有趣的時候，油價崩跌了。」太陽酵素在二〇一六年還可以把藻類燃油賣給貨運公司優比速（UPS），不過他們「用可再生藻類燃油代替化石燃油」這個偉大的遠景可能要暫時擱置了。幸好他們已經把藻類技術用在新的方向上。

# 第6章 燃油之外的藻類油

太陽酵素公司的生物工程師一開始改造藻類的基因組時，就發現他們的技術不只能夠讓藻類製造出高品質的油料，供交通工具使用，其他任何製造商和消費者想要的油也都能製造得出來。經由改造基因，生物工程師能控制碳氫分子的長度與形狀，以改變任何藻類油脂的特性，例如黏性和不飽和程度。藻類能夠製造出化妝品用油、潤滑油、清潔用油，以及食用油。

一開始，太陽酵素公司就認為這種「設計師」油脂具有商業潛能。至少這類油脂不會和燃料油一樣是沒有特色的商品，所以價格也就不會隨著全球市場的價格波動。更好的是，同樣分量的價格比燃料油高出千百倍。另外，在戶外培養遺傳工程改造後的藻類，會讓人關切對環境的影響。但是在封閉的發酵槽中培養，就免除了這種風險。

二〇一一年，石油價格還沒有崩落，太陽酵素公司就已經和陶氏化學公司（Dow Chemical Company）簽署了共同研發協議，提供用於變壓器絕緣液體用油。太陽酵素公司生產的絕緣油具有極高的「閃燃點」（flash point），這是揮發後的油能點火燃燒起來的最低溫度。在高電壓的狀況下，高閃燃點是很大的優點。同年，該公司推出了Algenist這個品牌，賣的是護膚產品，其中含有太陽酵素公司所稱的「微藻酸」（alguronic acid）。該公司宣稱，數十億年來，這種多醣類混合物抵抗了環境壓力，保護了藻類，對人類的皮膚有抗老化的功效（要記得化妝品公司對這類的宣稱，並不需要提供科學證據。）現在一盎司的微藻酸售價是一百一十五美元，同樣重量的燃料用油只能賣幾毛錢。Algenist的產品由絲芙蘭（Sephora）與電網購物公司QVC販賣，是該公司的銷售冠軍。最近太陽酵素公司把這個商標以兩千萬美元的價格，賣給了私募基金Tengram Capital Partners。二〇一六年，聯合利華和他們簽訂五年兩億美元的採購合約，購買該公司的「訂製油」（tailored oil），加到自家公司的個人養護產品中。

太陽酵素公司也瞭解到異營微藻類能製造長鏈ω-3脂肪酸，包括二十二碳六烯酸（DHA）與二十碳五烯酸（EPA），這些脂肪酸對人類的健康很重要。之前已經提過，嬰兒需要DHA，好讓腦部發育的功能發展完整，孩子能從母乳或已全面添加DHA的嬰兒配方奶粉中得到這種養分。成年人也需要ω-3脂肪酸以維持心血管與腦部健康。我們通常是經由食用鮪魚、大比目魚、鱈魚、鮭魚等冷水性魚類（coldwater fish）攝取到，這些魚類會吃攝食藻類的小型魚類。

但是野生的冷水性魚類價格愈來愈昂貴，這是因為來源愈來愈少，加上人們因為瞭解到這些魚類的健康好處而又增加了需求。五十年前，海洋中充滿了這些大型魚類，沒有人料想到它們的數量會大減。但是現代化的拖網漁船出現，人類利用精密的魚類偵察儀器，搭配半哩長的拖網，已經把海洋變成了自家池塘，並徹底搜索其中的大型動物。根據聯合國糧食及農業組織的報告，人類捕獲量占魚群的比例，在一九七四年為百分之十，到了二〇一六年已高達百分之三十一，這已經無法維持魚類永續。人類把海洋中的生物逼到了極限。全世界的漁貨量也在下降，從顛峰時期一九九五年的一億三千萬噸，到二〇一〇年一億一千萬噸，預估在二〇二〇年將下降到九千萬噸。你會發現在食品賣場中，這些魚類的價格愈來愈高。

不過在這個潮流之下，全世界消耗的魚類在一九六〇年到二〇一三年之間加倍了，這都要歸功於魚類養殖業（真的是有功）。二〇一四年，人類購買的水產養殖魚類重量首度超過野生魚類，其中大部分是鮭魚、吳郭魚、鯉魚和鯰魚。這對人類和地球來說都是正面的發展。如果沒有養殖魚類，野生魚類受到的撈捕壓力將更大，更高的價格也會讓消費者對魚肉（以及其中的蛋白質與營養成分）更加卻步。

養殖魚類需要飼料，主要是由下雜魚製成的魚飼料和魚油。但是下雜魚一直以來處於密集撈捕，有時甚至是過度撈捕的狀態。當這些被當成獵物的魚類數量太少時，海獅會挨餓、海鳥數量會減少，大型掠食性魚類也會變得稀少。下雜魚的數量年年會自然地高低起伏，所以難以確認牠們的數量減少是因為漁民的撈捕或是大自然的作用。不論如何，根據美國國家科學院在二〇一四年的報告，當年下雜魚的數量位於自然低點，過漁使得低點愈來愈常出現，而且下降的幅度更為劇烈。最近幾年，秘魯政府關閉了近海的鯷魚和沙丁魚漁場，因為魚群數量已經大減，如果繼續撈捕，將無法恢復。

下雜魚繁殖的速度很快，大部分族群的數量都能恢復，但對於大型魚類與和吃下雜魚的海鳥所造成的影響，現在還不清楚。頂級掠食者成熟與繁殖的速度比較慢，如果獵物多年來都減少了，牠們的族群便可能無法復原，特別是在已經過漁的情況下。所以我們應該保護下雜魚。皮氏基金會（Pew Charitable Trusts）所資助的藍菲斯特下雜魚研究計畫（Lenfest Forage Fish Task Force）在二〇一二年的報告中指出，下雜魚如果留在海洋中當成更高價的食用魚的食物，其價值是把牠們撈出來當成飼料的兩倍。

養殖魚類的產量每年增加將近一成。在此同時，下雜魚愈來愈稀少，價格也愈來愈高，我們可以想見，水產養殖業者將會以植物當成飼料。這會產生兩個問題：沒有消化完全的植物食物會累積在水中，造成環境問題。另一個問題是我們所吃的這些魚中，ω-3 脂肪酸的含量會下降。

有能解決或是對這兩個問題多少有點幫助的方法嗎？由於野生肉食魚類中的DHA來自牠們所吃下雜魚攝入的藻類，那麼為什麼不乾脆餵養殖魚類吃藻類呢？換句話說，為什麼不跳過中間那一階層的魚類就好？

包括太陽酵素公司在內的企業正朝著這個方向前進。二〇一二年，太陽酵素公司與總部設在美國紐約的全球性水產事業與食物公司邦吉（Bunge Limited）合作，在巴西成立新事業。邦吉公司提供他們在聖保羅西北方三百三十哩外的甘蔗園和蔗糖廠，太陽酵素公司提供技術，聯合成立了太陽酵素－邦吉再生油公司（SBO），打造價值兩億美元的發酵設施，利用附近製糖廠得到的糖培養異營性藻類。該設施在二〇一四年開始運作，每年會生產高達十萬公噸的藻類油脂和藻粉，目前最主要的產品是DHA。

由於沒有其他類似於SBO的企業，所以當該公司的工程技術副總裁大衛・布林克曼（David Brinkmann）及永續與公關事務副總裁吉兒・考夫曼・強森（Jill Kaufmann Johnson）讓我經由無人飛機上的鏡頭參觀公司時，我非常高興。飛機從南方出發，我看到在舊製糖廠鏽紅色的金屬波浪板建築之間，有一些新蓋的白色屋頂建築。這群建築後方是大片甘蔗田，其中交錯著成行的尤加利樹和橡膠樹、玉米田、放牧用的草地，以及適合巴西當地類似莽原氣候生長的原生樹木。鏡頭向SBO運作的核心設施拉近：六座八十呎高的鋼桶發酵槽，發酵槽外密布著閃閃發亮的管子和梁柱。每座發酵槽頂端都有一組藍色的機械。亮黃色的樓梯和通道繞在發酵槽外，並連通各個發酵槽。

SBO的攝影機現在由一位員工拿著，進入實驗室，我們可以看到有一位技術人員戴著厚厚的灰色手套，從冷凍櫃取出一個拇指大小的塑膠管，裡面有藻類。他把這些藻類放到桌上型發酵槽。塑膠管中的微藻類屬於裂殖壺藻（*Schizochytrium*），最初是在佛羅里達州的紅樹林沼澤中發現的。培養基中有糖漿、氮以及一堆微量養分，在適當的酸鹼度和溫度下，這種乳白色的藻類生長得非常快速，讓培養基變成白色的培養液，這便可以轉移到更大的培養槽中了。等到數量夠多之後，便會再移到主要發酵槽中持續複製。培養槽中的液體需要持續攪拌，讓表面的溫度下降，不然在食物與氧氣充分的狀況下，藻類忙於生長與複製，它們會被自己所產生的熱煮熟。

當藻類生長到適當的密度時，便終止氮的供給。在沒有氮的狀況下，藻類會停止生長與分裂，進入自我保存模式，把糖轉換成能量密度更高的油脂，審慎應對艱困的狀況。如果有利的狀況來臨，它們會把油脂轉換成比較容易代謝的糖，不過它們沒有這個機會了。在去除氮供給的數日之後，藻類因為充滿油脂而腫大，是時候收成了。培養液經由管路從培養槽流出，以工業用乾燥機蒸發水分，剩下金色或米黃色的粉末，個個都還是完整的藻類細胞。這些粉末會裝袋與裝桶，運送到水產和動物飼料製造商那裡，和其他的原料混合，做成顆粒狀的飼料。

這種藻類就像是童話中紡金線的小妖精，能夠把邦吉公司便宜的蔗糖轉變成高價的ω-3脂肪酸。用這些藻類餵養殖魚類，便能維持養殖魚類的DHA含量而不需要殺死野生的下雜魚。如果魚飼料中的藻類油脂愈多，就表示所需要的玉米和黃豆愈少，對環境也有幫助。

但是結局真的那麼完美嗎？拉丁美洲和東亞的蔗田名聲不佳，因為經常是砍伐了熱帶森林所開闢而成的，而且逐漸被侵蝕的土壤和過多的肥料會汙染淡水生態系。我們也知道製糖廠會把廢物堆在當地的水域中，而且蔗田本身就是個危險的地方。有些國家連兒童也在蔗田中工作，這些工人要對付會刺穿皮膚的葉片鋸齒和尖銳的莖，工時長而薪資低，在高溫下長時間工作往往會因為缺水而讓罹患腎臟病的風險提高。所以我們應該問：對於這些用糖餵養出來的藻類產品，環境和人類所付出的代價是什麼？

多年前，世界自然基金會（World Wildlife Fund）設立了一個嚴格的認證計畫「蔗糖進步倡議」（Bonsucro），為蔗田與製糖廠環境保護與工人保護的措施設立了標準。邦吉位於巴西莫埃馬（Moema）的製糖廠和周圍許多蔗田都得到了蔗糖進步倡議的認證。這些蔗田遠在熱帶森林的千里之外，整個地區幾十年來就一直是農地。全設施在生產的時候並不使用化石燃料，而是燃燒甘蔗梗和甘蔗葉以產生能量。種植甘蔗需要很多水，可能得從地下水層取水，不過這些蔗田完全依靠雨水，發酵槽排出的水回收之後會用於灌溉蔗田。總而言之，來自莫埃馬蔗田的藻類DHA對於環境的影響輕微。二〇一六年，丹麥的食品公司「生物水產」（BioMar）和SBO簽訂合約，向他們購買ω-3脂肪酸產品，該公司的新聞稿中提到，已經有四萬公噸交貨了。

不只魚類能吃太陽酵素公司生產的可食用油，沃爾夫森、迪隆和其他人也瞭解到，微型藻類也可以加入人類的食物中，提供健康的油脂和蛋白質。之前有個員工出於好玩，覺得公司出產的綠球藻（*Chlorella*）可以代替食譜中的奶油和雞蛋，於是用綠球藻做了個蛋糕。在全公司員工參與的週會上，這個蛋糕端上了會議桌，結果大受歡迎，讓這位員工進一步試驗了其他食譜（大家最津津樂道的是布朗尼蛋糕和香蕉萊姆蛋糕）。

接下來我會用TerraVia來稱呼太陽酵素公司，因為他們在拓展食物產品時，改了公司名稱。

TerraVia發展出兩種全藻類產品：高蛋白質粉末與低飽和脂肪和低膽固醇的高油脂粉末。兩者是由非生物工程改造的藻類製成的，素食者也可以食用。該公司現在把這些金黃色的粉末賣給食品公司，那些公司會把粉末加入蛋白質棒、布朗尼蛋糕預拌粉、雞蛋替代產品、沙拉醬，以及其他的包裝食物中。[1]

新的蛋白質來源和健康的烹調油品聽起來似乎不錯，但是味道如何？沃爾夫森帶我到公司的實驗廚房，長桌上有許多料理，每種料理都有兩份，其中一份加入了該公司生產的粉末，另一種使用傳統標準的材料。他們讓我直接嚐一嚐放在白色陶瓷小烤皿中的藻類粉末，剛開始我覺得有點噁心，不過我深呼吸，嚐了一匙蛋白質粉末。這些粉末非常細，我讓它在口中散開，準備好做出吃下怪東西的表情，但是這個粉末幾乎沒有味道，我覺得只有一些類似花生的氣味，嘴裡的感覺像吃了濃厚巧克力。油脂粉末一樣非常細，味道也很清淡。我大大鬆了一口氣：完全沒有魚腥味。

接下來我試吃了猶太辮子麵包（challah bread），一種用到蔬菜油和雞蛋，另一種則用了富含油脂的藻粉，沒有雞蛋，和一點點的蔬菜油。兩者在味道和口感上沒有差異，但是用藻粉做的麵包不含膽固醇，脂肪量只有三分之一，熱量則少了百分之二十。藻類巧克力餅乾和傳統配方的一樣美味。而用富含油脂的全藻類製成的美乃滋更讓我震撼，因為少了原有的雞蛋味，口味更加中性了。我也試吃了使用藻類蛋白做成的乳酪餅乾，它的蛋白質含量加倍，嚐起來就像一般的餅乾。

用來製造可食用粉末的藻類沒有經過生物工程改造，不過該公司的確改造了原壁藻（*Prototheca*）

的基因組，以製造幾乎變化無窮的特製食用油。如果你對基因改造食物有疑慮，別擔心，萃取出來的油脂是沒有經過生物工程改造的。（同樣地，用來製造人類胰島素和許多乳酪凝結素的細菌也是如此。）其中一種油是該公司的藻類烹調用油，商品名稱是Thrive。這是一種無色無味的油，適合用來做煎餅、炸薯條，或是其他不需要油味道的料理。這種油中不飽和脂肪酸所占的比例高過任何烹調用油，冒煙點也高，有利於加熱烹調。連鎖餐廳「好胃口」（Bon Appetit）已經有六百五十多家分店使用這種油，在沃爾瑪（Walmart）也有上架。

• • •

沃爾夫森告訴我，在大部分的情況下，TerraVia生產的生物工程改造油是為了回應食品公司或個人養護公司的需求，這些油可以代替棕櫚油，或是用在化妝保養品中，種類變化可以說是沒有限制。該公司才剛剛生產了一種「結構脂肪」（structural fat），他們稱之為「藻類奶油」（algae butter），這種素食者可用的油比較健康，能用來代替高度飽和的半固體油脂，例如奶油和棕櫚油，加入烘焙食物中。

1 我拜訪TerraVia時，那些用於製造粉末的藻類在佩奧里亞（Peoria）的工廠中，吃的是由玉米製成的糖。不過該公司考慮使用其他來源的糖，例如蔗糖。

雖然公司有許多獨創的發明，但是財務成功之路依然崎嶇。他們和法國公司羅魁特佛瑞斯（Roquette Freres）合資，但是因為該公司偷竊了TerraVia的智慧財產而使合作告終，接下來的訴訟雖然贏了，但也花了大錢。TerraVia的負債太重，只好如同上一章所說的宣告破產，並且賣給荷蘭的公司Corbion。該公司主要的經營項目是銷售食物與生物材料，年收入超過十億美元，應該是個不錯的歸宿。事實上，素食者可用的食物銷售量持續增加，消費者也追求更健康的食物，這樣看來，將來成功有望。

當然市場上並不是只有他們在生產來自藻類的ω-3脂肪酸，另一家荷蘭公司帝斯曼集團（DSM）也一直使用異營藻類製造DHA，加入嬰兒配方奶粉和其他食品中。夏威夷的Cellana公司和德州的Qualitas Health公司也在戶外水池中培養藻類以生產ω-3脂肪酸出售，主要用來代替素食食品中的魚類油脂。[2]

製造給魚類食用的藻類公司依然吸引到最多的投資。世界最大的水產養殖飼料公司Skretting開始發展自己的含藻類飼料。美國亞利桑納州的Heliae與華盛頓州的Syndel合作生產了另一種產品Nymega。德國公司贏創（Evonik）和荷蘭帝斯曼集團聯合成立了一間新公司Veramaris，他們會在美國內布拉斯加州的布雷爾（Blair）建造價值兩億美元的設施，培養海洋藻類，以生產ω-3脂肪酸。就如同新英格蘭水族館（New England Aquarium）海洋永續部門主任麥可・特拉斯提（Michael Tlusty）所說：「在未來，人類每年需要四千萬公噸的海產，好餵飽增加的二十億人。」我們需要藻類才能達成這個目標。

2 雖然有證據指出吃富含油脂的魚類有助於心血管健康，但是在二〇一八年七月《考科藍文獻回顧資料庫》（*Cochrane Database of Systematic Reviews*）上發表的一篇後設分析報告中，蒐集了十一萬兩千人的資料，提出結論：攝取長鏈ω-3脂肪酸補充劑對於心臟病、冠狀動脈疾病、死亡或中風的影響很小，或是沒有差異。《ω原理：海鮮與對長壽及健康地球的追求》（*The Omega Principle: Seafood and the Quest for a Long Life and a Healthier Planet*）的作者保羅．格林伯格（Paul Greenberg）在全國公共廣播電台的節目「新鮮空氣」（Fresh Air）中，對主持人泰瑞．葛羅斯（Terry Gross）解釋，每年有一千萬公噸秘魯鯷魚（相當於全球鯷魚年漁獲量的八分之一）用來提煉ω-3脂肪酸，做為食物補充劑。如果你想選擇長鏈ω-3脂肪酸補充劑，來自藻類的產品對海洋的健康會比較好。

# 第7章 乙醇

我第一次接觸到藻類燃油是在瓦爾森位於德州的溫室。一開始我被他們的光生物反應器所吸引：成排的透明板，裡面有彎曲的管子，藻類和水在管中流動。瓦爾森的培養方式類似生產線，藻類與自然環境隔絕，似乎可以滿足全世界對燃油的無盡需求。雖然這家公司突然解散了，但幸好我也追蹤了其他兩家栽培藻類的公司：焦耳無限（Joule Unlimited）和藻類醇（Algenol），他們擁有自家版本的光生物反應器，據說這兩家公司是成功的。當我開始為這本書進行研究的時候，雖然無法接觸到焦耳無限公司的管理階層，不過藻類醇公司的創立者兼執行總裁保羅．伍茲（Paul Woods）則是無話不說。

所以二〇一三年七月的豔陽天，我和他站在該公司位於佛羅里達州的總部，這個總部在麥爾茲堡（Fort Myers）機場附近，周圍的沙地上長滿矮樹叢。伍茲穿著短褲、T恤和涼鞋，他的額頭很高，帶紅色的金髮垂到肩上。這不是典型的執行總裁裝扮，但伍茲也本就不是。

在我們面前是一排排閃著綠色光輝的塑膠袋，排滿超過兩英畝的土地，每個都有四呎寬、四呎長，但只有幾吋厚，共有數千個，垂直掛在鋼製架子上。每個塑膠袋的間隔約為十吋，距離地面約一呎。看起來像是巨人國辦公室裡面的掛式檔案夾。不過每個檔案夾中放置的並不是文件，而是四加侖的無菌海水、二氧化碳氣泡，以及數百萬個經由生物工程改造過的藍綠菌。這些透明的檔案夾是藻類醇公司擁有專利的光生物反應器（photobioreactor），簡稱為ＰＢＲ。

這些藍綠菌製造的不是油，而是乙醇。如果你在加油站看加油幫浦，便可知道還有石油之外讓車子移動的燃料。目前在美國販售的汽油中，有一成含有來自玉米發酵所製成的乙醇。乙醇也叫酒精，是酒之所以能醉人的原因，也是乾洗手露和其他殺菌劑中的殺菌成分。不過乙醇在汽缸中壓縮，與氧氣混合，再由火星塞點燃，就能像汽油一樣，把蘊藏在化學鍵中的能量突然釋放出來。用乙醇推動交通工具並不是什麼新鮮的點子，最早的內燃機便是以燃燒酒精推動的。現在巴西的燃油中含有四分之一酒精，這些酒精由甘蔗發酵所製成。在歐洲，幾乎所有車輛所使用的汽油中含有至少一成酒精。而北美洲和歐洲的彈性燃料車（flex-fuel car）能夠使用混合了汽油與乙醇的燃料，其中乙醇最高可占百分之八十五。

現在的乙醇是由酵母菌發酵玉米、甘蔗或其他植物材料所製成，乙醇就是酵母菌的排泄物。有些細菌也以發酵作用為生，白菜會變成酸白菜，小黃瓜會變成酸黃瓜，就是由於這些細菌造成的。不過，藍綠菌從來都沒有打算進行發酵作用，是藻類醇公司改變了它們。

伍茲邀請我湊近看那些ＰＢＲ。每個塑膠袋上都有接口，就像是點滴袋，能夠用來注入二氧化碳和養分，並移出酒精和過多的生物。伍茲說：「這些綠色的ＰＢＲ大約四天就會變得綠到發黑。」

之後將塑膠袋中的內容物抽出，放到蒸餾器和汽提機中，酒精於是和水分開並且凝結，藻類也因此被蒐集起來。技術人員會當場清理PBR，裝入新的鹽水，以及在室內桶子中培養出來的藻類。「這個方法漂亮的地方在於沒有廢棄物。從頭到尾，不只能得到可當成燃料的乙醇，那些剩下的藻類富含蛋白質，可以當成動物的飼料，氮和磷可以當成肥料。還會生產出淡水。鹽水放進去，卻跑出能喝的淡水，所以藻類醇公司也是海水淡化廠。」

我們走回總部，參觀占地三千平方呎的實驗室，裡面的實驗檯上放滿閃閃發亮的儀器，穿著白色實驗衣的科學家和技術人員正在進行實驗。藻類醇公司雇用了約一百二十人，其中包括化學家、微生物學家和製程工程師。有個團隊在研究改良光生物反應器的設計，以及在戶外的設置方式。其他團隊有的專注於新的乙醇分離技術，有的改進PBR中的生長環境。當然，也有以生物工程的方式改造藍綠菌的團隊。

生物工程是藻類醇公司的核心，他們的微生物學家把一些來自酵母菌的基因插入藍綠菌的基因組中，讓藍綠菌能夠把從光合作用所合成出來的糖轉換成乙醇。這需要高超的生物工程技術才能實現，不只是因為要讓藍綠菌去做三十億年來都沒有做過的事，也是因為藍綠菌本身很難耐受自己排出的廢棄物。對藍綠菌來說，乙醇就像是能殺死你手上細菌的乾洗手劑一樣。

毫不意外，藻類醇公司花費了好幾年才達成這個目標。一九八四年，伍茲在加拿大西安大略大學主修遺傳學時，開始走上這條道路。我問他怎麼會有這個點子，他回答的內容非常有自己的風格：「當時是五月，我的遺傳學實驗伙伴突然對我說：『話說，乙醇是未來會使用的燃料。』此話不假，因為我們都經歷過石油禁運和加油站排隊的時期。所以我想，好吧，有道理。三個星期後我坐在窗邊，看著窗外的綠色草地和樹木，突然有個蠢到不行的點子：如果我們的皮膚能夠製造葉綠素，讓我們能生產自己需要的食物、糖類，就不需要花那麼多時間吃東西了。當然這完全行不通，因為我們皮膚的表面積根本不夠大。但是這讓我想到藻類通體都是綠色，也完全能夠進行光合作用，而且地球上的生物當中，藻類製造糖的速度最快。突然間我想到，我們能讓藻類利用自己製造的糖來製造乙醇。這真的是一瞬間又小到微不足道的念頭：應該用藻類製造乙醇。一切就是從這裡開始的。」

藻類當然不會製造乙醇，他知道得用遺傳工程改造才能達成。他也認為藍綠菌最適合達成這項任務，因為藍綠菌屬於原核生物，染色體只是簡單的環狀，很容易就可以讓其他細菌的基因插入，這讓藍綠菌比真核生物容易改造得多。

大學畢業之後，他把用藍綠菌製造乙醇的點子寫成計畫書，想把點子賣給加拿大的燃料製造商，這些公司當然完全不感興趣。原因之一在於現在全世界每年乙醇的銷售量是兩百二十億加侖，而在一九八四年只有九百萬加侖，所以幾乎不當成燃料使用。加上遺傳工程才剛剛起步，幾乎沒有人想要用遺傳工程的方式改造藍綠菌，更別說是成功了。不過雖然沒有已被證實可用的技術，也沒有市場可言，伍茲還是從朋友和熟人那裡募集了二十萬美元，成立了「乙醇能源公司」（Enol Energy）。

手中有了錢，伍茲開始找尋能夠以生物工程的方式改造藍綠菌的人。他想找的是多倫多大學的約翰．柯曼（John Coleman）博士，他是當時加拿大少數具有遺傳工程經驗的人。柯曼告訴我，有天他在實驗室，突然接到伍茲打來的電話。「當時我有個抗瘧疾的計畫，想要把基因放到藍綠菌中，好減少蚊子的數量。孑孓會吃藍綠菌，我正在嘗試讓藍綠菌製造孑孓吃下去會死亡或不孕的蛋白質。我認為我們很有可能辦得到他想要做的事情。」

可能辦得到，但是沒有那麼容易。在一九九〇年代初期，基因剪接是個亂槍打鳥的冗長過程，並不可靠。第一個完整的細菌基因組要到一九九五年才被定序出來。柯曼多年來和多倫多大學的另一位科學家鄧明德（Ming-De Deng）博士嘗試將兩「組」酵母菌的基因，放到藍綠菌染色體中可以發揮功效的地方。（插入的位置非常重要：如果基因放在染色體中錯誤的位置，可能會使某個基因的功能受到破壞，嚴重的話會造成生物死亡。）每次嘗試之後，他們都看看這些藻類是否能夠分泌乙醇。多年來都沒有成功。柯曼和鄧明德就像是騎著腳踏車的郵差，在黑夜中要把包裹寄到一個大都市裡的不知名地址，而且還沒有地圖，一路上只能問人：「我們到了嗎？」不過在一九九六年，經過了八年兩千一百次的嘗試，總算有些好運，把這些酵母菌的基因放到正確的位置。

我問他們是否盛大慶祝，柯曼笑著回答：「沒有，沒有什麼能夠造成燎原野火的事，改造過的藍綠菌只能製造一點點的乙醇。不過這依然算是成功的時刻。」一九九七年，柯曼和鄧明德發表了這項研究的論文，伍茲也申請了第一批專利。

在此同時，伍茲也因為擔任天然氣買賣的經紀人而賺了大錢，才三十八歲就在佛羅里達州退休了。他告訴我，後來的五年間他只是在一旁靜靜等待，開著白色的勞斯萊斯，還有旅行。不過到了二〇〇五年底，油價開始上漲。更好的是，在一九九五年設立了《再生能源燃料準則》（Renewable Fuel Standard, RFS），簡單來說，就是要求汽油中必須含有一定比例的再生燃料，實際指出汽油中乙醇必須占一成，這改變了乙醇的市場。

議員當初設立《再生能源燃料準則》的目的，是因為加入乙醇可以讓交通工具排放的有毒一氧化碳減少。他們也希望藉由乙醇取代汽油和柴油的十分之一，能降低美國對進口原油的依賴。不過在二十一世紀的頭十年，《再生能源燃料準則》還有一個新的角色：減少人類製造出來的二氧化碳，以對抗全球暖化。交通工具燃燒乙醇依然會釋放二氧化碳，但光合作用生物會吸收空氣中的二氧化碳，用於生長。燃燒乙醇可以回收空氣中的二氧化碳。汽油中乙醇所含的比例愈多，就能減少使用長年以來埋在地下的石油，排出的二氧化碳也會變少。

最容易製造大量乙醇的方法是發酵玉米。在二〇〇五年以前，美國每年生產了六十億加侖的玉米乙醇。但是環保人士開始指出，在把玉米轉換成乙醇的過程中，需要把大量玉米從農場運到發酵工廠，這些玉米需要經過研磨、加熱、液化、蒸餾、離心，以製成變性酒精，種種過程都需要燃燒燃料。栽培玉米也需要使用由天然氣製成的肥料。人們開始懷疑使用玉米酒精到底能夠減少多少的二氧化碳排放。除此之外，栽培玉米需要大量水分。在美國中西部，奧加拉拉地下水層（Ogallala aquifer）含水量愈來愈少，當地栽培玉米所需的水主要來自這個地下水層。有些人也指出，《再生能源燃料準則》把可以吃的玉米拿去做成生物燃料，使得食物和飼料的價格上漲。[1]種種跡象顯示，愈來愈多人對於用其他生物材料製造乙醇感興趣，這些生物材料可能是玉米芯、風傾草（switchgrass）、木屑，或是來自其他生物。

伍茲希望這個「其他生物」是藻類。他認為時機已經成熟，可以重新展開藻類乙醇的事業，於是又聯絡了柯曼。

大約在同一個時期，企業家兼藥廠執行長艾德．藍吉爾（Ed Legere）正在找伍茲，希望能買下他的乙醇專利，不然授權也可以。他當時正在經營一家位於加州的公開上市製藥公司，希望轉換跑道。他回憶道：「我認為在生物科技領域中，生物能源將會是下一個大幅成長的行業。」他研究了所有種類的原料。「我每種都找來推敲，個個都有缺點。糖類和玉米？這些都是作物商品。如果我經營的公司使用的材料有全球市場，這表示我無法控制製造過程。我親眼見過這種事：玉米的價格上漲到每桶六美元，一時之間所有的乙醇製造商都遭到嚴重的打擊。」

他在研究的時候看到了柯曼的論文和伍茲的專利。「我覺得藍綠菌最合理，需要的主要原料只有二氧化碳，我知道到處都有很多二氧化碳。如果培養設施接近水泥工廠或是發電廠，可以免費得到二氧化碳。如果沒有，運輸二氧化碳的成本也低。」當然是比運輸玉米、草或是廢木料低。

伍茲、藍吉爾、成功的藥廠執行長兼投資眾多生物科技的企業家葛雷格．史密斯（Craig R. Smith）在二〇〇六年成立了藻類醇公司。可樂娜啤酒家族的年輕成員亞歷漢卓．岡薩雷茲．西馬德維拉（Alejandro Gonzalez Cimadevilla）是生物科技投資家，他提供了該公司成立的主要資金。柯曼以科學顧問的身分加入。他說：「真是怪了。我的實驗室冷凍櫃中還有幾百管我們轉型生物的DNA。通常我只保留樣本五年，但是不知道為什麼，這些DNA我保存了十多年。如果我沒有留下來，公司就要花更多時間才能開始運作。」

這些樣本的確有用，不過柯曼只選了特殊的物種保留，因為當時他認為這些物種的染色體特別小，比較容易改造。藻類醇公司最早的任務之一，便是找出夠簡單，而且能夠製造大量糖且忍受乙醇的種類。這個種類必須也要能夠耐得住物理逆境。當時藻類醇公司的PBR是扁長形的塑膠管，平放在地面上，以頗大的壓力把藍綠菌推動，在管中流動，從管子末端流出來。

1 有些人的看法不同，他們認為乙醇生產者只用了玉米中的澱粉，其他有用的維生素、礦物質、蛋白質和纖維都當成家畜的飼料賣出，進入了食物鏈。除此之外，直接食用的玉米（包括了整支玉米、冷凍玉米、罐頭玉米和玉米糖漿）只占了玉米市場的極小部分。還有，加工與運輸成本、零售價格上漲、銷售佣金、財務成本等對於食品價格的影響，遠高於玉米作為商品的價格。他們指出在二〇一四年玉米的價格已經大幅下降，但是以玉米為基本材料的食物，價格並沒有相對應地下降。

藻類醇公司很幸運，不久便發現了「藍綠菌生物科技公司」（Cyanobiotech），這是一家德國新興公司，成員只有四個人，位於一間在柏林的地下室實驗室。這四位從德國洪堡大學畢業的年輕博士研究會製造有毒化合物的藍綠菌，這些化合物可能具有抗癌或抗菌的性質。他們已經從歐洲各地蒐集了大量的藍綠菌樣本。藍吉爾和史密斯告訴他們自己在製藥界中痛苦的經驗：要讓某個化合物成為能夠賣錢的藥物是非常困難的，這讓他們相信應該為藻類醇公司篩選藻類。

藻類醇公司很快就在柏林的實驗室以及西班牙的一個戶外地點設置了PBR。在美國能源部以及佛羅里達州李郡及時的資金幫助之下，他們二〇一〇年在麥爾茲堡附近買了一塊地。自此之後，發現與發明的腳步加快了。藻類醇公司之前就把藍綠菌生物科技公司買下，後者從許多可能有用的藻類篩揀出十幾個，成功地把酵母菌的基因插入了其中多種。到了二〇一〇年，藻類醇公司已經可以展示製造過程，在佛羅里達州荒蕪的樹叢地上，他們的設施每英畝每年可以生產兩千五百加侖的酒精，堪薩斯州的玉米農在每英畝土地上產出的玉米所製造出來的酒精，只有他們的六分之一。

該公司的成果令人印象深刻，不過伍茲計算過，每英畝的土地要能生產出六千加侖酒精，才能符合他的目標：在沒有資助的狀況下讓每加侖酒精的售價低於一點三美元。問題在於科學家似乎遇到了藍綠菌製造酒精的生理極限。如果生物把更多的糖拿去製造乙醇，就不夠用於維持自身的基本運作。基本上，它們只能苦苦掙扎。

伍茲將最後的希望重新放在編號為一七一的野生藍綠菌上，這種藍綠菌的特出之處在於製造糖的效率高，而且能夠耐熱，耐高乙醇濃度，以及機械壓力。伍茲說：「這種藍綠菌非常棒。我們曾嘗試改造它，但是毫無進展。它很有韌性，所以難以對它進行生物工程改造。老天爺，這是很強悍的菌，非常非常強悍。」當然，藻類醇公司的微生物學家還是持續努力。

二〇一一年，藻類醇公司的錢已經所剩不多，就在此時，伍茲與信實工業（Reliance Industries）簽訂了價值一億美元的授權與投資計畫。信實工業是印度第二大公司，也擁有世界上最大的煉油廠。煉油產出的煙囪廢氣中，二氧化碳的濃度非常高。信實工業對於把二氧化碳轉換成可以賣錢的乙醇這事非常感興趣。藻類醇公司在信實企業位於印度賈姆訥格爾（Jamnagar）的海邊煉油廠中設立了一座前導設施。

還有更好的事情。在得到信實工業的投資後不久，藻類醇公司的一位年輕微生物學家終於攻破了一七一號藍綠菌的染色體，把製造乙醇的基因插入了。乙醇的產量加倍。在適當的狀況下，基因改造一七一號藍綠菌在每英畝的土地上可以製造出高達六千加侖的乙醇，但這不是在一般的狀況下，所以還不夠理想。

伍茲認為解決方案在於PBR的設計上，決心從根本重新改造，並在二〇一二年二月成立了新的團隊，研究各種可能的設計。之前藻類醇公司使用的是放在地面上的水平袋子，因為他們認為要讓藍綠菌接觸到最多陽光。但是經過十一個月密集的實驗之後，出乎每個人的意料之外，最佳的直立式系統所製造出的乙醇是最佳水平式系統的八倍。伍茲說，有了新的PBR，「突然間，我們每英畝的產量高達了九千加侖。」改善了處理過程並且在當地製造PBR，進一步降低了成本。這家公司已經準備好開始商業生產了。[2]

許多生物燃料新興公司都在拓展生產規模的時候失敗了。因為當生產規模大幅增加，背後的生物學、化學和物理學也隨之改變。但對藻類醇公司而言，轉變非常簡單。藻類醇公司的生產方式是模組化的，某些數量的塑膠袋以某種方式排列，並以最低的成本達到最高產量。要提高產量，藻類醇公司只需要更多相同的PBR模組，就像蜜蜂增建蜂巢那樣。藻類醇公司的產量只受限於溫暖又陽光充足的土地，以及能否得到足夠的鹹水。

每英畝的耕地需要大量施肥與灌溉，每年才能夠產出四百加侖的玉米乙醇。根據伍茲的說法，藻類醇公司每英畝的非耕地，不需要淡水，只需要少量肥料，以及幾乎不用錢的二氧化碳，每年便能生產九千加侖藻類酒精。而且不是把淡水和玉米變成燃料，而是把鹹水和溫室氣體變成燃料，同時產出肥料和淡水。聽起來很棒，但是我問伍茲，為什麼現在公司沒有門庭若市?得到的答案是：再等等就好了。

我再次見到伍茲，是在二〇一五年夏天的一場會議中，他發表重點演說。他在講臺上說明了藻類醇公司最近的進展，然後在討論時和其他講者一起坐在講臺上。他的態度輕鬆，自信洋溢，並且主導了討論。顯然他已經進入了賽程的最後路段，把對手甩得遠遠的，勝利已經在望，可以慷慨分享經驗與意見。那天稍晚我和他見面，他告訴我信實工業要擴大在賈姆訥格爾的設施，好把產量增為十倍。中國南部的一家能源公司正在和公司簽約，要發展藻類燃料。他還暗示有來自中東的投資者，以及在佛羅里達中部的新設施將要招募約百人，並且年產一千八百萬加侖的乙醇。到了九月，我看新聞說藻類醇公司和專技燃料經紀公司（Protec Fuel Management）達成協議，讓後者行銷他們在麥爾茲堡生產的乙醇。看到這家公司即將成功，我的精神大振，特別是已經有許多藻類能源公司都已經倒閉了，而藻類乙醇將會是以大規模生產的環保交通燃料。

然而，在二〇一五年十月二十六日早上，我打開電腦，設定追蹤的藻類醇公司新聞這時跳了出來：「驚！藻類醇今天宣布董事會接受執行長保羅．伍茲的辭職。」報導中接著說：「該公司本來有一百七十位員工，已經解雇了數十名，並且將轉換領域，專注於廢水處理與碳補集，能源方面的事業

2 只要是活的基因改造生物都有相同的環保疑慮：如果意外跑出去了，會不會威脅到其他有競爭關係的物種，並且擾亂現有的生態系？美國國家環境保護署已經確認了藻類醇公司的藍綠菌在PBR之外的場所都無法生存。這些藻類轉去用於製造乙醇的能量之多，已經無法負擔在做為野生藍綠菌時所需的其他工作，因此無法在野外生存。哈佛大學的科學家潘蜜拉．席佛（Pamela Silver）和詹姆斯．柯林斯（James Collins）在細菌中放入了當作「鎖死開關」（kill switch）的基因，讓這些細菌需要倚賴某些特殊的分子。不過這些分子在自然界中並不存在，需要額外添加到PBR或是飼養池中，不然細菌就會死亡。

可能要後來才會繼續發展。」

我真的深受震撼。到底發生了什麼事？伍茲對於藻類醇公司的產量一直都沒有說實話嗎？公司有伍茲沒有揭露的財務狀況嗎？伍茲賣的是誇大不實的環保產品嗎？一間看起來快要成功的公司為何會失敗得如此突然。

接下來的一年，我都沒有其他消息，藻類醇公司在伍茲掌管的時候，會定時發新聞稿，但之後便默默無聲。到了二〇一八年初，我和藻類醇公司的商務總監賈克・波特－洛塞克（Jacques Beaudry-Losique）談話，問了這些問題。他說：「保羅說每英畝產量九千加侖這個數字是正確的，不過這是最佳數字，而不是整年的平均數字。而且保羅沒有把持續的投資成本算進每加侖酒精的成本中，例如要定期更換磨損的PBR。」當這些成本納入公司的總收支後，乙醇的成本便太高了。在寫作這本書時，每加侖玉米酒精的價格是一點五美元，這是最低的價格，藻類乙醇是無法與之競爭的。

藻類醇公司的董事會改變了公司的方向，發展高價格的產品，好能更快回收成本。現在公司在麥爾斯堡有十四英畝的場地，培養螺旋藻，這種藻類生產的藻青素可以做為藍色色素。波特－洛塞克解釋道：「我們有個新菌株，在生物光反應器中的生長速度非常快，產能是一般在開放池子中螺旋藻的兩三倍。每公斤藻青素的市價是一百七十美元，藻類乙醇只有幾塊錢。」

藻類醇公司認為螺旋藻將會是推動公司成功的引擎，現在可以生產色素，將來可以生產可食用的蛋白質。工程師正想方設法移除加工螺旋藻的苦味，他們希望能把無色無味的的螺旋藻當成蛋白質補充劑銷售，或成為合成肉的成分之一。波特－洛塞克告訴我，藻類燃料還是有希望的，但是這需要看化石油料的市場價格。藻類乙醇就和藻類燃油一樣，不具備競爭力。

# 第8章 藻類燃料的未來

藻類燃料的未來建立在先進的科技和生物工程技術之上。藻類能在多種不同的狀況下，把二氧化碳轉變成的有機化合物，我們需要把正確的物種調整到最佳狀況，並且在我們選定的環境下製造一種產品：燃料。除了要進行基因改造之外，也需要新的實驗技術，更完善的流動水池或光生物反應器，更佳的採收器與更高效的轉換科技。好消息是工程師已經有更先進的工具能讓這些改進成真。

在此之前，測試以找出理想藻類株的工作曠日廢時。首先研究人員要將三角錐瓶放在震盪器上培養許多藻類株。接下來，要把生產力最高的藻類株轉移到大玻璃瓶中培養，然後再轉移到澡盆大小的小型測試池中，或是小型的光生物反應器內飼養。過程需要經過數個月的試驗，才能找出哪個藻類株具備累積油脂的能力，就算是在受到限制的戶外測試中表現依然良好的藻類株，也不能確保最後能夠成功。那些問題一直都存在：水的酸鹼度變化或不同的養分配方，是否能增進油脂的累積量？日照長度和溫度的季節性變化會造成什麼影響？是否有能夠忍受混濁的藻類株嗎？去除水分是用凝聚作用還是微波處理比較有效？實驗水池的數量有限，要找出數百個藻類株的最佳生長狀況，得花上好幾年。

二〇一〇年到二〇一三年間，由政府出資，三十九個公共機構、國家實驗室、大學和公司組成了國家先進生物燃料與生物製品聯盟（National Alliance for Advanced Biofuel and Bioproducts, NAABB），進行各方面的研究計畫。密西根州立大學光合作用與生物能量的漢納傑出教授（Hannah Distinguished Professor）大衛・克雷默（David Kramer），發明了一種他稱之為「環境光生物反應器」（environmental photobioreactor, ePBR）的儀器。這個儀器的大小和形狀類似十人份大小的咖啡機，研究人員可以在ePBR中模擬各種氣候與緯度的狀況，幾乎能組合出任何光度、溫度、鹽度、酸鹼度、溶氧量、二氧化碳濃度、水流、養分，以及其他的戶外狀況。想要知道在德州西部風把沙子吹到池子中的狀況嗎？或是想知道在佛羅里達州的雨水沖淡鹹水池塘的狀況嗎？只要按按開關就可以改變。這臺儀器只要一萬美元（與耗費大量時間的池子實驗相比，根本是小巫）。突然之間，數個測試便可以同時進行了。

但是藻類的種類成千上萬，如果加上自然產生的變異和以生物工程改造的，可能有數百萬種，該放哪些到ePBR中呢？康乃爾大學和德州農工大學的研究人員發明了一種技術，他們私底下將它稱做晶片光生物反應器，正式的名稱則是「高通量液滴微流體篩選平台」（high-throughput droplet microfluidics screening platform），有可能讓篩選候選藻類的速度加快。在晶片上建造PBR的過程是這樣的：在微米大小的水滴中放入一個藻類，然後用差不多大小的油滴包裹水滴。數百萬的這樣的小液滴放在硬幣大小的晶片上。當光照在晶片上時，每個迷你容器中的藻類便開始繁殖，研究人員可以分析這些藻類的生長速度及產油量，以便後續研究。這個儀器可以在短時間中篩選數百萬個細胞，讓科學家大幅加快找出能為生物燃料帶來革命的超凡藻類。

NAABB資助的工程師也在改進流動水池的設計，以解決兩個主要的問題。第一個是輪槳轉動時，附近的池水和藻類的確能順利混合，但是距離輪槳愈遠的地方就愈無法混合均勻，也就是說有部分的藻類沒有接受到最多的陽光。第二個問題是，當水溫下降，藻類的新陳代謝也隨之減緩，所以即使美國南部的氣候溫暖，到了晚上，藻類製造糖的效能也降低了。

二〇一〇年，亞利桑那大學的工程師取得了一個解決池塘設計問題的專利。在這個「藻類流動池整體設計」（Algae Raceway Integrated Design, ARID）系統中，有數個連接在一起的方形水池，每個都稍微傾斜，讓水流到下一個水池。白天時，水會從最高的水池慢慢流到最低的水池，幫浦會再把最低水池中的水打回最高水池中，耗費的能量比輪槳還要少。到了晚上，ARID有另一個招數。在最低的水池下，有一個深且窄的地溝。日落之後，所有的池水會流入地溝，由於土地可以隔熱，加上地溝上面的表面積小，所以相較於標準的流動水池，夜晚的池水溫度下降得比較慢，隔天早晨也比較容易回溫，藻類就能更早開始全力進行光合作用，同時在春天時比較早開始生長，秋天的生長期也可以延長。除此之外，ARID還能減少四成的運作成本。

這些新技術，以及對水熱液化法的大幅改進與其他的發明，可以降低培養藻類的成本，或是提高產量，抑或是同時達到這兩個目的。NAABB結束時，計算出如果培養者採用他們所有的改善方式，藻類燃油的價格可以降到每加侖七點五美元，而一九九五年「水生計畫」估計的是每加侖兩百四十美元。雖然這是很大的進步，至少就價格上更接近化石燃油了，但依然還有一段距離。不過藻類燃油科技完全談不上成熟，還有許多新發明可以增加它的競爭力。

增加藻類產量的方式之一是增加它們蒐集到的光，如此一來，用來製造油脂的能量也會跟著增加。藻類和植物等進行光合作用的生物，其葉綠體中有「天線」，用來蒐集不同波長的光。然而，藻類只用了照射在天線上四分之一的光，其他的能量會以熱或螢光的形式散發出去，否則它自己就會受到物理傷害。藻類為什麼要製造這麼危險的大天線呢？純粹是為了防禦：自己的天線捕捉到了光線，其他的競爭者就捕捉不到了，不然如果競爭者長得更大，便會遮住光線。陸地上的植物最後演化出樹木，也是基於同樣的道理。兩者都耗費能量在沒有生殖功能的結構上（在藻類上的是大天線，在樹木上的是不進行光合作用的組織），以免自己被鄰居遮住了光。

如果你是藻類，那最好把天線張得最大，但如果你是人類，而且想要提高藻類製造油脂的效率，那麼這些大天線就會引發問題。天線太大的藻類，生長能力和製造油脂的整體能力反而會受到限制。這是發生在海洋中的「公地悲劇」（tragedy of the commons）：個體的最佳利益損害了群體的最佳利益（至少對人類來說是這樣）。美國洛沙拉摩斯國家實驗室（Los Alamos National Laboratory）的資深研究科學家理查・賽爾（Richard Sayre）為瞭解決這個問題，以遺傳工程的方式改造了單胞藻

（*Chlamydomonas*），讓它們有適當的天線大小。這些被調整到最好的品系，油脂生產量是野生種的五倍，這是非常大的進步。

賽爾的研究成果只是生物工程改變藻類油脂未來的其中一個例子。美國農業部丹佛斯植物科學中心（Danforth Plant Science Center）的科學家，正在研究其他增加藻類油脂的方式。二〇一六年，詹姆斯·烏曼（James Umen）和他農業部的同事在研究藻類複雜的蛋白質傳訊系統時，有個意外的發現。他們創造了一個具有激脈腸多胜肽（vasoactive intestinal peptide, VIP）基因突變的單胞藻，這個突變會干擾蛋白質的訊息傳遞系統，讓突變細胞製造的油比無突變的細胞更多。除此之外，雖然有比較多的能量放到油脂中，突變種複製速度幾乎和正常速度相同。還有更好的地方：當氮耗盡時，這個突變株會進入高速檔，使製造油脂的速度變為平常的兩倍。

能夠改變的基因遠不只VIP一種。NAABB所資助的科學定出了最好的八種藻類株的細胞核與葉綠體基因組序列，找出至少有五十個基因和油脂製造有關。現在定序一個基因組約需花費一千美元，再加上新的技術，例如能夠製造一連串突變藻類的插入式誘變（insertional mutagenesis），讓我們更容易發現像噴油井般的藻類。

遺傳工程師現在才剛開始研究CRISPR/Cas9這類新型基因編輯系統有多少能耐，這個系統能夠精確地改變特定基因。藉由這種技術，合成基因組公司（Synthetic Genomics）和艾克森美孚聯合投資的計畫最近有了突破性的進展，他們的生物工程師一直集中研究加地塔納擬球藻（*Nannochloropsis gaditana*），這種藻類在缺乏營養的狀況下，天生就能製造大量油脂。研究人員定出了地塔納擬球藻飢餓狀況下加速產油時活躍的基因序列，找到一個可以細微調控細胞，把碳以油脂方式儲存的基因 *ZynCys*。經由遺傳改造，使這些藻類的油脂產量加倍，同時還能維持正常的生長速度。凡特研究所（J. Craig Venter Institute）與早稻田大學的研究人員正在推敲控制藻類生物時鐘的基因。藻類和人類一樣，具有自己的天然晝夜節律（circadian rhythm），在天黑時讓生物進入睡眠模式。研究人員經由生物工程技術，讓藻類以為一直都是白天，在人工光照下，可以一天二十四小時都產生油脂。

即使這些特殊的遺傳改造未來不一定都具備商業用途，它們卻代表現在可以達成的突破。對於藻類油脂的生產而言，這些遺傳改造的影響力才剛剛發揮，將來可以期待。

而在蒐集與處理藻類方面也有進展。總部位於聖地牙哥的全球藻類創新公司（Global Algae Innovations）在夏威夷的考艾島上設置了流動水池，從鄰近的發電廠取得二氧化碳來培養藻類。全球藻類創新公司的專利蒐集器使用了高科技薄膜，從池水中過濾出藻類所需花費的能量是其他方式的三十分之一，能夠大幅減少成本。

現在的水熱液化法也才處於起步階段。賓州州立大學的化學工程系主任菲利普・薩瓦吉（Philip Savage）和同事，利用新的高速水熱液化法：讓化學反應器中的溫度高低變化，而非固定不變，如此一來，藻類轉換油脂的時間會從六十分鐘縮短到六十秒。他解釋道：「藻類油符合經濟效益，高速水熱液化法讓我們能夠縮小反應器的體積與轉換所需的時間，這樣投資成本和運作成本都會下降。」

位於科羅拉多州哥登（Golden）的美國國家再生能源實驗室，該實驗室的人員研究了其他處理方式。董陶（Tao Dong）和同事在一篇二〇一六年發表的論文中指出，一開始先以稀酸處理蒐集到的藻類，能利用糖來發酵，也更容易萃取油脂，同時，得到的蛋白質可以做為高價值產品的原料。他們說這種「結合式藻類處理程序」（Combined Algal Processing），能使每加侖生物燃料的成本降低將近一美元。

把二氧化碳打入池水中，能夠讓藻類的生長速度提升到最快，但是會大幅增加成本。最理想的狀況是獲取免費的二氧化碳，但是在水泥廠或火力發電廠邊很難找到便宜、光照充足又溫暖的地點，就近取得這些設施排放的二氧化碳。如果可以把空氣中的二氧化碳蒐集並且濃縮就好了……。

負碳排放中心（Center for Negative Carbon Emissions）的物理學家兼主任克勞斯・萊克納（Klaus Lackner）就是在研究這件事。萊克納利用市售白色樹脂製作了一種被動式空氣過濾器，這種樹脂能吸收二氧化碳。當空氣通過乾燥的過濾器，樹脂會吸收二氧化碳；當樹脂潮濕時，二氧化碳會被釋放出來，濃度是周圍空氣的百倍。這個過濾器可以無限次重複使用。萊克納希望蒐集到的二氧化碳能夠和某些常見的岩石反應，永久被補集起來，但是這些二氧化碳也可以拿來餵給藻類。雖然他目前設計的機器只有展示用的規模，但絕對值得注意。

如果採納了這些深具潛力的技術，在價格上有競爭力的藻類燃料成真的可能性有多高？我問了藍寶石公司的創立者、加州大學聖地牙哥分校的生物學教授兼藻類遺傳學家史蒂夫．麥菲爾德（Steve Mayfield）將來會如何。他的回答很正面：需要十年，並將會有一百億美元產值。至於我的看法呢？我追蹤這個議題很久了，我認為時間還需要加倍，但產值會是數倍。

這樣的答案讓人沮喪嗎？的確，但並不全然如此。一百五十年來，許多公司、大學和研究機構都一直在發展找尋與開採石油，以及把石油轉變成產品的技術，直至今日還有數萬名石油工程師為此努力著。光是美國在二〇一五年，就有超過一萬一千名畢業生進入了石油工程業。相反地，真正的藻類油料研究從二〇〇八年才展開，現在只有少許學生研讀和藻類油料工程相關的課程。

全世界化石燃料產業的年收入，每年以兆美元計。前六大石油公司的收益每年加起來約五百億美元，如艾克森美孚這樣規模的公司，每年便可以輕鬆花十億美元在石油相關的研發上。化石燃料公司一直受到政府的各種支持，例如耗減扣除費用（depletion allowance）、能註銷掉鑽探的花費、在國內製造的稅賦減免等，加總起來每年將近五十億美元。除此之外，我們從來都沒有要求化石燃料公司或是使用燃料的受益者（幾乎包括所有人）補償因為排放二氧化碳到眾人共享的大氣中所造成的損害。現代經濟的成功，建立在使用化石燃料上，但也因此背負了無數的債。我們最近才知道，人類快速製造出大量的二氧化碳，一直在改變氣候。我們現在才知道依賴化石燃料造成的險峻後果。

沒有人知道人類亂排的二氧化碳造成的經濟損失到底會有多少，但如今已經證明損失無可避免，而且還持續增加中。美國國家海洋暨大氣總署估計，美國在二〇一七年，有十六件造成超過十億美元損失的天氣災害，總損失為三千零六十億美元。二〇一七年《哈佛商業評論》（*Harvard Business Review*）中的一篇文章指出，到了二〇二五年，因為變遷造成的災害：颶風、水災、因空氣汙染而停工、乾旱使得國內或國際間人民遷徙所造成的騷動與不安、珊瑚礁死亡、野生魚群數量減少、傳染病和空氣汙染造成的氣喘與肺癌、火災、防洪工程、空調需求增加，以及其他的衝擊等，所危及的美國經濟價值為兩兆兩千億美元。這項推測其實低估了。聯合國跨政府氣候變遷研究小組（IPCC）蒐集了六千份跨國研究，預測到了二〇四〇年，全球氣溫會比工業時代前提高攝氏一點五度，屆時經濟損失會高達五十四兆美元。如果氣溫升高攝氏兩度，損失會相當於六十九兆美元。

所以用一百億（兩百億或三百億）美元研究藻類油料，只是化石燃料研發經費的一小部分，相較於全球暖化持續下去所造成的數十兆美元損失，更是微不足道。而要讓風能和太陽能發電成為可靠的電力來源，需要的補助更多。交通工具使用化石燃料所排放的二氧化碳，占了全球碳排放量的百分十四。花上三百億美元進行研究，便可能降低使用燃料所造成的二氧化碳排放，怎麼看都很划算。

不過你可能會想：那我們全部都開電動車就好了，何必理會藻類燃料？

實際上的狀況是，當二〇〇八年企業界首度投資藻類燃料時，電動車根本還不存在。許多電動車本身不會排放二氧化碳，但那只是用發電廠取代了排氣管而已。舉例來說，在美國南部與西部、中國、印度，電動車的電力來自火力發電廠，這些電廠主要燃燒的是煤。燃燒天然氣來發電所造成的空氣汙染是燃煤的一半，但依然會產生大量的二氧化碳。除此之外，最近刊登在《科學》上的一篇分析報告指出，天然氣田和運輸管路所漏出的甲烷量，要比官方估計的還要多。雖然甲烷在大氣中消失的速度比二氧化碳快（因為甲烷容易發生化學反應），但是在這短期內，等量甲烷造成的溫室效應是二氧化碳的七十倍。也就是說，少量的甲烷洩漏會造成強大的氣候衝擊。只要天然氣的漏出比例超過百分之三，就相當於燃燒煤。所以，電動車的電力必須來自再生能源或是核能，才能有效改善使用汽油的狀況。

就算我們預期在路上跑的電動車會大幅增加，並且不切實際地樂觀認為這些電動車的電力全部來自於太陽能、風能、水力或是核能發電，還是得注意下面這件事：根據航空運輸行動組織（Air Transport Action Group）這個業界團體的估計，全球交通運輸所排放出的二氧化碳中，有百分之十二來自於噴射機。根據《科學人》（*Scientific American*）的文章，如果把全球飛航運輸當成一個國家，那麼將會是世界上第七大的二氧化碳排放國，因為所有的噴射機每年的燃料量是九百億加侖。除此之外，全球航空運輸持續成長，每年以百分之五的比例增加。除了航空運輸之外，還有船運，約占了全球碳排放量的百分之三到四。大型噴射機和貨櫃船無法只依賴電池就在世界各地移動。如果在本世紀中，噴射機和船舶使用藻類燃料，我會認為這是環保的重大勝利。[1]

就算這個目標比較容易達成，我們距離成功還是很遙遠，但有件事我會放在心頭：第一家能夠製造藻類油料的公司十年前才成立，對於要發展出一種新能源所需的漫長過程來說，就好像是昨天的事情而已。在遺傳學、培養方式，以及藻體轉換成油料上的進展，將會推動藻類燃油的成功。把藻類的礦物成分加以販售或回收再利用，也有助於降低價格。

這全部都和錢有關。如果化石油料的價格高到每桶一百美元或是更高（而且確定會一直維持高檔），我們便會給予必要的投資。不過現在的原油價格遠低於這個數字，除了ＧＡＩ與艾克森美孚之外，沒有其他的公司願意提供研究藻類燃料的經費。

政府和學術單位的支持極為重要，大部分的科學進展由水生計畫和ＮＡＡＢＢ資助。油價高的時候，民間企業也不會花時間研究各種藻類或是生產的方式，因為企業需要盡快進入生產階段，以便獲取收入。現在這個領域的研究經費來自於能源部的生物能源科技辦公室（Bioenergy Technology Office）以及能源高等研究計畫署（Advanced Research Projects Agency-Energy），他們一直資助一些篩選過的小型計畫，給予大約四千萬美元的經費（川普政府還威脅說要大幅刪減這筆經費）。我們應該進行更多研究。回想當時的太陽能發電和風力發電，多年來一直受到政府大筆經費的支持，如今皆已商業化運轉，成為愈來愈重要的能源。

全球暖化的經濟損失每天都在增加，更不用說相關的社會與政治成本。限制碳排放的政策要推動就像政府支持研究的政策一樣，無疑是困難重重，不論是抽取碳稅（並且再分配）、總量管制與排放交易（cap-and-trade）或是其他措施是如此。到最後氣候變遷造成的痛苦終將讓我們能克服這些困難，但是二氧化碳濃度持續增加，已經沒有時間可以浪費了。我們可以從藻類製作出交通運輸所需要的燃料，但這的確是個非常困難的問題，得降低藻類燃油的製造成本，並同時逐漸提高能夠反應出化石燃料真正成本的售價。

1 如果要用藻類燃油取代美國每年一百七十億加侖的噴射機燃油，需要多少土地呢？假設每英畝能夠生產一萬加侖，則需要一百七十萬英畝，這個面積比德拉瓦州稍微大一點。如果要取代一千七百五十億加侖的化石汽油和柴油，需要的面積相當於西維吉尼亞州。聽起來好像很多，不過美國的耕地中有兩千萬英畝用於種植生產乙醇的玉米。培養藻類可以在乾燥或是半乾燥的土地上，美國西南部就有足夠的土地可以利用。

# 第四部　藻類與氣候變遷

# 第1章　珊瑚蟲黃藻

我站在潛水船的船舷邊緣，蛙鞋前端懸在閃亮的湛藍海水上，這裡是大巴哈馬島（Grand Bahama Island）的外海。早晨的風很溫暖但有些強，矮矮的白浪讓甲板上下左右搖晃，所以我無法確定我的胃在肚子裡翻攪到底是因為緊張還是因為波浪。不過有四件事情可以確定。第一，我一定要完成這第一次在開放水域中的水肺潛水。我得潛四次才能夠拿到水肺潛水的執照。第二，我這一團中有其他八位潛水者正等在我後面準備下海，相信他們已經不耐煩了。第三，在熱帶陽光的照射之下，我穿戴著潛水裝、蛙鏡、浮力背心和蛙鞋等，熱得像是在蒸籠裡。最後，我背著三十磅重的加壓空氣瓶，腰上繫著十四磅的配重帶，根本無法好好站直。

但是我仍舊站在船邊，怕得不得了。

其他的潛水者都是年輕夫妻，他們之前就取得了執照，現在是來度假或是度蜜月的。但我來珊瑚礁不是為了玩，而是來做研究。雖然珊瑚礁只覆蓋了地球百分之一的海床，但是有三分之一的海洋魚類其生活史中至少有一段時間會居住在珊瑚礁。年幼的生物躲在珊瑚礁的縫隙孔洞中，比較不容易被掠食者吃掉。珊瑚礁也是海底的防波堤，能夠讓海浪的能量消散高達百分之九十七，防止海岸線遭受侵蝕。如果珊瑚礁消失，島嶼也將漸漸步上它的後塵。

珊瑚礁也有很重要的經濟價值。根據世界自然基金會的資料，地球上的珊瑚礁每年所提供的產品與服務，價值約三億美元。聯合國農糧組織報告，全世界百分之十七的蛋白質來自於珊瑚礁。有十億人在某種程度上依靠珊瑚礁出產的食物與提供的保護，或是倚賴珊瑚礁才有工作。在印尼，全國兩億五千萬人主要的蛋白質來源是珊瑚礁魚類。珊瑚礁七彩炫麗的景象讓人的心靈獲得無價的滿足。然而以上種種，如果沒有藻類就什麼也不存在了。

所以我才會在這裡，讓自己處於恐懼之中。這些美景、這些喧囂的海洋生命、這些收入與工作，全都依賴生活在珊瑚中的藻類。那些魚類、軟體動物、海葵、龍蝦等珊瑚礁動物，都是直接或間接以吃藻類為生。藻類緊緊維繫著珊瑚礁。如果沒有藻類，珊瑚礁會崩潰，其中的居民會消失。細柔的白沙也會不見，因為這種白沙幾乎都是來自可愛的綠色海草仙掌藻（*Halimeda*）的碳酸鈣殘骸。如果沒有藻類，熱帶海洋將會是水中的沙漠。

「別往下看！」我的潛水教練亞倫來自南非，他是一位有著捲髮的可愛美少年，他催促我說：「眼睛盯著海平面，跨大步出去。」

除了下水之外我別無選擇。我右手壓住面罩和呼吸器，左手按在配重腰帶的扣環上，大步進入廣大的海洋。我落入水中，猛然掉到水面之下，又在一連串氣泡後馬上浮到水面。我的充氣背心讓我的頭維持在水面上方，我持續藉著呼吸器呼吸。心臟緊張得怦怦跳，不過冷涼的海水滲入潛水衣中，讓我平靜一些。我用拇指和食指比出ＯＫ的手勢，踢水離開船邊。

其他潛水者一個接著一個跳入水中，亞倫用手勢告訴我們要往下潛了。我的潛水同伴個個把背心的充氣口高舉過頭，讓背心裡的空氣洩掉，頭上腳下地沉入水中。我也照著做，慢慢潛入水下，一連串的氣泡飄到我的頭頂上。

但是過沒多久，大約下潛到六呎深的時候，我便打住了，身體沒有辦法繼續往下，我的腳也慢慢往上浮。我想要把腳往下壓，但是辦不到，它們好像有自己的意志。當腳往上浮的時候，我的軀幹也往後斜，這個姿勢就好像準備要後空翻一樣。我的腳朝天，彷彿被一個磁鐵吸住似的，我瘋狂揮動雙臂，想要脫離困境，但是完全沒有用。

亞倫游過來解救我。他幫我把身體弄直，從我的潛水背心中拿出一些鉛塊，移到我的腰帶上，又從自己的腰帶上拿出一些到我的腰帶裡。他做手勢告訴我吸氣要緩慢，呼氣要悠長。他抓著我的腳踝，我們頭朝下地游去，半途他鬆手，讓我自己繼續往下游，慢慢抵達白沙海底，那裡就像水底的沙灘。我雙膝併攏跪下。雖然海面上有風浪，但是我周圍的水完全不動，身旁的潛水者好似封存在玻璃中一般。

我們要做的第一件事情是一個一個演示使用水肺的技巧，例如把面罩脫下來用水洗乾淨之後戴上，操控備用呼吸器等。結束之後，亞倫往上指，雙臂交叉貼在胸前，用海豚的泳姿游動，我們隨意地排隊跟上，慢慢前進。今天是放鬆的日子，我們只是觀光客，來熟悉一下海底的狀況，在一小時的潛水行程中慢慢游過珊瑚礁。一群深藍色的魚加入我們這群好奇觀光客的行列，剛好在伸手可及處之外的距離泅泳，牠們的身體像沙拉盤一樣又圓又薄。一條茶盤大小的天使魚從我們面前游過，牠有著漆黑與橙黃色的條紋和美麗的藍色吻部。其他的魚有著不可思議的顏色和花紋（例如斑馬的條紋）從我們的身邊和底下游過。在眼前水深的地方，有一群幾百條（不，應該有幾千條）小刀狀的銀色小魚，牠們同時翻轉游動時，反射出一片亮光。

我們離開了白沙海底，游向新的地區：珊瑚礁。到處都是珊瑚，有橘色小樹苗狀的珊瑚，旁邊還有個餐桌大小的腦狀珊瑚。我看到數公尺遠處有黑色的扇子狀珊瑚、綠色蕨葉狀珊瑚、從海底長出六呎長的鏽紅色線狀珊瑚、像是分支燭臺的珊瑚，以及一群手指狀的橘色珊瑚與分支糾結在一起如同曬乾滾風草的珊瑚。有些高大的珊瑚看起來像是墨西哥仙人掌，只不過顏色很奇怪：有的是綠色，有些是灰綠色，還有一個是淡黃色的。

我也看到很多藻類，事實上它幾乎長滿了所有的岩石，也長在許多珊瑚上，有死的也有活的。我看到底下有一個大圓石，便慢慢吐氣，讓肺部縮小，好下沉就近觀看。那個大圓石其實是覆蓋了一塊塊紅色和橘色藻類的珊瑚，就像是一群六歲的小孩子拿著灰粉顏料桶揮灑出來的結果。

這些塊狀灰粉是殼狀的珊瑚藻（coralline algae）。這種藻類屬於紅藻，通常帶有玫瑰般的粉紅色澤，但也有紫色、藍色和灰色，每座海洋中都有。它們的生長速度緩慢，會像一層殼那樣覆蓋岩石、貝殼和其他珊瑚的表面。這種藻類的細胞壁中有堅硬的碳酸鈣沉積物，所以像是活著的石灰岩，隨著時間，一層蓋上一層，愈來愈厚，把其他外來的各種碎片納入，成為岩石般堅硬的礁石。

殼狀珊瑚藻不只製造礁石，也讓礁石愈來愈多。牡蠣、螺類和淡菜的幼蟲會隨水漂流，牠們需要找到可以依附的堅硬表面，才能變形為成熟的形態。這些藻類會製造化合物吸引幼蟲前來附著，就像房地產業務賣房子時會烤餅乾讓香味散發出去一樣。當幼蟲定居下來後，珊瑚藻疙瘩不平、深深凹陷的表面可以抵抗掠食者，就像城堡那樣。

草皮海藻（泛指所有長在底層的低矮海藻）就像我家池塘底長的那些，它們也會附著在珊瑚藻的頂端。不過草皮海藻會遮住珊瑚藻所需要的陽光，因此珊瑚藻表面的細胞會定期剝落，來趕走這些不受歡迎的親戚。魚兒也意外地幫了忙，我看到一些小魚，有些是黑藍相間，有些則如同金魚般的顏色，會衝到圓圓的珊瑚那裡，啄食草皮藻類，像是路邊啄麵包屑的鳥兒。我飄在這裡，著迷地看著，忘記了時間的流逝。

突然，有人猛扯我的蛙鞋，讓我回過神。轉頭一看，原來是亞倫。他一手拿著由管子連接在背心上的壓力計，另一手指著它。他是在問我的氣瓶中還有多少氣。其實我應該每十分鐘檢查一次壓力計，但我忘了。我笨手笨腳地從腰部拿出壓力計，斜著眼睛看過去，上面的讀數是1200psi，已經用了超過一半，但是並不會有危險。我把一根手指放在手腕上，然後伸出兩根手指。他打手勢說「好的」、「等一下」，然後游走去詢問團裡的其他人。五分鐘後我們又聚集在一起，開始回頭，刻意從珊瑚礁上越過，往船游去。我在梯子上將蛙鞋脫下丟上甲板，然後爬上船。

我已經準備好下次潛水了。

兩天後我們進行了這趟旅程最後一次潛水，這次是在夜間，而且完全是為了遊樂。我在潛水碼頭，毫無畏懼地大步跳入黑暗，然後浮在漆黑的水面上，等著其他同團的人集合。我們的手腕上繫著潛水燈，前往距離碼頭只有十分鐘泳程的垂直珊瑚礁。那裡並不深，而且還有微弱的洋流推動，所以我幾乎不用擺動蛙鞋。我在這可怖的黑暗中游動，燈光揭露了一個迥然不同的海洋。白天的海水清澈無比，但是現在我看到水中布滿細微顆粒，在燈的照射下散著白光。好似我突然打開了一扇久未使用房間的緊閉房門，攪起一片閃閃發亮的灰塵。不過這裡的灰塵是活的，是浮游生物，以及章魚、鰻魚、螺類、藤壺和淡菜的幼蟲。牠們的數量多到數不清，全都游動著希望能遇到藍綠菌或是微型藻類，把它們抓起來吃掉。

我們抵達珊瑚礁，一開始，光從黑暗中照出的魚群就讓我目瞪口呆。藍色、黃色或銀色的魚四處游動，一下子進入光照的視野中，又迅速消失。不過真正讓我震撼的是珊瑚礁本身，它們非常奇特，像是開著花。叢狀珊瑚的分支上開著精緻無比的雛菊，一塊岩石上鋪著硬幣大小的黃色花朵，樹枝狀珊瑚上則裝飾著粉橘色的花瓣。我愈是靠近，看到的花朵便愈多。有些只有指甲大小，有些像ＢＢ彈大小，有些則像乒乓球那麼大。在光線的照射下，這座珊瑚礁宛若花園，在黑暗的海洋中生氣勃勃地綻放出炫麗動人的一面。

這些花朵並不是為了吸引傳粉者，牠們是正在掠食的動物——水螅體。柔軟、透明而且固定不動，牠們是珊瑚活著的部分。那看起來像花瓣的部位，是水螅體管狀的觸手，伸展出去，被刺螫到的獵物不是麻痺，便是死亡。水螅體在攻擊之後，會收回觸手，把餐點送入有多條觸手圍繞的中央消化腔中。這些餐點通常是浮游動物，但是大的水螅體可以抓住小魚。天亮時，水螅體會縮回牠們堅硬的外骨骼中，這個結構能提供保護，也能持續經由分泌出來的碳酸鈣來增加。

水螅體晚間華麗的獵捕行動所捉到的食物，只占牠們所有營養的一成，其他的九成來自於生活在水螅體觸手與腔道組織間的微型藻類，這些看不到的生物才是真正的生產者，提供了九成的營養。通常一個水螅體中有數百萬個蟲黃藻（zooxanthellae）居住其中。蟲黃藻會接收陽光，從水中提取二氧化碳，產生糖類，其中大部分都會漏出來給宿主。最近生物學家發現蟲黃藻對於在甚少陽光照射到的深水珊瑚也非常重要，深水珊瑚有一種蛋白質能夠發出磷光，讓蟲黃藻製造糖。

蟲黃藻可以獨立生活，精確來說是在宿主體外生活，

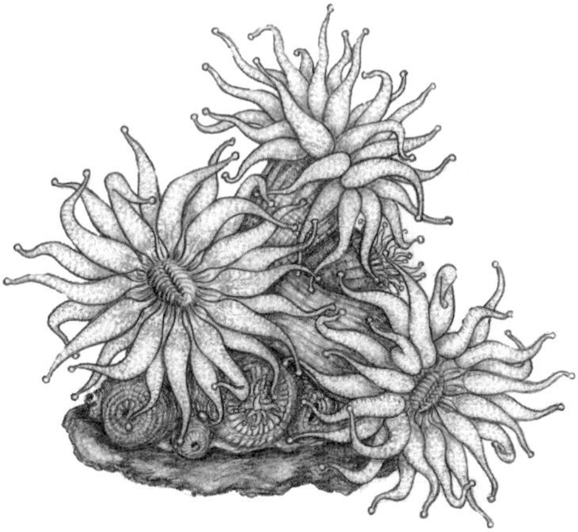

珊瑚水螅體

但是如果珊瑚失去了寄居的藻類，幾乎在數個月內就會死亡。不過蟲黃藻和珊瑚之間的關係並非單向的。水螅體會排出二氧化碳，這是蟲黃藻用來合成糖的原料，水螅體吃下的浮游動物中的氮有些也會由蟲黃藻利用。

蟲黃藻和珊瑚之間的關係，是地球上最親密重要的共生關係，牠們是互利合作的模型，但是蟲黃藻也可以和其他動物生物好好生活。許多海綿、海葵，一些軟體動物、海蟲和水母也需要依賴住在體內的蟲黃藻。珊瑚和其他這些動物鮮豔的顏色，來自於蟲黃藻和其宿主的色素。

健康的珊瑚礁中生機盎然，甲殼動物在縫隙中進進出出，海星在珊瑚礁上攀爬，水母快速游動，魚群以驚人的同步方式前進或改變方向。珊瑚礁粗糙的表面上全部住滿了動物和藻類，彼此競爭領域。但是珊瑚礁中的生物為什麼如此豐富，其實是個謎：淺而溫暖的海水中缺乏養分，特別是氮。但為何養分那麼少？真正的問題其實是為什麼比較冷的海水中有那麼多的影響成分？答案是：地點、地點，與地點。

在溫帶氣候地區，表面的海水到了秋天，溫度開始下降，密度隨之增大，便下沉了。當頂層的水下沉，下層的水就被迫往上移動，這個過程稱為「湧升」。比較深的水含有大量浮游植物的殘骸，它們是穿過大部分生物所居住的區域掉落下來的。當這些養分在秋天湧升時，便為海洋添補了食物，飢餓的微小生物開始大吃大喝，然後繁衍，讓水都變濁了。但是熱帶淺海的水溫幾乎不會變化，也很少有季節性的湧升，在食物鏈底端的生物比較少，所以海水清澈無比，因為水中幾乎沒有微生物。

那麼熱帶珊瑚礁中有豐富多樣的動物，又要怎麼解釋呢？答案是效率。珊瑚礁生物取得和再利用了所有能得到的養分。浮游動物吃藻類，魚和珊瑚水螅體吃浮游動物，牠們死亡分解後又成為藻類的養分。雖然有些稚魚能夠長大離開珊瑚礁，偶爾發生的暴風，鳥類糞便，和河流也會帶來一些新的養分，但總體來說，珊瑚礁類似巨大的水族箱，是個封閉的系統，非常依賴資源回收。

珊瑚礁生態系很脆弱，小小改變引發的附帶效應便能引發巨大的變化。拿水溫來說，最近四十年，溫室氣體增加，使得海水表面的溫度增加了攝氏零點五度，聽起來很少，但足以使蟲黃藻的光合作用效率增加。光合作用效率增加聽起來好像很棒，有更多糖和氧氣可以給水螅體用，不是嗎？但真相並非如此。並不是所有含氧分子都是相同的。在強紫外線和溫度造成的壓力之下，蟲黃藻會製造比較多超氧化物（superoxide）。這種含氧分子帶有一個負電荷，參與化學反應的能力非常強，就像分子鞭炮，會傷害葉綠體和粒線體，摧毀脂質和ＡＴＰ，破壞細胞膜（事實上，動物的免疫系統便是謹慎使用這種分子來破壞入侵的細菌和病毒。）當水螅體察覺到過度活動的蟲黃藻，就會把藻類排出。由於水螅體本身是透明的，外骨骼由白色的碳酸鈣組成，當綠色的蟲黃藻被排出之後，珊瑚就變成了白色，於是有「珊瑚白化」這個詞。

如果暖化是暫時的，水溫很快就恢復正常，珊瑚會歡迎蟲黃藻回歸並且恢復原貌。但是如果狀況沒有改善，水螅體最後會餓死。以前聖嬰現象這種天氣模式出現時，海水變暖，便出現了珊瑚白化事件。但是現在這種週期性的溫度上升再加上長時間的氣候暖化，使得珊瑚沒有時間恢復，出現了永久的損傷，而且發生的地區持續增加。

除了發生在珊瑚上的慘況之外，當肥料和汙水進入海岸水域之後，也會危害蟲黃藻。數百萬年來，這些藻類已經演化成能生活在某些濃度的氮、磷和其他礦物質中，但那些沖刷到海中的成分改變了這個狀況，攪亂了藻類適應的平衡狀態，而且通常會引發負面效果。舉例來說，英國南安普敦大學（University of Southampton）的研究人員發現，額外的氮會導致蟲黃藻難以吸收維持細胞功能所需的磷，使它們挨餓。

造成疾病的細菌和草皮藻類也會吸收氮，草皮藻類完全覆蓋住珊瑚表面，形成毛茸茸的綠色地毯。過去草皮海藻從珊瑚上長出來的時候，小丑魚、石斑魚、刺尾魚、鯛魚和棘冠海膽會很有效率地馬上把它吃掉。但是在加勒比海域，過度漁撈使得有益又美麗的生物大量消失，無法完成保持珊瑚乾淨的例行工作。還有更糟的事情。三十年前有種神祕的疾病殺死了九成的海膽，這些移動緩慢的生物看起來像是插滿長針的針墊，到現在數量都還沒有恢復。於是珊瑚上的草皮海藻太多，遮住了蟲黃藻所需要的陽光，蟲黃藻無法產生夠多的糖給自己和伙伴使用。然後，最後一擊是珊瑚幼蟲無法棲息在有草皮海藻覆蓋的珊瑚礁上。

在巴哈馬的一次潛水時，我們從數百公尺長的死亡白化珊瑚叢殘骸上面游過，那景象真是怵目驚心：白色的沙地有如荒漠，散落著破碎的珊瑚骨骸。因為高溫、逕流物造成的傷害，以及草皮海藻的大量覆蓋，蟲黃藻已經消失，這裡最後變成了海底荒原。佛羅里達的珊瑚礁幾乎全部消失了。加勒比海域中的活珊瑚在過去三十年來已經消失了六成。澳洲大堡礁（Great Barrier Reef）北部與中央部分有百分之三十五已經死亡，其他剩下的珊瑚中有百分之九十三受到各種程度的影響。放眼未來，情況嚴峻，許多專家認為，大多數的珊瑚礁生態系最遲會在本世紀中期消失殆盡。

的，那些較大珊瑚原來是從波奈島各珊瑚礁蒐集過來長大而成的。這些小珊瑚塊掛在樹枝上，能避免被沙子蓋住以及受其他生物附生，要捕捉路過的浮游動物時，競爭者也比較少。牠們也有寬廣的生長空間。這些好處都讓苗圃中的珊瑚比在野生狀況下生長得更快。

我今天的第一件工作，是用八吋長的釣魚線和一截金屬管，綁住一塊琥珀色珊瑚塊的中間部位，並留下一個索套。接著，我握住索套，娜塔莉雅會用鉗子壓緊金屬管，讓它固定在珊瑚上。然後我利用索套上留下的長線，穿過樹枝上的一對孔洞（一個洞在上，另一個在下）娜塔莉雅會用金屬管套在線末端壓緊，這樣線就不會從洞中滑出來了。我們重複這個過程，把所有的珊瑚塊都掛在樹枝上。

在陸上的話，這聽起來好像很簡單，但對於我這個潛水新手來說卻困難無比。我每吸進一口壓縮空氣，就會往上浮一點點，呼氣時又會往下沉一些。這天早上的緩緩水流一直把我推離「樹」。還有另一個問題。我腳上的蛙鞋有二十四吋長，只要蛙鞋意外觸碰到海底，捲起的沙子就會遮蔽視線，我們得等到海流把這些沙子清走之後才能繼續工作。不過我還是把所有的珊瑚塊都掛到樹枝上了。接下來，要幫娜塔莉雅進行每週清理苗圃的工作。我用一小塊藍色菜瓜布，擦去附著在樹枝和絲線上的草皮海藻，並且把寄生的海螺挑走。草皮海藻會一直冒出來，而且生長得很快，上週清理過，這週又全部長滿在樹枝上。這個狀況清楚地點出小丑魚和其他吃海藻的動物消失之後，這些海藻很快就會蓋住了珊瑚。

娜塔莉雅指著一條絲線，有個橘黃色類似毛毛蟲的動物正慢慢往下爬，那是肉冠火刺蟲（bearded fireworm, *Hermodice carunculata*），長約三吋，特別喜歡吃珊瑚水螅體。她警告我要注意那些蟲：牠們看起來人畜無傷，但是如果我碰到那些棘刺，神經毒素就會注射到我的體內，引起的疼痛會持續數個小時，甚至可能得去醫院。火刺蟲在生態系中有其地位，但不是在這個苗圃中。之前娜塔莉雅告訴我，如果看到火刺蟲要從中間切斷，但是她後來發現牠們就像水螅，切斷後會變成兩個個體。她現在的做法是用鉗子的尖端夾起火刺蟲，放到有蓋子的垃圾桶中，回到陸地上，這些火刺蟲暴露在空氣中便會死亡。

我們接下來的工作是蒐集已經可以移植的珊瑚。我跟在娜塔莉雅後面，游過一群掛著珊瑚的樹木，這些珊瑚掛在那裡一年了，已經和我的手臂一樣長，並且有複雜的立體分支。這些珊瑚長得很密，足以遮住掛著它們的樹枝，所以那些樹看起來像是非常特別的橘黃色針葉樹。娜塔莉雅的工具袋中有各種用品、袋子與瓶子，她從中拿出一把剪刀，把十幾個比較大的珊瑚剪下，並撿出繩線要丟掉。我們手上滿滿的珊瑚，現在游往牠們永久的新家。

移植珊瑚的方式有兩種。一種是以海水用樹脂把牠們黏在岩石上。這是個好方法，但是找到適當的地點並且把岩石鑿平好讓珊瑚能夠黏上，很花時間。今天娜塔莉雅和我採用另一種方式：把珊瑚綁在鋼筋製成的骨架上，這些鏽紅色的骨架長約十呎，高約一呎，一端牢牢地插在海底。今早我要做的事情是把珊瑚固定在鋼筋上，讓珊瑚碰觸到鋼筋的面積最大。對新手來說這個工作簡單：把珊瑚固定在金屬上，順便也固定住自己，這時娜塔莉雅會游過來用耐用的塑膠繩固定住珊瑚。如果一切狀況良好，珊瑚長大後會蓋住鋼筋骨架，並且長得像是之前消失的珊瑚叢一般。

在回到水面之前，我們去看了這裡其他幾十個這樣的珊瑚籬笆，波奈島海域有七個這樣的地方。有些籬笆上面的橘色鹿角軸孔珊瑚長滿了分支，彼此交錯，已經完全遮住鋼筋。對於重建這個世界的美麗景觀，我做出了小小的貢獻，讓我覺得驕傲得不得了。

但是就長時間來看，這個方法真的有用嗎？

怎麼會有用？畢竟我們依然持續焚燒化石燃料，把溫室氣體排入大氣。這些額外的氣體額外造成的熱，有九成由海洋吸收。每隔二到七年，聖嬰現象便會出現。二〇一五年的聖嬰現象造成史上最大的地表溫度上升紀錄：高達攝氏二點八度，持續的時間也比以往要長。二〇一四年，一篇刊載於《自然氣候變遷》（*Nature Climate Change*）上的研究指出，由於海水的溫度上升，未來聖嬰現象出現的頻率會加倍。隨著氣候愈來愈暖，細菌造成的疾病只會愈來愈猖獗。陸地上的降雨增加，把沉積物和肥料沖刷到海中。雖然島上的政府正在改善汙水處理與排放系統，但是問題不會在幾年內解決。所以，在同樣持續惡化的環境中栽種珊瑚的計畫會成功嗎？

隔天我和珊瑚復育基金會在波奈島的協調員弗朗切斯卡・維爾迪斯（Francesca Virdis）坐在一起談論未來。珊瑚復育基金會致力於發展簡單、便宜又容易照做的珊瑚復育技術。該基金會目前在佛羅里達礁島群有五個大型的復育場所，在波奈島有七個。

維爾迪斯三十九歲，身材修長，深色頭髮，細緻的五官讓人聯想到文藝復興時代的聖母像，恰好她又帶點義大利口音。她在地中海的薩丁尼亞島長大，全家都非常熱衷於各式海上活動，特別是水肺潛水。她十歲時也開始潛水。她說薩丁尼亞島海域中沒有珊瑚礁，不過她小時候會探索海下隧道、洞穴、沉船，看著銀色的梭子魚群和其他大型魚類游動。得到海洋學碩士學位之後，她進入義大利的石油公司，主要工作是維護海外鑽油平臺的環境安全。

她的職業生涯非常順利，她說工作穩定，薪水也高，特別是和其他做研究的同學相比。「在義大利，基本上海洋科學家前十年的工作幾乎等於無償工作。」不過在石油業中工作還是有缺點，特別是要應付「非常男性化的工作環境」。她懷念做研究的時光，也喜歡教書。為了滿足教學的熱忱，她取得了潛水教練的執照，在週末教授水肺潛水。但過了五年，她還是痛恨自己的工作，決定暫時離開，在伙伴潛水中心擔任教練一年，同時增加英文能力。她希望英文改進之後能得到新的工作機會。

在波奈的計畫從一年延長到兩年，然後是三年。二〇一〇年初，該中心決定贊助珊瑚復育基金會，並且向政府申請設立珊瑚復育區域。維爾迪斯一開始就加入了這項計畫，到現在已經過了八年，她依然歡喜地參與這個計畫，只不過薪資不是特別豐厚。現在她一半的時間擔任中心的潛水教練，另一半的時間則擔任珊瑚復育基金會在波奈的協調員。

珊瑚復育基金會的工作是基於幾個還沒有經過證明，但是很有可能成真的論點。其中一個認為，在過去二十年來大規模白化與疾病侵襲之後，有些鹿角軸孔珊瑚和麋鹿角珊瑚之所以依然存活，是因為牠們具有一些特別的基因，讓牠們有優勢能夠活下來。維爾迪斯和她的同事相信，從這些強韌存活的珊瑚上取下片段，培育之後再移植到其他地方，能增添珊瑚礁恢復的力量。

珊瑚復育基金會同時也相信，基本上藉由人工交配，能使復育工作成功。鹿角軸孔珊瑚和麋鹿角珊瑚主要的繁殖方式都是無性生殖：珊瑚的某個片段掉落，在其他地方立足，長大成新的珊瑚。這個方式讓珊瑚能有效地持續在周圍地區繁衍，但是無性生殖也有風險，特別是環境變化的時候。這些複製出來珊瑚的基因組完全相同，如果牠們的基因無法應付新環境中的挑戰（例如汙染、高溫），就會全部死亡。

幸好這不是珊瑚唯一的生殖方式，牠們有一年一度縱慾的時節。每年當中有大約二十四到四十八小時，珊瑚會同步繁殖。在加勒比海地區，繁殖的時間總是發生在八月或九月某個月圓之後四到六日的夜晚（依照海水溫度而定）。當這個時間到了，鹿角軸孔珊瑚、麋鹿角珊瑚和其他數十種軸孔珊瑚（acroporid coral）會同時製造卵子和精子並且釋放出來。這些配子看起來像是細小的粉紅透明氣球，數量多到數不盡，慢慢隨著海流或潮水，斜斜地浮到水面。珊瑚產卵是海洋世界的奇觀之一：光線照到水中，可以看到粉紅色流星雨緩緩上下飄動。在水面上，風和波浪讓氣球破裂，來自不同珊瑚的卵子和精子混合在一起。

幾天後，精卵結合後形成的胚胎，發育成具備游泳能力的浮浪幼蟲（planulae）。浮浪幼蟲會朝海底游動，附著在物體上。但附著成功的比例非常低，絕大部分的精子和卵子沒有結合在一起，大部分的浮浪幼蟲也沒有抵達適合的位置。即使是已經成功固定下來的個體，在還沒有分泌出足夠的碳酸鈣保護自己之前，也很容易被掠食者吃掉。不論如何，自古以來，這個美麗又緊張的有性生殖過程可以製造出遺傳組成稍有不同的水螅體。

在一九八〇年代中期之前，波奈島的珊瑚礁上，擠滿鹿角軸孔珊瑚和麋鹿角珊瑚。如果就近觀察這些珊瑚，可以發現各叢之間有些微的差異，例如有些顏色比較深，或是分支比較粗。這些外觀上的差異（也就是表現型），反應出牠們不同的遺傳組成（也就是基因型）。有時候這種差異只是湊巧，但有時候卻反應出了海洋環境中相鄰區域之間可能會有的些微不同（例如水的清澈程度）。在這些區域生長的珊瑚會演化，以在這個特殊的角落中繁衍。由於鹿角軸孔珊瑚和麋鹿角珊瑚當時數量很多，而且很多珊瑚彼此之間的距離近到能夠交配，牠們的配子會持續混合，產生能夠熬過困境的多樣性。

但現在不論是在波奈島還是在世界其他地區，都只有零星的珊瑚殘存，這些珊瑚彼此之間的距離太遠，不容易進行有性生殖，讓遺傳物質混合。鹿角軸孔珊瑚和麋鹿角珊瑚在沒有人類的幫助之下，無法產生適應環境迅速變化所需的遺傳多樣性。

這就是珊瑚復育基金會的工作人員和志願者能夠幫上忙的地方。他們蒐集這些表現型稍有不同的珊瑚（或僅僅是遠方來的珊瑚），並繫上說明不同表現型的標籤。這些各不相同的珊瑚片段在苗圃中長大之後，會移植到岩石或是鋼筋上，讓牠們的配子比較容易受精。他們希望能適應波奈島目前狀況的新基因型會出現。依照這個思路，新的浮浪幼蟲能夠存活下來，是因為牠們的基因來自最頑強的存活者。

維爾迪斯和同事會持續追蹤在人造珊瑚叢上不同基因型珊瑚的狀況，決定出在五個地點中哪些珊瑚生長的速度最快。不幸的是，在實驗室中生長繁茂的基因型和海洋中特殊地點中繁衍良好的基因型，兩者之間並沒有關連。在野外有太多的變數（溫度、洋流、掠食壓力、混濁度等）會影響珊瑚的生存。只有在棲息地觀察，他們才能找出趨勢，以便進一步篩選並且移植那些演化上的贏家。

那麼現在的情況如何？現在還太早，無法確定。維爾迪斯說生存率在五到八成之間，會因為位置而有差異。

她解釋道：「當一座珊瑚礁已經受傷，移植過去的珊瑚就更不容易存活。生態系已經失去平衡，有太多火刺蟲與海螺。我曾在損毀的珊瑚礁那邊看到幾千條火刺蟲，因為那裡沒有能夠讓螃蟹躲藏的珊瑚，因此也就沒有螃蟹來吃掉牠們。」最先移植過去的珊瑚往往損失慘重，而且生長緩慢，但是這些先驅者能夠營造出比較好的生態系，有利於後續移植的珊瑚。

多年來，珊瑚復育基金會在波奈的贊助者只有伙伴潛水中心，其他三個潛水中心最近才加入。到目前為止，該基金會培育和移植了一萬一千個珊瑚，而苗圃中還有一萬個珊瑚。四座潛水中心負責珊瑚復育的工作，並且提供訓練。超過五千名潛水者（包含遊客與當地居民）加入了這項計畫，還有兩個新的位置浮潛就能抵達。

不過他們的目標並不是用手重新把佛羅里達或是波奈的珊瑚礁種回來。數千英畝的軸孔珊瑚已經消失了，沒有志願潛水員能夠復育已經消失的珊瑚礁。保育專家的理想是能促進自然的恢復過程，並且盡量保存各種遺傳變異種，以免永遠滅絕。珊瑚復育基金會在佛羅里達的苗圃中有一百四十種有遺傳差異的鹿角軸孔珊瑚，其中有幾十種在野外已經滅絕了。

蒐羅並且整理各種基因型的珊瑚，對於科學家研究「輔助演化」（assisted evolution）的可能性來說是必要的。世界各地的海洋生物學家正在積極研究，是什麼原因讓有些珊瑚能在溫暖的海水中存活下來。他們發現水螅體中的遺傳組成只是原因之一，重要的是水螅體中蟲黃藻的遺傳組成。

提到蟲黃藻，我們往往指的是共生藻屬（*Symbiodinium*）中的物種。在一九九〇年以前，科學家認為所有寄居在珊瑚中的共生藻只有一種。不過到了一九九〇年代，科學家藉由基因組定序，找出了數百個之前不知道的種類。現在共生藻屬區分成九個支序群（clade，遺傳上相近的一群物種），以英文字母A到I命名。每個支序群中還進一步細分為許多由數字編號的種類。雖然之前科學家研究了軸孔珊瑚，但是沒有人知道這些不同的支序群共生藻有什麼重要性。

軸孔珊瑚通常能夠忍受的水溫變化程度非常小，當溫度超過上限，牠們便會把蟲黃藻排出。二〇〇六年，澳洲海洋科學研究所（Australian Institute of Marine Science）的雷・貝克曼斯（Ray

Berkelmans）與馬德蓮・范・歐潘（Madeleine J. H. van Oppen）發表了一篇多孔軸孔珊瑚（*Acropora millepora*）的研究論文。這種珊瑚很常見，外觀像是幾十根綠色、粉紅色、橙色或紫色的手指密集聚在一起，這些手指上面密布著坑洞，學名中的millepora便是「數千個坑洞」的意思。多孔軸孔珊瑚對溫度特別敏感，在二〇〇五年的聖嬰期間，有許多多孔軸孔珊瑚白化和死亡，但也有些存活下來了。科學家分析這些異常強韌的個體，發現其中寄居的共生藻不是原本的C支序群，而是D支序群。

貝克曼斯與范・歐潘首度發現了珊瑚能夠因為共生的蟲黃藻品系不同而存活下來。這個發現讓科學家想到：如果所有的珊瑚都和D支序群的蟲黃藻共生，是否就能增加忍受溫暖海水的能力？或許在暖化的海水中加入D支序群蟲黃藻，能夠拯救珊瑚礁，或是至少能爭取一些時間，讓我們找到更好的解決方案。

我打電話給露絲・蓋茲（Ruth Gates）博士，她在夏威夷大學海洋生物研究院有一個實驗室，也對這個問題深感興趣。身為專注研究珊瑚如何應對環境變化的科學家，她常和范・歐潘博士合作。她告訴我：「我有興趣研究的不只是哪兩種生物彼此搭配，還包括共生的兩方之間發生了什麼事。所有的交互作用和伙伴關係都是相同的嗎？還是有些生物的共生關係比較好？很多人一直說我們應該散播D支序群。但我認為應該先暫停一下。」

在二〇〇八年和二〇〇九年發表的論文指出，雖然D支序群蟲黃藻能夠耐熱，但是產出的糖比較少，所以和D支序群共生的珊瑚長不好。所以完全不令人意外，這些研究人員發現當水溫降回正常的溫度時，珊瑚就排出了D支序群，而重新接納C支序群為共生伙伴，因為後者製造的糖比較多，可以供給自己用，也有更多可以給共生伙伴用。D支序群是只有在患難時才會想到的伙伴，在狀況緊急時才和它們共生。

水螅體和蟲黃藻之間的關係複雜，而且非常緊密。兩方的生物功能運作，都因彼此所提供的物資而有細微的調整。蓋茲說：「我經常思考共生是怎麼演化出來的。幾乎所有成功的共生關係，最開始都是寄生關係。隨著時間，兩者關係愈來愈密切，在好幾百萬年的演化過程中，一開始只是和平共處，最後變成了互利共生，兩方都從這個關係中取得好處。」不同支序群之間的遺傳差異或許細微，卻有重大的影響。「我的看法是，我們或許能調整受威脅珊瑚的共生關係，但是要用非常非常細緻的方式進行，同時要使用和真正找到的共生藻在親緣關係上非常非常接近的藻類。從D支序群換到C支序群，跳得太遠了。」

蓋茲和同事研究的是微孔珊瑚（*Porites*），這類珊瑚是海洋珊瑚中最堅硬的，但是在溫暖的海水中，恢復能力也最強。微孔珊瑚有的時候因為形狀和色澤的關係，被稱為「珠寶手指珊瑚」（**Jeweled Finger coral**）。牠們生長的速度比軸孔珊瑚慢，但是可以長成大岩石的大小，活好幾百年。蓋茲目前正在嘗試要把住在微孔珊瑚中的蟲黃藻（C支系群的第十五號種類），移植到其他珊瑚中繁衍。她用年幼的珊瑚進行實驗，因為如她所說：「新生珊瑚比較容易和新的對象建立關係。」如果其他種類的珊瑚能夠接受C15蟲黃藻，並且證明了這樣能夠讓珊瑚應付較高的水溫，或許就可能把實驗室培育出的小珊瑚種成珊瑚礁，或是栽培之後再移植，創造出比較能夠適應變遷氣候的珊瑚礁。

不過或許還有其他保護珊瑚礁的方式。蓋茲和其他人發現，在海水溫度突然上升後依然能夠生存的野生珊瑚，在往後溫度上升的事件中比較容易恢復生長。他們認為是這些珊瑚中有些基因的表現方式改變了。基因表現（一個基因活躍的時機與時間長度）影響了生物的外觀、與環境的互動方式，以及外在狀況對生物所能造成的改變，科學家稱這些為外遺傳因子（epigenetic factor）。有的時候，個體因為外遺傳而產生的特徵能傳遞到下一代。

蓋茲和范．歐潘在各自的實驗室中進行實驗，慢慢讓珊瑚處於更高的水溫和更低的pH值，這是在氣候變遷中，珊瑚面臨的兩個壓力源，他們希望能夠讓珊瑚耐受這些狀況。雖然並非所有的珊瑚都能存活下來，但是有一些的確活下來了，因此接下來的問題就是研究牠們是怎麼辦到的。可能的原因是牠們體內和耐熱有關的基因有不尋常的表現，這兩位科學家正在探究這種有保護作用的特性能否傳給後代。如果可以，我們就能把這些珊瑚的配子或是幼蟲灑到珊瑚礁，理論上牠們應該就能更適應未來的狀況。

蓋茲和范．歐潘實驗室裡的科學家，正在提供更精確的資訊給珊瑚復育基金會等組織。他們相信，培育幼小珊瑚與移植的知識，對專業的復育工作而言是必要的。保育基因組也很需要，而更進一步瞭解珊瑚礁中的生物學也同樣關鍵。蓋茲告訴我：「我們的目的是讓珊瑚自然演化的速度，跟得上溫度變化與海洋酸化的高速。共生生物之間的關係非常複雜，不只是水螅體的DNA、蟲黃藻的支序群和類型，以及外遺傳因子牽涉其中，珊瑚的微生物群落也有關連。人類的健康和棲息在我們腸道、皮膚和其他器官的微生物息息相關。因此毫無疑問，珊瑚的微生物群落對珊瑚的健康也很重要。我們正盡可能瞭解所有變因，並且希望能夠盡快操控，因為我們所剩的時間不多了。」

但蓋茲也知道自己的研究只是權宜之計。她補充說道：「如果我們沒有辦法解決二氧化碳排放的問題，我們對珊瑚的研究和保護將不會有用。現在距離海洋確定死亡只差幾步而已。」

和蓋茲談話之後，我打電話給維爾迪斯，想要知道他對於珊瑚生物學家的研究對珊瑚礁保育影響的看法。她希望科學能夠保護珊瑚礁，但是她並不期待：「因為我讀過大學，當時我們一直在討論未來，說到在下一代時，珊瑚礁會消失。但是我們現在已經不再談論未來了。二十年後我可能就再也看不到任何珊瑚礁。我現在不是為了我的兒子而保育，而是我了我自己。如果有科學家的支持，很好，但是我們已經沒有時間坐著空談。我們依然不知道造成珊瑚白帶病（white band disease）的細菌是什麼，或是有些珊瑚之所以比較強韌的原因，但是我們沒有時間坐著等到釐清所有事情。我們現在就得保育，我將盡一切努力。」

我瞭解她的焦急之情。有次我潛水之後，和船上的一位老船員滔滔不絕地說我在海底下所見到的種種奇觀。他悲哀地說：「啊，你認為那很漂亮，但那其實沒什麼。你看到的可能還不及原來的十分之一。」這句話讓我我馬上冷靜了下來。

我佩服珊瑚保育基金會的努力，以及蓋茲和范．歐潘和其他科學家的奉獻。[1]但是我對未來是悲觀的：沒有證據顯示全世界解決二氧化碳排放這個問題的速度，能快到足以挽救珊瑚礁。如果你想要見識這些水底奇觀，最好快點準備好來一趟潛水之旅。

1 蓋茲博士不幸於二〇一八年去世，她的實驗室伙伴會繼續她的尖端研究。

# 第3章 藻類造成的災禍

我十二歲的時候有次邀請朋友來家裡過夜。當時電視上播著希區考克的電影《鳥》，我們一群女孩子穿著法蘭絨睡衣，肩靠肩、腳併腳坐在地毯上。我開始看，但是只能忍住看到電影中很前面的地方：一群海鷗發出尖叫聲，攻擊一場生日宴會中的人。我嚇到了，偷偷溜到樓上看書。我始終沒有看完這部電影。

希區考克的這部電影，部分靈感來自於一件發生在一九六一年八月十八日的真實事件。《聖克魯茲守望報》（*The Santa Cruz Sentinel*）報導，那時在美國加州的蒙特利灣（Monterey Bay），凌晨三點，大批海鳥的撞擊噪音把歡樂岬（Pleasure Point）和卡皮托拉（Capitola）的居民從夢中驚醒，這些撞擊到居民房屋屋頂的海鳥是灰水薙鳥，牠們展翼寬達三呎。有幾個人拿著手電筒，冒險到前院查探，看到街道上有許多大鳥散落，其中很多都已經死了，還有些只是受驚了。這些鳥受到燈光的吸引，便撲向居民。到了早上，當地居民發現街上滿是死的灰水薙鳥，「還有些魚和魚骨散布在街道、草地和屋頂上，魚腥味沖天。」三十年後，類似的事件再度發生，不過這次的鳥是鵜鶘，牠們的肚子裡裝滿了魚，撞到這些海邊城鎮中的房舍。

這兩次事件（當然還有其他沒有記錄到的類似事件），起因都是鳥的體內累積了毒素而陷入瘋狂。牠們所吃的魚之前大吞了浮游動物，那些浮游動物的食物是澳洲擬菱形藻（Pseudo-nitzschia australis），屬於微型藻類中的矽藻。矽藻所製造出來的軟骨藻酸（domoic acid）是一種強烈的神經毒，魚類、海獅和鳥類吃了有可能會死亡。這兩次事件都發生在夏天，海水溫暖，風勢弱，正適合矽藻大量繁殖。它們產生的毒素在食物鏈中累積，只是時間快慢的問題。

全球各地藻華產生軟骨藻酸事件出現的次數不但愈來愈頻繁，面積也愈來愈大，這是因為海水變得更溫暖，同時有更多肥料流入海中所造成的。根據最近歐盟的研究，軟骨藻酸對於海洋哺乳動物和人類都造成了嚴重的威脅。海獅經常因為軟骨藻酸中毒而死亡。人類如果無意間攝入了軟骨藻酸，會產生嘔吐、頭痛、無法辨別方向、癲癇等症狀，有的時候甚至會死亡。一九八七年的加拿大愛德華王子島（Prince Edward Island），有四人因為中毒而死，另外還有超過百人生病，全是因為吃了受到汙染的海鮮。研究警告，住在海邊的人和以採集貝類為樂的人，最容易受到毒害。長期接觸到這種毒素，除了會產生上面所說的症狀之外，還會有記憶問題。由於貝類接觸到有毒的藻華之後，軟骨藻酸可以留在體內長達一年，美國華盛頓州建議消費者每個月食用刀蟶的次數不要超過十二次。

擬菱形藻形成的藻華也會造成經濟損失。二〇一五年夏天，矽藻藻華從美國加州中部海域往北延伸到加拿大卑詩省外海，綿延一千五百哩，產生的軟骨藻酸濃度也破了觀察紀錄。州政府因此禁止在這個區域撈捕貝類長達四個半月，同時也警告消費者不要食用來自這個海岸線的貝類。漁民和岸邊相關事業損失了數千萬的收入。

藍綠菌為何要演化出製造毒素的能力，到現在還不清楚，但這些毒素本來的目的可能不是用於防禦，因為藍綠菌在演化史早期中並沒有掠食者。微生物學家最近指出，最常見的藍綠菌毒素微囊藻毒（microcystin）可能是用來防護過多的紫外線，這類化合物的功能類似防曬油。如果劑量高的話會致命，劑量低時在肝臟中累積，也會對於寵物造成長期傷害。另外還有其他的藍綠菌毒素：節球藻毒素（nodularin）存在於微鹹的水域中，而柱孢藻毒素（cylindrospermopsin）存在於淡水中。雖然不是所有由藍綠菌形成的藻華都有毒，不過我絕對不會在長著藻華的池塘或是混濁綠色的池水裡游泳，也不會讓我的狗喝這些水。

但遺憾的是我們不只要小心綠色，具有紅色色素的微型藻類腰鞭毛藻（*Karenia brevis*）每年都會大量繁衍，從墨西哥灣岸起，往北延伸到北卡羅來納州的大西洋海岸，讓海水呈現暗紅色，並且對岸邊居民造成身體與經濟傷害。腰鞭毛藻所呈現的色調讓它們所形成的藻華也稱為「紅潮」（red tide）。紅潮中充滿能夠攻擊人類神經系統及毒害海洋哺乳動物的雙鞭甲藻毒素（brevetoxin）。多年前我前往佛羅里達州外海的安娜瑪麗亞島（Ana Maria Island）度週末假期，就親身體驗到紅潮的厲害。抵達島上之後，我在海灘散步，卻覺得呼吸不順、眼睛發熱。我以為自己生病了，但是旅館櫃檯人員說這是當地的紅潮所引起的。雖然我沒有注意到海水呈現紅色，但是腰鞭毛藻的確活躍著，在海浪與海風的作用下，腰鞭毛藻飄入空氣中，被我這樣沒有留意而去海灘的人吸入。遭遇紅潮的地區之所以不幸，是因為紅潮能夠持續好幾個月。二〇〇六年發生在佛羅里達州的紅潮持續了十七個月，讓當地的旅遊業一蹶不振。二〇一七年在佛羅里達州發生的紅潮，到了二〇一八年秋天依然造成損害，殺死的魚類和其他海洋哺乳動物，總重高達兩百七十萬磅，因為呼吸道症狀而入院治療的人數也破了紀錄。水中二氧化碳濃度提高（這是大氣中二氧化碳濃度提高所造成的），會刺激腰鞭毛藻生長，紅潮因而出現。

最近幾年的夏天，俄亥俄州陶雷度（Toledo）附近的伊利湖（Lake Erie）中，會出現由銅綠微囊藻（*Microcystis aeruginosa*）和其他數種有毒藍綠菌形成的藻華。這些藻類讓湖水呈現噁心的綠色，看到這湖水表面藻華的人，把它描述成豌豆湯、綠油漆，或是薄荷奶昔。肥料逕流與水溫升高是藻華出現的主要原因，但是入侵的貝類也助了一臂之力。

斑馬貽貝（zebra mussel）和條紋貽貝（quagga mussel）在一九八〇年代隨著船艙的壓艙水進入了五大湖，之後便大量繁殖。牠們會和魚類競爭，搶食藻類。但是這些貝類很挑食，不吃微囊藻，而是把微囊藻的競爭者吃掉，因此微囊藻在水中得以立足，並且大量繁衍，無時無刻都在釋出毒素。

藻華不只難看，還嚴重影響了陶雷度市四萬名飲用伊利湖水的居民。二〇一四年，伊利湖出現史上最大的藻華，汙染面積高達三百平方哩，大約等於紐約市。吸取湖水的管子距離岸邊數哩遠，由於受到藻華覆蓋，使得陶雷度市的公共用水系統關閉了兩天，不只沒有飲用水，也沒有清洗碗盤和沐浴嬰兒的水。從那時起，該市設立了早期預警系統，以便動用額外（而且昂貴）的活性炭過濾系統。不過我可以想像，陶雷度市民如果看到水源上完全覆蓋著藻類的衛星照片時，依然會覺得不安。

這樣的問題並不限於陶雷度市，現在蘇必略湖（Lake Superior）和紐約州手指湖（Finger Lakes）也遭到夏季藻華的入侵。普洛伏（Provo）附近的猶他湖（Utah Lake）不但是熱門的度假地區，也是當地的水源，但是在二〇一六年，湖水變成綠色，而且必須關閉，因為市政府發現湖中有毒藍綠菌的濃度是世界衛生組織認為「造成急性健康傷害」濃度的三倍。同年夏天，有幾個人在洛杉磯附近的金字塔湖（Pyramid Lake）游泳之後生病了。衛生官員測量湖水中的微囊藻毒素濃度，發現是警告標準的六倍。在奧瑞岡州的上克拉馬斯湖（Upper Klamath Lake）是有毒藻華湖泊的典型。這座湖的湖水淺、湖面平靜，正適合水華束絲藻（*Aphanizomenon flos-aquae*）生長，這種藍綠菌生產的毒素能夠導致麻痺。奧瑞岡州克拉馬斯河上的水庫，也容易出現微囊藻形成的藻華（飲用水中的微囊藻毒素特別危險，因為就算煮沸也無法消除這種毒素）。這種危險並不只限於當地：通過水力發電的管路，這種藻類可以在一百八十哩外的下游出現。

有些傷害性藻華（harmful algal blooms）會讓水呈現螢光綠，或甚至是明亮的粉紅色，很容易就可以看得出來。但是看不見的藻華每年入侵了美國數千座湖泊、池塘和水庫。美國地質調查局（US Geological Survey）最近發現，美國西南部地區有百分三十九的溪流中有微囊藻毒素。在二〇一六年夏天，有十九個州因為傷害性藻華而發布公共健康警報。在北半球，情況愈來愈糟，夏天出現藻華的時間愈來愈早，持續的時間也愈來愈長。淡水中的傷害性藻華對經濟的影響，雖然現在還沒有完整的資料，不過堪薩斯州立大學在二〇〇九年的一項研究中估計，淡水傷害性藻華每年會造成二十二億美元的損失，原因包括限制了水上娛樂活動、造成岸邊的房地產下跌、拯救瀕危物種的費用，以及處理飲用水的花費。

藻類不只利用毒素殺死生物。每年春天，世界各地的農夫會為生長快速的農作物施用化學肥料，牲畜也出生並成長，產生了難以計數的糞肥。春夏時節多雨，雨水把肥料和糞肥中的氮和磷沖刷到溪流中，小溪匯成大河，河水流入海洋，那些氮和磷便餵養了海洋中的藻類。在美國，密西西比河的流域面積廣達一百萬平方哩，相當於美國本土的百分之四十。這意味著每年有一百七十萬公噸來自農場的氮和磷流入了這條河。主要發生在三月到六月之間，那些氮和磷流進了墨西哥灣，讓岸邊二十哩外出現了「超級藻華」（super bloom），從河口沿著海岸延伸，往西蔓延到德州，整個藻華的形狀接近長方形，長達三百哩。

但是超級藻華還不是最糟的，最糟糕的是接下來發生的事情：死亡的藻類成為嗜氧細菌的大餐，這些細菌因此大量繁殖，用光了溶解在水中的氧氣，引發了最具破壞力的環境災難，魚類、貝類、浮游動物和其他需要呼吸氧氣的生物，不是逃走，便是窒息而死。舉例來說，蝦子如果處於氧氣不足的水中，幾秒鐘內便會死亡。藻華間接製造出了死區，其中的水沒有辦法支持海洋生物的活動。

二〇一七年，墨西哥灣的死區大小有如康乃狄格州。想像一下該州空氣中的氧氣都消失會是什麼情況。不只空中見不到飛鳥，所有的動物、昆蟲和地上其他需要呼吸的生物也將消失。這種全面毀滅的事件每年夏天都在灣區海域中發生，不只令人氣餒，也造成了經濟損失。漁民必須要航行到更遠的區域捕魚，要花更多的時間和油料才能抵達漁場，漁獲也不同了。最近杜克大學的一項研究指出，每年夏天死區出現時，捕蝦漁民捉到的低市價小型蝦類比較多，高價的大型蝦類比較少，漁民的收入也因此減少。

同樣的藻華爆發也影響了佛羅里達州東部的海岸。佛羅里達半島大西洋側的中段，有印第安河潟湖（Indian River Lagoon），是無價又脆弱的國家寶藏。印第安河潟湖長一百五十六哩，位於佛羅里達海岸與一排島嶼之間，緩緩流動的淺海中居住了至少四千種植物和動物，包括全國三分之一的海牛，以及其他三十四種瀕危生物。這片潟湖也是稚魚和貝類繁殖與生長的原始棲地。美國國家環境保護署的國家河灣項目（National Estuary Program）估計，印第安河潟湖的經濟價值為三十七億美元。

這個生態系處於極度危急的狀態中。二〇一一年，潟湖出現了兩個大型超級藻華，那些藻類讓海水變成像是濃稠的綠色糞便，遮蔽了陽光，潟湖底四萬七千英畝的海草因此死亡，相當於該處所有海草的六成。這些海草是稚魚和蝦子的棲息地，也是其他野生動物重要的食物來源。該年海草死亡造成的商業捕魚和休閒捕魚的損失，超過了三億兩千萬美元。二〇一二年和二〇一三年，類似的藻華又出現了，造成數百頭海牛、鵜鶘與海豚死亡。二〇一六年，最嚴重、影響範圍最廣的藻華出現了，許多魚類因而死亡，腐爛的屍體覆蓋在海岸上，綿延數哩。二〇一八年七月，佛羅里達州州長瑞克．史考特（Rick Scott）宣布，有七個郡因為藻華而進入緊急狀態。

佛羅里達州南部的地質特性讓潟湖的問題更為惡化。該州南半部的年雨量為兩百五十到三百公釐，地下水層只距離地表數十吋而已，土地吸收降水的能力差。更糟糕的是，許多地方地底的石灰岩上有一層黏土，這層黏土就像塑膠布那樣，把表層土壤和岩石區隔開來，使得南佛羅里達州的降雨，有許多在地面上橫向流動，進入了溪流和疏洪通道。由於佛羅里達州的地質特性，帶有農場肥料的水，以及來自六十萬座注定有滲漏的化糞池系統汙水，全都流入了海中。

奧基喬比湖（Lake Okeechobee）也讓潟湖的慘況加劇。該湖位於佛羅里達州的中央，面積如羅德島大小，距離潟湖五十哩。二十世紀初之前，蜿蜒而且水流緩慢的基西米河（Kissimmee River）從北方流入奧基喬比湖，其他小河的水也會注入，滿溢出來的湖水會往南流入大沼澤地（Everglades）。

但是最近百年來，開發商與州政府大幅改變了這座湖周圍的地貌，位於湖北方的濕地被抽乾了，蜿蜒的基西米河截彎取直，好讓畜牧業有更多放牧的草原。南方的大沼澤區也將水排掉以成為甘蔗田。雨水原本會在基西米河中慢慢流動，散播到湖周圍的沼澤，現在則是直接奔入湖中。湖周圍蓋了堤防，阻擋溢流的湖水進入南方的甘蔗田中。現在奧基喬比湖和克盧薩哈奇河（Caloosahatchee）與聖露西河（St. Lucie rivers）之間有運河連接，湖水往西經由克盧薩哈奇河流入墨西哥灣，往東經由聖露西河流入潟湖和大西洋。

流入奧基喬比湖的是受到汙染的水，其中含有幾百萬噸的肥料、牛糞、沉積物和化糞池水。湖底原本是沙子，現在已經累積了十呎厚的爛泥，年年都出現大規模的藻華。塞滿了無數藻類的湖水流入了聖露西河，在多雨的夏季時，流量特別大。現在這條河的底部有一層厚厚的淤泥，也成為了死區。河邊的標示牌警告民眾不要釣魚或游泳，但應該也沒有人想去。

這條河已經被殺死了，珍貴的生態系受到危害。人們注意到嚴重的藻華，認為都是藻華的錯，但完全是人類造的因。那麼，我們該怎麼做呢？

# 第4章 清除藻華

不論是克盧薩哈奇河、艾利湖、墨西哥灣，或是其他任河水域，避免藻華產生的最佳方式，是一開始就阻止肥料進入。但是政治人物缺乏動力通過相關的法律，眼前的花費和不便使得符合長期利益的措施無法執行。舉例來說，三十年來，佛羅里達州的政治家一直承諾要減少流入克盧薩哈奇河的磷。最後在二〇〇五年，立法通過要在二〇一五年之前，把每年流入的礦物質量從五百公噸降低到一百四十公噸。結果期限到了，流入的量根本沒有改變。那議員們的反應是什麼？在農業相關遊說團體的支持之下，他們把期限往後挪了十年。[1]

有些注重環保的企業採用了新的方式：在排放的水進入溪流運河到進入潟湖之前攔截過剩的養分。後來，當我知道他們利用了藻類達成目的時，便覺得無如何都得去看看，所以我在七月的早晨開車前往維羅海灘市（Vero Beach），這個城市位於佛羅里達州的大西洋海岸中段，而且跨過了印地安河潟湖。我要去見「水疾病」（HydroMentia）的創立成員之一亞倫．史都華（Allen Stewart），這家新創公司從事的是汙水淨化。

水疾病公司建立於華盛頓特區史密森尼學會（Smithsonian Institution）海洋系統研究室的主任華爾特・艾迪（Walter Adey）博士的研究之上。一九七〇年代，艾迪研究海洋礁石區域中的生態系，想要知道其中養分的循環方式。為了分析與瞭解整個過程，他建造了封閉式的礁石微生物系統，最先只有桌上水族箱的規模，到後來打造出巴爾的摩國家水族館中容量兩百萬加侖的人工礁石水槽的前身。

不論是金魚缸還是三層樓高的複製礁石系統，所有的水族飼養者都需要處理水中的胺、硝酸和磷，這些成分來自於動物的排泄物，如果累積多了會殺死動物。業餘者和專業人士傳統上通常會經常換水，或是用化學藥劑處理。艾迪注意到在海洋中，草皮藻類會吸收這些養分，清潔水質。海洋動物又會吃這些藻類，讓這些礦物質慢慢回收利用。

艾迪釐清了讓桌上型水族箱維持清潔的自然系統，發明了「藻床淨水器」（Algal Turf Scrubber），並且申請專利。他最早的藻床淨水器是一個裝滿小型草皮海藻的塑膠盒，可以和水族箱連接在一起，水族箱的水經由塑膠管進入藻床淨水器，其中的藻類會吸收氮和磷而成長，乾淨的水會

---

1 政府決定向美國糖業（US Sugar）、佛州晶糖（Florida Crystals）和其他製糖公司，收購位於奧基喬比湖南方的土地，建立一座面積一萬五百英畝的水庫，好用來儲存目前往東流入印第安河潟湖和往西流入墨西哥灣的奧基喬比湖湖水，並加以處理，讓乾淨的水往南流入大沼澤區，因為奧基喬比湖的提防阻止了水往南流。現在的確極為需要這座水庫。當然最有效的方法，還是該湖北部地區的農民與社區能夠控制住汙染物的排放量。不論如何，沉積在奧基喬比湖底部的磷在往後幾十年都還是會持續釋放出來。

送回水族箱。當塑膠盒中的藻類長滿了之後，你可以把藻類刮除，然後再次使用。

一九九〇年代初期，艾迪注意到藻床淨水器的原理可以有更廣泛的應用，以移除更大面積的半開放水域中破壞水質的過多養分。他的住處和工作的地方鄰近奇瑟比克灣（Chesapeake Bay），那裡的逕流汙染相當嚴重。一九九六年，他、工程師和生物學家史都華，以及其他幾位投資人，創立了水疾病公司，改良艾迪的技術，好應用在更大規模的淨水工作上。

史都華住在蓬塔戈爾達（Punta Gorda），他現在正開車穿過佛羅里達半島，為我介紹水疾病公司的藻床淨水系統。我們之前聯絡好要在一間「餅乾筒」（Cracker Barrel）連鎖餐廳的停車場碰面，再一起前往系統所在之處。他還寄了一張相片圖檔給我，好讓我能認出他來，在信件中他說自己「你看就知道，我又老又醜。」但當我看著他那張坐在獨木舟上的照片時，沒有特別注意他的臉，而是被他伸展雙臂所拿的那條魚所吸引。那條魚大到他的右手抓住尾巴，左手抓住頭，魚身還有些下垂。這張照片顯示出史都華會從事淨水事業，是因為他熱愛戶外活動，也一直都很喜歡佛羅里達的野外環境。

約定的時間到了，我們碰面並且開了一會兒的車，抵達魚鷹沼澤（Osprey Marsh），這是一片內陸潟湖，藻床淨水系統就設置在這裡。我本來以為會看到一大片機械，像是巨大版的艾迪水族館系統，但是當我們停車下來時，我看到的系統是像淹水的水泥停車場。我們在系統邊走著，這座四英畝大的淨水系統上面覆蓋著一片閃閃發光的水，映著藍天和爆米花般的白雲。這一大片水泥地的專業名稱是「流動通道」（floway），其中一邊比較低，陸地上的水從另一邊來，會以非常緩慢而穩定的速度流過通道。史都華說，水從最高處流到底，需要花十五分鐘。

這座流動通道其實就是非常淺的潟湖。這時有十幾隻白鷺小心翼翼地涉入水中，黃色的鳥喙伸入水裡，捕捉小魚和甲殼類動物。一群三趾濱鷸（一種灰色的小型涉禽）從空中飛過，然後一起降落。史都華指出有兩隻小藍鷺（little blue heron）、兩隻黑腳橘喙的大白鷺，一些彩鷸（glossy ibis），以及一群美洲白冠秧雞（American coot），這種類似鴨子的黑鳥，在聳立的前額上有白色垂直的斑塊。他告訴我，在冬天，這裡會有許多玫瑰琵鷺（roseate spoonbill）。

但我們不是來這看鳥看鴨看小魚，而是來看藻類的，所以我蹲在通道邊往下觀察，水泥地上附滿了綠色、棕色和金色的細微絲線，毛茸茸，好像是地毯。史都華說藻床中大部分的藻類是綠藻，但是上面往往附著了屬於褐藻的矽藻，而遮住了綠藻原本的顏色。我聽從他的建議，抓起一把就近觀察。藻類又冷又軟，但是裡面藏著許多飢餓鳥類所尋找的珍寶：釘頭大小的貝類，以及端足類動物（amphipod），這種類似蝦子的生物，形狀和大小都接近剪下來的指甲。史都華告訴我，如果用放大鏡或是顯微鏡檢視這把草皮藻類，可以看到絲狀的藻類因為黏液彼此緊緊糾纏在一起。流動通道非常適合這些藻類生存：陽光明亮、水非常淺，以至於其他植物無法生長因此不會遮蔽陽光，水往下流動的速度剛好阻止懸浮藻類形成會遮蔽太陽的藻華。最好的地方在於，這些水中充滿來自陸地的氮和磷，是藻類的大餐。

我們走到流動通道較高的那一端，水從這裡進入。在水泥邊有幾十個白色管子，管口開著，每隔約一分鐘就從小型抽水站抽來一些水，經由這些管子流出，平展開來，慢慢地流到另一端。

水的來源有兩個。隔壁的南郡廢水處理廠（South County Water Treatment Facility）每天會「釋放」一百五十萬加侖的水。這些水已經經過處理，不含有機化合物，可以飲用，但是其中的氮和磷含量還是太高了。另一個來自「南方洩洪道」（South Relief Canal），每天會送來一千萬加侖的水。佛羅里達州南半部有許多淡水運河、堤防、護堤、抽水站，星羅棋布，總共長達數千哩，能把雨水與農場及家庭汙水蒐集起來，排放到海中。南方洩洪道只是其中的一小部分。

我們來的這一天是採收藻類的日子，我和史都華順便參觀，看著一輛前面裝上鐮刀的小型綠色拖拉機，從流動通道東半側割過去，發出吵雜的聲音，再從通道邊緣把藻類推進中央的一條大水溝，然後回到通道邊，如此反覆。這個在藻床淨水系統上的割草工作，看起來比較像是在犁田。

我們走了約五百呎，到達通道低的那一端。蒐集而來的稀爛藻類流到了這裡，進入一條打了許多小孔的寬輸送帶上。輸送帶朝上移動時，藻類的水也順便瀝乾了。藻類到了輸送帶頂端，會從二十呎高處掉落到一塊水泥地上，那裡有工人會把藻類攤在水泥地上晾乾。

這就是藻床淨水系統，所用到的技術再簡單不過。雖然簡單，但史都華告訴我，「光是二〇一六年，這座流動通道便生產了將近七百萬磅的濕藻類。這是位於魚鷹沼澤的系統運作的第一年，但是依目前的資料來看，就已經移除了五千磅的磷、一萬五千磅的氮，加總起來有二萬磅的養分沒有進入潟湖中。

從各方面來看，魚鷹沼澤的藻床淨水系統和在白鷺沼澤類似的系統，都顯示藻床淨水的潛力十足。這兩個淨水系統預期每年能處理七十億加侖的水，不過奧基喬比湖每年經過聖露西河排到潟湖的水量是兩千五百億加侖。要有許多藻床淨水系統才能大幅改善潟湖所遭遇的問題。

阻止汙染物進入開放水域並不是什麼嶄新的點子。大自然發明了濕地，這些水淺沼澤地區生長了茂密的水生植物，長久以來，這些植物一直在吸收氮、磷和其他流入的養分。但是佛羅里達州的自然濕地已經有一半消失了，相當於九百萬英畝，所以吸收與再利用氮和磷的能力也喪失了一半。當然，濕地現在要阻攔的養分比以前多，因為人口變得密集，農業活動也增加了。一九九〇年代，州政府意識到這種非天然的災害將會出現，便立法要求建造人工濕地，好做為阻攔養分的方式之一。人工濕地是一片圍起來的地區，讓其中自然出現沼澤植物，以吸收水中的營養，有的時候也會放入小石塊和沙子。現在佛羅里達州南部的河口和海灣地區有五萬七千英畝人工濕地。

雖然人工濕地能有效補集水中的營養物質，也有吸引野生動物的價值，史都華卻指出人工濕地並不理想：「我們要做的其實是改變磷所在的位置。磷從農場進入人工濕地中各種水生植物的體內。這些植物生長、死亡與腐爛之後，殘骸成為濕地裡的沉積物。所以磷只是換了地方而已。（磷是最嚴重的問題，如果植物和藻類沒有吸收固定下來的氮，濕地中缺氧的泥地裡面還有脫氮細菌，會把固定下來的氮轉換成無害的氮氣，釋放到大氣中。）當熱帶風暴來襲，攪動了沉積物，那些磷又進入了水中。就算沒有颱風，沉積物所補集的金屬元素中也有百分之二十五會進入地下水層。許多人工濕地因為磷的含量太高，長滿了香蒲，讓淤泥愈來愈厚。現在我們必須噴灑除草劑，否則香蒲太多，會使天然的莎草無法生長，也遮蔽了照射到水中的陽光，改變了對於野生原生動物的自然棲地。」

這些人工濕地將會在數十年後完全被沉積物填滿，現在人們空言到時候只要清除淤泥就好。史都華說，這項工程浩大，而且那些淤泥要放在哪兒呢？史都華對於人工濕地的看法是：這就像是有人從樓頂上掉下來，在掉下來的過程中，有些在陽台上的人看到他，問他還好嗎，他回答：『到目前為止還好。』問題在於在沒有人具備長遠的眼光。史都華認為藻床淨水技術至少能夠和人工濕地互補。在同樣大小的面積下，淨水系統移除汙染物的效能是人工濕地的十到四十倍，而且可以永久移除汙染物。

目前完整運作的藻床淨水系統，只有魚鷹沼澤和白鷺沼澤的兩座。史都華和同事正在推廣這項技術，希望在運河出海口或是汙水處理廠邊，能有更多藻床淨水系統。不過他還有更遠大的夢想：希望能夠見到奧基喬比湖邊圍繞著一圈藻床淨水系統，不只能夠過濾來自北方的基西米河河水，以及其他溪流的水，同時也可以利用小型的抽水系統，把湖水抽出來淨化之後再送回去。他說：「這種系統的功能就像腎臟，能夠持續移除汙染物。」不過他知道這項龐大的計畫不可能很快就完成。前期的工程與建築費用，以及購買湖邊土地的花費，都將是大問題。不過他說更大的障礙在於進行這個計畫的政治意圖。

但我們來看看不處理的後果。二〇一六年二月，由於冬季異常多雨，奧基喬比湖將要溢滿，水將往南流淹沒種植甘蔗的地區。美國陸軍工兵部隊決定打開位於湖和聖露西河之間的防洪閘門，使得每天進入露西河的水量從四億加侖提高到十億加侖。和水一起流出的是其中的養分，以及在湖中形成兩百平方哩藻華的藻類。到了仲夏時分，大部分的聖露西河、潟湖，甚至是位於潟湖東側的海灘，都塞滿了有毒的死亡藻類，宛如酪梨醬。魚和海牛死亡，臭味令人作嘔，觀光客都待在屋子裡面。估計的損失為四億七千萬美元，這些錢足以建造多個藻床淨水系統。人們因為沒有採取任何措施而付出了代價，而且這個代價只會愈來愈高。

馬里蘭大學環境科學與工程系的助理教授派區克．康加斯（Patrick Kangas）這十年來，一直在管理乞沙比克灣（Chesapeake Bay）周圍的先導藻床淨水系統。這個海灣的汙染物來自周圍河流流域，廣達六萬四千平方哩，其中有農地與家禽業用地，以及郊區的草地。在仲夏時節，海灣中的死區占了全部體積的十分之一。雖然三十年來人們努力想要改善乞沙比克灣的水質，但是幾乎沒有任何成效。

康加斯留著灰色的鬍子，誓言要用工程方式解決環保問題。我到他辦公室的那一天，他很興奮，說道：「環境保護署剛剛認證了藻床淨水系統是控制海灣汙水的『最佳可行方式』。這十年來，只要到了生長季節，每個星期我都去收割系統的藻類。」他強調：「我，就我一個人。我一直在收，但是我已經不再年輕。環境保護署的認證真的很重要。」

在馬里蘭州，這項認證代表各地方自治區可以使用藻床淨水系統淨化水質，好符合環境保護署對於水中含氮化合物、磷和其他沉澱物的標準，把處理後的水排入海灣中。康加斯和其他人現在正與巴爾的摩港合作，建立一個完整規模的藻床淨水系統，設置的區域為五百英畝，這裡原先是從船上卸下的車輛暫時停放的水泥地，之後商家會把這些車輛載走。這個地方也是洪水逕流主要的排水口。康加斯的一項先導研究顯示，由於藻床淨水系統的效率很高，光是半英畝的流動通道就可以淨化洪水。

康加斯說：「藻床淨水系統的優點之一是非常單純，來自陽光的能量不需要錢，來自水的藻類也不需要錢，水就能變乾淨。這個裝置非常理想，需要投入自然系統的能量非常少，系統就能進行淨水服務。那些蒐集到的藻類可以進入厭養分解系統中（細菌分解機化合物的簡單系統），製成甲烷，推動幫浦。」

這項技術需要耗費腦筋才可以完成。「每個地方設置的系統，都有各自重要的工程考量，要把系統調整到最佳狀態並不容易。我們一直都沒有足夠的錢來幹這件事。不過現在已經有法規讓阻止養分進入水中成為一門生意。終於有商業動機能夠利用並且改善藻床淨水系統了。」

・・・

那麼到頭來，是什麼讓藻床淨水系統成功的呢？

原因之一是這個系統有效。美國農業部的科學家發現，這個系統能夠吸收逕流中百分之六十到九十的氮、百分之七十到一百的磷。藻床淨水系統所需的能源很少，經久耐用，而且可成為野生動物的棲地。由於流動通道中生長的藻類，不論什麼種類都可以，所以藻類農夫會遇到的困難：藻類種類隨著季節變化而改變，對於藻床淨水系統來說不是問題。由於藻類是絲狀的，而且會黏在一起，收割時也很容易，可以用陽光直接曬乾。從單一場所移除汙染物（像是工廠），要比從各個不同的汙染源（例如農場或是滲漏的化糞池系統）直接淨水來得容易得多。藻床淨水系統能夠在來自各地的氮與磷進入開放水域之前，就將它們補集起來。

但是蒐集到的藻類要怎麼辦呢？根據農業署的說法，這些藻類可以當作商業肥料。來自白鷺沼澤藻床淨水系統的少量藻類，目前賣掉製成土壤添加物和盆栽培養土。根據二十年前的調查（這也是最近期的調查），佛羅里達州的商業和農業活動，每年需要約四千二百萬立方公尺的堆肥，用在景觀美化、製造包裝土、苗圃栽培、種植草皮樹木，以及農業之上。目前佛羅里達州所需的堆肥，只有不到兩成來自於本州。所以說，光是佛羅里達州可能就需要當地藻床淨水系統所生產出來的堆肥。

生物燃料與生物塑膠製造商，可能也會需要來自淨水系統的藻類，不過這些藻類還需要進一步處理，因為對於那些買家來說，其中摻雜的沉積物太多了。藻床淨水系統可以改善，以產出更優質、更具有市場價值的藻類。奧本大學（Auburn University）的生物系統工程穿家大衛・布拉許（David

Blersch）教授對我解釋道，他、史密森尼學會的迪恩・卡拉漢（Dean Calahan）博士，以及其他人，正在從事這方面的研究。目前流動通道底部的表面是澆灌混凝土，他們想要改進，以促進生長在上面的藻類數量與品質。他們嘗試使用立體塑膠網格，讓草皮藻類生長得更濃密，這樣流動通道的面積就可以縮小。布拉許也在研究利用3D列印的方式，在塑膠的表面上製造突起的紋路（突起只有數微米高），這樣可以選擇附著在上面的藻類物種，例如富含油脂的矽藻。布拉許說：「我希望如果使用這種材料，可以讓其中八成的藻類是某一個特定的物種，讓其他公司依照藻類的特性來製造塑膠或生物燃料。」

雖然我希望這些工程師能夠成功，來自藻床淨水系統的藻類也具有市場價值，但光一件事情：這個系統需要很多土地，而且通常位於土地昂貴的區域，例如乞沙比克灣周圍區域，就讓我對這個系統能否很快獲利抱持著懷疑。所以我們需要法規和稅收支持系統的建立和運作。許多公民因為藻華而受苦，受到死魚氣味燻臭而使擁有的地產價值下跌，減少了觀光客帶來的收入。有他們的需求才能讓地方政府提出鼓勵措施。

# 第5章 打造怪物

藻類的力量強大，足以改變地球上的生命。數十億年來，它們讓海洋與大氣中有許多氧氣，讓整個地球陷入冰雪之中，它們殺死和驅逐了厭氧生物，並且讓植物覆蓋在陸地上。雖然以往發揮作用的速度緩慢，但是如今在人類的干擾之下，藻類作用得飛快。

仲夏時分飛過波羅的海上空，你會看到世界上最大的藻華，面積廣達十四萬五千平方哩，相當於美國蒙大拿州。從遠方高處看去，藻華表面相當漂亮，像是古董書封底有著漩渦與飄帶的綠色大理石紋襯紙。不過就近看，就會發現波羅的海中有許多死區，這個海域的漁業已經崩潰。研究人員追蹤了這個海域以及世界各地其他約四百個死區，百分之百確定，將會有更多、更大的死區，這都是人類造成的。

最近藻類又暗中進行了新的危害，這次是由夜光藻（*Noctiluca scintillans*）的大量繁殖所造成的。夜光藻是異營性的雙鞭毛藻（**dinoflagellate**），呈透明的圓球狀，只有毫米大小。它們不會行光合作用，而是吞噬其他微型藻類，讓這些藻類在自己的細胞質中成為共生者。這些光合藻類會用糖換取宿主消化食物所產生的氮和二氧化碳。以往人們不太注意夜光藻，只有水手在晚間偶爾會看到它們詭異的藍色螢光。但是現在，這些夜光藻和綠色藻華一哩又一哩地侵占了波羅的海。

為什麼是現在呢？根據哥倫比亞大學氣候與生活中心（Center for Climate and Life）的報告，大氣中二氧化碳濃度增加，引發的一連串生態系變化，使得夜光藻的族群快速增加。這個問題起自於印度半島。這塊次大陸上方的大氣溫度升高，陸地與海洋之間的溫度差異變大，使得吹往陸地的季風增強。風速增強造成湧升流增加，更多的養分藉此上升到海洋表面，讓藻類大量生長，分解有機物為生的細菌和其他異營性生物也就跟著繁衍。

夜光藻特別適應這樣的狀況。原因之一在於它們和其他的異營生物不同，吞噬了其他的藻類之後，還可以利用太陽光的能量，而其他的異營生物吃光了藻類後只能挨餓。除此之外，當夜光藻繁殖散播之後，藻華遮擋了矽藻和其他浮游植物所需要的陽光，於是以這些生物為食物的浮游動物便也挨餓了。夜光藻還有更厲害的獨家祕密防禦武器：它們能製造高濃度的胺，會刺激魚類的腸道。對魚來說，夜光藻不是食物，所以也會避免吃下它。

夜光藻對人類造成的危害是三重的：由於海洋食物鏈最底層受到破壞，大型魚類游往其他海域找尋食物，使得漁夫的網子裡面空蕩蕩。第二，遊客也不去受到藻華侵害的海灘。第三，在阿拉伯海，藻華阻塞了重要的海水淡化抽水管。二〇一八年一月，阿拉伯海上的夜光藻藻華蔓延的面積有美國德州的三倍大。在印度、東南亞、非洲和澳洲附近的溫暖海域中，也有類似的狀況。

燃燒化石燃料造成全球暖化，這點已經無庸置疑，但是對氣候變遷對於世界各特定區域的影響，我們還有許多不明白的地方。百年來，格陵蘭的冰層逐漸縮小，最近十五年每年減少的程度加倍了，但是地球科學家依然無法完全確定北極地區暖化速度快於溫帶與熱帶地區的原因。當然，在北極氣候變遷的模型中，包括冰原和雪地減少之後，深色的土地與海洋會比冰雪吸收更多的光（也就等於更多的熱）。但是即使建立氣候模型的人把所有相關的因素都納入了模型中，但顯然還有其他因素影響了最高緯度地區溫度變化的速率。

亥姆霍姿德國地理研究中心（Helmholtz Center Potsdam-German Research Centre for Geosciences）的科學家最近報告，這個模型中少了一項變數，你知道的，那就是藻類。

有些微型藻類能在冰天雪地中生存，畢竟所有的藻類都是經歷全球性冰河殘存者的後代。有一種適應寒冷狀況的藻類紅雪藻（*Chlamydomonas nivalis*），在冬天會進入休眠狀態，但是只要陽光照射到冰雪表面，讓溫度升高，有一點融化的水，便能夠繁殖。紅雪藻繁殖造成的藻華是粉紅色的。

那粉紅色來自於還原蝦紅素（astaxanthin），這是一種類胡蘿蔔素色素，能保護紅雪藻在夏天高緯度地區免於紫外線的傷害。如果你去過有著粉紅色雪地的地方，你會注意到那些地方都位於凹陷之處：藻類吸收了陽光的能量，自己的溫度升高了，同時加熱周遭的冰雪。全球各地的登山客看到這種「西瓜雪」都會覺得慶幸，但是這種雪的陽光反射率少了百分之十三。

科學家現在才開始要全面瞭解西瓜雪對氣候變遷的影響。有一個研究團隊最近在《自然・地球科學》（*Nature Geoscience*）上發表論文，指出在阿拉斯加廣達七百五十平方哩的哈丁冰原（Harding ice field）每年的融雪中，有百分之十七歸因於紅雪藻。格陵蘭冰層融化有百分之五到十是這種藻類造成的。當氣候變暖，春天冰雪比較早融化，秋天的冰雪比較晚出現，藻類的生長時間也隨之增加，導致更多的冰雪融化，這樣的回饋循環最終使得冰雪覆蓋面積縮減的速度愈來愈快。

夜光藻改變了北極，而攣生雙楔藻（*Didymosphenia geminata*）則入侵了地球溫帶地區最清澈原始的溪流。西瓜雪的破壞能力再怎麼強大，至少我們能看得到。但雙楔藻（didymo）就不同了，這種藻類有個貼切的別名，叫「石頭鼻涕」（rock snot），最早於一九八〇年代在加拿大卑詩省的溫哥華島上發現，現在世界各地的許多溪流底部，都覆蓋了這種黃褐色的藻類。雙楔藻像是羅傑・柯曼（Roger Corman）的恐怖電影情節，在二十多年中蔓延到許多遙遠國度中的水域，包括智利、美國、加拿大、冰島、波蘭和紐西蘭。

在正常狀況下，個別的矽藻能夠分泌出一條線狀的柄，把自己黏在岩石或植物上。但是有的時候矽藻會在自己安居了之後，製造出許多額外的柄，和左右鄰居糾纏在一起。「岩石鼻涕」就是這樣出現的。

雙楔藻在二十一世紀初大量蔓延時，科學家懷疑可能是漁夫在溪流中捕魚，使得雙楔藻從這條溪傳到那條河。許多人都會穿的氈靴（felt boots）可能是主要的罪魁禍首。所以美國大約在二〇一〇年，各州主掌休閒娛樂的部門開始在受到感染的湖河溪流邊建立告示牌，促請釣客清洗與晾乾自己的小船和器具，並且丟棄氈靴，以免造成雙楔藻傳播。在馬里蘭州、佛蒙特州，還有其他一些州甚至完全禁止這種靴子。雖然有種種措施，雙楔藻依然在那些地區散播了開來。

這沒有什麼好驚訝的。最新的研究指出，釣客並不是造成雙楔藻散播的元凶（佛蒙特州在二〇一六年取消了氈靴的禁令）。最近發現的化石指出，這種矽藻在數百甚至數千年前就已經存在於受感染的溪流中了。是環境的變化才讓它們爆發般大量繁衍。科學家現在認為，這些純淨溪水中的磷含量降低了才是主因。

那些溪流中的磷為什麼減少了？還是和人類燃燒化石燃料有關。在燃燒的高溫下，空氣中的氮和氧會形成各種氮氧化合物，這些化合物刺激霧霾形成，也會刺激肺臟。有些氮氧化合物發生了其他的化學變化，從空氣進入土地。在森林中，這意味著土壤生物接觸到了更多固定下來的氮，它們會穩定吸收這些氮，用於生長繁殖，同時也就吸收了更多土壤中的磷，從土壤流入溪水中的磷便減少了。雙楔藻為了捕捉到更多的磷，只好長出更多黏黏的柄，形成了噁心的岩石鼻涕。

不難想見為何雙楔藻最早會在卑詩省爆發。該省政府曾經用直升機空投大量含氮藥片，為數十萬英畝的針葉林施肥。因為海灘松（lodgepole pine）是當地伐木業重要的經濟來源，但是之前高山松樹甲蟲（mountain pine beetle）嚴重摧殘了這些松樹。（由於全球暖化，這種甲蟲能夠熬過冬天的數量變多了。）對森林施氮肥，能讓殘存的樹木長出更多木材。不過松樹也會從土長中吸收更多的磷，流入溪水中的磷因此減少了。

在北半球溪流中，氣候變遷以另一種方式刺激了雙楔藻的生長。當溫度提高，冰雪便減少了，能照射到微型藻類的陽光增加，微型藻類於是有更多的能量可以用於繁殖之上。除此之外，在那些野生鮭魚原本的產卵溪流中，鮭魚變少也讓雙楔藻的問題惡化：回到淡水出生地繁殖然後死亡的成年鮭魚減少，也讓回到水中的磷減少了。[1]

現在還不清楚雙楔藻會造成的傷害有多大。生態學家擔心這種藻類會讓鱒魚的卵囊無法完全附著在水底的岩石上，使得鱒魚數量減少。魚類所吃的石蛾和蜉蝣也可能會因為類似的影響而減少。以上種種現在都還無法斷定，不過雙楔藻的大量爆發提醒了我們，在這個地球上，不論是多麼遙遠的地方，都不可能免於氣候變遷的影響。

有毒微型藻類的擴張，也在意想不到的地方以我們看不見的方式進行。美國環境保護署指出，有些淡水生態系中的鹽濃度增加了，足以讓有毒海洋藻類在這些湖泊中生長。也有反過來的情況，淡水中傷害性藻華的毒素現在已經流入岸邊的海水中。二〇一三年，研究人員發現普吉特灣（Puget Sound）的海洋貝類中累積了淡水藻類毒素。在美國加州的蒙特利灣（Monterey Bay），海獺經常因為中了微囊藻毒素而死亡。

有些海草由於接觸到來自海岸的營養豐富海水，同時氣候變暖，因此過度繁殖。一九七〇年代，漂浮的馬尾藻大量聚集在一起（稱為「金潮」），後來被海水沖上了墨西哥灣沿岸、百慕達群島與加勒比海諸島。現在這些馬尾藻長得更多，沖上岸的次數也更頻繁。二〇一五年，每天有數萬公噸的馬尾藻沖上加勒比海諸島海岸，同時巴西和非洲西北部海灘上也首次出現馬尾藻。

亮綠色的石蓴現在會定期出現在世界各地的海邊淺灘中。二〇〇八年奧運會在中國舉行，世界各地的觀眾都看到了在青島舉辦的帆船賽，同時驚訝地發現黃海上有超過一百萬公噸的海藻。中國發動了約兩萬名志工和大批小船，投入清除海藻的工作，才讓賽事得以進行。如今，媒體的焦點已經轉到其他地方，但是「綠潮」依然是嚴重的問題。

社區需要花費人力物力處理大量漂流的海草，觀光客也會自然地避開有海草堆積的海灘，在熱帶地區的高溫之下，那些海草很快就會腐爛。此外，海草也會影響健康，在成堆海草內部進行無氧呼吸的細菌會釋放出有毒的硫化氫氣體。

在未來，讓藻華加劇的氮和磷會不可避免地增加。人口持續成長，這意味著我們要在其他更多不

---

1　紐西蘭南島的雙楔藻可能是由釣客帶進來的。紐西蘭北島有許多火山，所以河水中富含磷，沒有雙楔藻的問題。不過紐西蘭南島沒有火山，河水乾淨而含磷量低，這座島上本來沒有雙楔藻。不過大約十年前，因為《魔戒》電影的關係，大量釣客和遊客到南島的野外地區遊覽。很可能是這些訪客把雙楔藻帶來並且散播的。

肥沃的土地上耕種，需要使用更多肥料。大氣暖化，保留住的水氣便更多，因此降雨會更為劇烈，更多養分流入溪流、湖泊與海洋中。預計在這個世紀末，美國河流與其他水道中氮的含量平均會增加兩成，密西西比河流域東北部地區會增加得更多。

溫暖的大氣中含有更多能量，這幾年來使得從海岸吹出的風更為強烈（包括從美國西海岸吹出的風），讓湧升流把更多養分帶到海洋表面，供給藻華。藻華覆蓋在水面上，吸收了陽光，又使得海洋表面的溫度升高，更適合藻類生長。另一個有害的副作用，是比較溫暖的海水就像蓋在海洋表面的蓋子，阻止了大氣中的氧進入比較深的海水，造成較深海水不適合魚類和其他水中生物棲息。這幾十年來海平面持續上升，覆蓋了海岸之後，成為淺水區域，這些區域完全適合藻華的出現，有的藻華有毒，有的沒有。

事實上，是人類把溫馴的藻類變成致人於死的怪物。

# 第6章 地球工程

二〇一五年，一百九十六個國家簽署了《巴黎協議》（Paris Agreement），誓言要減緩碳排放的成長速度，好讓全球平均溫度在本世紀末只升高攝氏一點五度。各國可以採取自己認為能夠達成目標的最佳做法，例如法規、碳稅，或是總量管制與交易。但是從現在的進度看來，幾乎不可能達成這個目標。事實上根據聯合國跨政府氣候變遷研究小組（IPCC）在二〇一八年十月公布的資料，地球在二〇四〇年的溫度就會上升攝氏一點五度。到了本世紀末，全球平均溫度會上升攝氏四度。

世界各地的人們已經開始遭受到氣候變遷的痛苦後果。印尼首都雅加達正慢慢被淹沒，太平洋上的小島正在消失。美國邁阿密的居民發現滿月時分街道會淹水。維吉尼亞州的諾福克，每個月至少有一次，海水會從排水溝中湧出，淹沒道路。阿拉斯加的岸邊村落本來受到數哩寬的海冰保護，不會受到海上風暴的侵襲，但現在這些村落已經往內陸遷徙。最近有兩項研究指出，二〇一七年侵襲休士頓的哈維颶風所帶來的降雨中，有兩成是氣候變遷所造成的。初步的資料也指出，如果沒有全球暖化，佛羅倫斯颶風的雨量會減少一半。而海平面持續升高。跨政府氣候變遷研究小組使用了五個不同的模型，推測出升高的範圍在零點一到一公尺之間。美國國家海洋暨大氣總署的科學家在二〇一二指出，海平面上升兩公尺的機會是九成。全世界將有數億人要遷離海岸地區。

在此同時，美國西部出現了長期乾旱，夏天也經常出現猛烈的森林大火，造成許多人死亡。二〇一八年瑞典的森林發生火災，災區有些位於北極圈中，這是一項警訊：極區暖化的速度是其他區域的兩倍，這樣的大火將會愈來愈常發生。二〇〇三年，熱浪侵襲歐洲，造成三萬五千人死亡。最近在《自然・氣候變遷》上的一篇論文中預測，就算溫室氣體排放量降低，到了二一〇〇年，四分之三的人口在一年中依然有二十天得面對這樣的高溫。

人類也會更容易生病。高溫使得傳播萊姆病的蜱類成熟速度加快，牠們在美國繁衍的速度幾乎加倍，在加拿大則是增加為五倍。隨著冬天變暖，蚊子也向北散播，帶來了熱帶疾病，例如西尼羅河病毒、茲卡病毒和瘧疾。在溫暖水中的細菌霍亂弧菌也開疆拓土了。根據美國疾病防制中心的資料，這種細菌每年平均感染了八萬名美國人，其中有一百人死亡，因為吃了沒有煮熟的海鮮，或是皮膚上的傷口觸碰了海水而感染的。現在霍亂弧菌也傳播到阿拉斯加、瑞典和芬蘭等北國中。利什曼病（leishmaniasis）是一種熱帶疾病，會傷害肝臟，現在這個疾病在德州北部出現了。在未來五年，地球上每個人都會受到氣候變遷的影響，這些影響絕大部分是負面的，而且許多影響會非常嚴重。

所以說，不難想像到了二一〇〇年，政府將會願意採取嚴厲的措施，不只限制二氧化碳排放，也會把數十億公噸的二氧化碳從大氣中移除。現在科學家已經開始研究大規模的「地球工程」（geoengineering）方案。萊克納等科學家提出了以機械的方式移除大氣中二氧化碳的計畫。其他的科學家則實驗以化學方式捕集：利用冰島火山形成的玄武岩，以及阿曼的橄欖岩層，加速大自然中岩石吸收二氧化碳而變化的過程，這個過成原本相當緩慢。有些科學家依然相信我們能夠利用藻類扭轉氣候變遷，畢竟在藍綠菌剛出現之後不久，便因為把碳埋藏在海底而使得地球變冷。它們在二十四億年前曾經讓地球全部蓋著冰川，之後也將以同樣基本的方式讓地球降溫。

四千九百萬年前，藻類以比較溫柔的方式，讓炎熱的地球冷卻下來，並且在海床留下痕跡。當時大氣中二氧化碳的濃度是現在的百倍，整個地球上都沒有冰雪覆蓋。板塊運動使得地球上大部分的陸塊朝北移動，聚集在靠近北極的區域，幾乎包圍住北極海而把它變成了內陸海。即使在這些大陸最靠北的水岸邊，依然有河馬漫步，溪流中則有鱷魚和水蛇游動。這樣如同叢林般潮濕的大氣，經常降雨而且雨量多，河中淡水帶著陸地上的營養成分奔流進入溫暖的海洋。最讓人吃驚的是，在夏天，廣達一百五十萬英畝的北極海，全都覆蓋著厚厚的滿江紅，這種細小的蕨類中有共生藍綠菌，我馬里蘭州的池塘裡面也有這種蕨類。

滿江紅是淡水植物，為什麼能在海水中繁衍呢？這和物理有關。由於淡水的密度比海水低，從河流入海洋中的淡水比較容易浮在鹹的海水上。通常風引起的波浪足以把淡水和海水混合。但是在當時滿江紅形成有如毯子般的表面，非常平靜，因此淡水層完整地保留下來。在夏末，漫長的白日逐漸縮短，整個蕨類群體死亡，沉入水中。由於下方的海水缺乏氧氣，幾乎沒有浮游動物和細菌吃掉那些滿江紅殘骸，所以大部分的滿江紅殘骸落入了海床。來年春天，海水表面上又長滿了滿江紅。

這個「滿江紅事件」（Azolla Event）持續了八十萬年，每年產生的滿江紅都掩埋在沉積物中，在接下來的幾百萬年中飽受擠壓，最後成為阿拉斯加地底下數十億桶的原油。但是滿江紅還促成了更好的事情，這些植物與藻類共生而成的生物，吸收與捕集了二氧化碳，在不到百萬年中，讓大氣中這種氣體減少的了八成，速度相當快。滿江紅事件讓地球的冰帽重新出現。

在最近的一百萬年，地球上每隔數十萬年便會出現一次冰河時期，這也和藻類有關。二〇一六年，英國卡地夫大學的研究人員檢查累積了海洋藻類化石的岩層，發現到有些海藻層含有的碳比較多。這些比較多碳的海藻化石層每數十萬年便會出現一次。看來海藻定期大量移除大氣中的二氧化碳，足以使北半球出現大片冰層。換句話說，藻類會規律地清理大氣。

所以現在的問題就是：如果藻類一直都能有效地冷卻氣候，我們能讓它們現在就做這件事嗎？

在全世界的海洋中，藻類的分布並不均勻，南半球的海洋中藻類特別少。美國加州莫斯蘭丁海洋實驗室（Moss Landing Marine Laboratories）的主任約翰．馬丁（John Martin）在一九八〇年代發現，那是因為海洋中缺少鐵的關係，這種元素對於光合作用和其他細胞功能而言至為關鍵。不只是南半球的海洋，全球將近三分之一的海洋都有程度不等的鐵質不足。

馬丁曾說：「給我半個油輪的鐵，我可以給你一個冰河時期。」這當然是開玩笑，他的意思是如果他把鐵加到缺乏鐵質的水中，會讓藻類大量繁殖，捕集二氧化碳到海床。理論上，如果在南半球的海洋中加入足夠的鐵，藻類的數量會增為三十倍，理論上這會使南半球海洋從大氣中吸收的二氧化碳增加三十倍。從古代海床岩芯中取得的資料顯示，在過去海洋中的鐵濃度愈高，海洋生物的數量便愈多，同時二氧化碳也減少了。

雖然含鐵分子往往會下沉，不過海水經常會因為湧升、陸地侵蝕，或是由火山噴發物質補充這些鐵。一九九一年十一月，菲律賓的皮納圖博火山（Mount Pinatub）猛烈噴發，讓科學家有機會研究這個自然的施鐵肥實驗。在噴發的三個月期間內，進入大氣上層的火山灰中，含有超過四萬公噸的鐵。這些鐵大部分會落入南半球的海洋中，使得長期的大規模藻華出現。這個藻華吸收了許多二氧化碳，並且釋放了氧氣到大氣中。

一九八八年，《自然》雜誌上刊登了一封由英國天文物理學家約翰．葛瑞賓（John Gribbin）寄來的信，他在信中首度建議：「把含鐵分子加到海洋中。這種『技術』或許能夠移除大氣中的二氧化碳。」這個想法有道理，但是有很多技術問題。要多大的含鐵顆粒才能夠在水中懸浮得夠久讓藻類吸收到這些鐵？要加入多少鐵灰？有方程式可以計算出藻類可能吸收的二氧化碳量，但是實際上捕集的會有多少？增加的藻類會不會被浮游動物吃掉而經由細胞代謝過程又成為二氧化碳釋放出來呢？在開闊的海洋中進行研究要如何才能測量結果？

為了找出這些問題的答案，一九九三年，馬丁在莫斯蘭丁海洋實驗室的同事於加拉巴哥群島首度進行施放鐵的實驗（馬丁協助準備這些實驗，但不幸在船出航之前便去世了。）從那時起，科學家以及希望太平洋鮭魚數量能夠恢復的美國商人，在開放的海洋中進行了十三次施放鐵肥的實驗。他們發展出一項技術：在船尾把鐵灰施放到海中的漩渦，漩渦緊緊會圍住鐵，所以能夠研究這些鐵對於藻類的影響。

實際上藻華長出來了，並且持續數個月，但是最重要的資料：有多少碳經由藻類沉入了海底？依然無法確定。有些模糊難辨的事情使得結果難以用科學評估。科學家利用濁度計測量水的透明程度。水中懸浮的顆粒會影響透明程度，那些顆粒包括了死亡的藻類。不過藻類下沉的速度很慢，含有碳的藻類遺骸要花數個月才會抵達海底，在這段期間，洋流可能會把這些殘骸帶往距離施放鐵灰很遠的地方。當然有些新增的藻類會落入浮游動物的口中，即使如此，由藻類吸收的碳也有以糞便或是浮游動物屍體的形式以不明比例沉入海底。

實驗雖然困難重重，不過依然得到了有用的資訊，其中之一便是只要少量的鐵就能經由藻類產生大量有機碳化合物：一磅的鐵可以固定八萬磅的二氧化碳。研究人員也發現矽藻（含有大量矽）和球石藻（含有大量鈣）捕集碳的能力最強，因為這些生物比較重，下沉的速度快，而且不容易被吃，所以更能把碳帶到海床。地球工程師在矽和鈣濃度高的海域中施放鐵，能夠更有效地增加碳捕集量。還有其他具有影響力的因子包括海水中浮游動物的數量，以及表面水下沉的速度。

由於變數眾多，加上實驗困難，所以各實驗的結果差異也很大。二〇〇二年進行的南極海洋鐵釋放實驗（The Southern Ocean Iron Experiment）中，雖然在紐西蘭和南極洲之間海域施放的鐵，的確促進了藻類的生長，卻只捕集了一點點的碳。而韋格納極地與海洋研究所（Alfred Wegener Institute for Polar and Marine Research）的海洋生物學家維克特・史梅塔塞克（Victor Smetacek）和一些來自世界各地的科學家合作，在二〇〇四年進行歐洲施鐵肥實驗（European Iron Fertilization），他們卻報告至少有一半的藻類捕集了碳，是自然狀況下的三十四倍。

不過施鐵肥而讓氣候改變的方式，不只一種。微型藻類和巨型藻類都會製造二甲基硫基丙酸（dimethylsulfoniopropionate），這種化合物能幫助藻類調節自身的鹽分含量或是溫度，同時也是具有保護作用的抗氧化物。藻類分泌二甲基硫基丙酸到海水中之後，細菌會把這種化合物分解成氣態的二甲基硫（dimethyl sulfide），你開車時從窗戶飄進來的海洋氣味，讓你知道快要接近海灘，就是因為聞到了這種分子。（企鵝也會追蹤這個味道，因為這代表了藻類，有藻類便有魚。）二甲基硫進入大氣之後，匯聚集成細微的顆粒，能夠懸浮在空氣中。這種顆粒在雲的形成過程中占有一席之地。

從海洋蒸發到大氣中的水分不會自動形成雲，氣態水必須先凝聚在顆粒上。二甲基硫顆粒的大小很適合做為雲種（正式的名稱是雲凝結核）。來自微型藻類的二甲基硫並不是唯一能夠讓水氣在上面凝結的成分，煤灰、塵土、海鹽都可以當成凝結核，不過藻類在雲的形成中確實重要。衛星研究發現，藻類密度愈高的海域，覆蓋的雲也愈多。白雲會反射陽光，降低海洋吸收到的陽光能量。在南極海洋鐵釋放實驗中，施放鐵使得實驗海域中的二甲基硫濃度提高了四倍。有些科學家認為，雖然只讓南半球海洋的二甲基硫增加一些，在沒有改變溫室氣體下，就能對地球產生很大的降溫效應。

施放鐵當然有風險，會有許多我們還不瞭解的副作用。我們製造出的藻華中可能包括有毒的藻類。人類引發的藻華也有可能造成死區（不過現在還沒有發生過這種事件）。原本由於含鐵量不足而限制了南半球海洋藻類的生長，那些海水中還有未使用的氮和磷。但如果我們讓更多藻類生長出來，它們可能會吸收部分的氮和磷。正常的狀況下，這些氮和磷最後會流到其他海洋，那麼在南半球海洋施放鐵來增加藻類的舉動，會不會限制了其他海域中藻類的生長？

這些問題全都值得探究。不過我們應該要瞭解到，在近百年來，人類一直不經思考就大幅改變海洋。不論是鱈魚或鯨魚，人類已經把牠們捕捉殆盡，同時讓魚類的平均體形縮小。人類已經把大量的氮、磷、化學物質，以及千萬公噸的塑膠排入海中。我們也已經快要把珊瑚礁和其中的生物摧殘殆盡。除此之外，由於我們排入大氣的二氧化碳有三成會溶入海洋成為碳酸，所以我們已經讓海洋的酸度提高了百分之三十，根據史密森尼學會的研究，這是海洋在最近五千萬年來化學特性最快速的變化。酸性會讓貝類的外殼變薄，同時珊瑚、珊瑚藻和其他含碳酸鈣的生物要花更多能量才能製造出支撐身體的結構。

美國的浮游生物公司（Planktos）在二〇一二年，未經授權便進行了營利性施放鐵肥的實驗（他們希望藉由增加吸收二氧化碳的藻類來販售碳排放額度），聯合國環境署發布了禁止大規模地球工程實驗的命令。雖然跨國實驗暫時停止了，但是自然中的實驗卻持續進行。在格陵蘭島南方的拉布拉多海（Labrador Sea），每年夏天都會出現藻華，讓二十萬平方哩的海岸線呈現碧綠的色澤。二〇一七年，美國史丹佛大學的科學家報告，他們發現這些藻華中有許多含鐵顆粒，這些顆粒來自陸地上風化的岩石，由冰川融化所產生的水帶入海中。這個自然產生的藻華並沒有什麼負面影響，至少我們到目前為止都沒有發現這類的影響，相關的碳捕集效果也都還不知道，但是非常值得好好研究。

就算我們開始施放鐵肥，也沒有人認為藻類能夠捕集人類每年排放二氧化碳的百分之十到十五那麼多。不過如果施放鐵肥有用而且不附帶有害影響，便可以納入我們治癒氣候的種種備用方式中。

在一九五〇年到二〇一八年之間，由於人類製造大量的二氧化碳，大氣中二氧化碳濃度從310ppm增加到410ppm，這是八十萬年來的最高濃度。如果我們在下個世紀持續以現在的速度燃燒化石燃料，大氣中二氧化碳的濃度將會加倍，平均氣溫會提高攝氏七度，甚至更高。在二〇一七年，《自然・通訊》（*Nature Communications*）上出現一篇研究報告，說明人類正在重新打造五千萬年前讓滿江紅事件出現的氣候[1]。我們應該讓國際認可的科學組織深入研究施放鐵肥的效果，以便時候到了才能夠做出最佳的決定。

最後的最後，人類造成大氣暖房般的高溫，終將由藻類降低，就如同它們以往所做的那般。人類讓海平面上升，以往的沿岸成為了淺灘，那裡將會有大量藻類繁衍，這些藻類吸收的氮和磷來自於陸地，那時候的雨將和熱帶地區的降雨一樣猛烈。現在就可以想像多年後，在劇烈天氣變化中殘存下來人類的部落，聚集在加拿大與歐亞大陸的北方海岸。大人在香蕉樹和椰子樹底下，警告小孩子不要在海邊如同濃湯般的藻華中游泳，也不要拿沖上海岸的腐爛海草來玩。也許我們遙遠的後代子孫中會流傳著古代在溫帶和熱帶地區文明的故事，並且希望藻類能夠讓環境恢復成當時人類依然繁華時的模樣。

1 就算現在停止把溫室氣體排入大氣，複雜的回饋作用也可能會讓溫度持續上升，例如我們現在已經發現，融化的凍原會把甲烷釋放到大氣中。

# 結語

環境破壞的狀況持續而且似乎無法阻止，這很容易讓人陷入沮喪，深覺受挫。二氧化碳的濃度持續攀升，海洋的汙染愈來愈嚴重，酸性持續增加，珊瑚礁和魚類愈來愈少，非洲乾旱的地區擴大，島嶼國家將淹沒在海浪之下，物種消失的速度預告了第六次大滅絕將要來臨。如果我們有理由對環境改善仍然抱持希望，藻類的力量就是理由之一。

藻類的數量增加當然會造成災害，但也是希望之源。我們已經知道可以利用它們製造燃料、塑膠、飼料、維生素、蛋白質、食用油和其他有用的產物。在環境方面，藻類能夠淨化人類所汙染的水。當氣候暖化造成了嚴重的後果，施加鐵肥或許可以讓藻類吸收大氣中過多的二氧化碳。

無碳排放交通燃料的遠景讓我對藻類產生興趣，現在我覺得那些最初的藻類油料企業，就像達文西繪製的飛行機器，能激發靈感，但是需要更先進的科技才有可能達成。用類似的比喻來說，我覺得現在已經有了製造索普威思駱式戰鬥機（Sopwith Camel）的水準，但還沒有辦法設計出噴射機引擎。新的生物工程技術頗具希望，我們才剛要讓藻類開始展現威力。

我每天都會收到有趣的藻類訊息。二〇一八年五月，德國慕尼黑工業大學（Technical University of Munich）的烏澤．阿諾德（Uwe Arnold）博士發表了一種低成本的技術，能把吸收煙道氣而生長的藻類，轉變成輕盈、柔軟但是強韌的碳纖維。在飛行器、交通工具和建築中，碳纖維逐漸取代了鋼鐵、鋁和混凝土，目前主要的原料是石油，製造的過程會留下大量碳足跡。除此之外，碳纖維極為耐久，可以封存二氧化碳千年。

還有其他與能源有關的發現：歐洲同步輻射設施（The European Synchrotron Radiation Facility）在二〇一七年九月的《科學》上發表論文，說明一個國際研究團隊發現在小球藻中有一種酵素，只需花很少的能量就能把脂肪酸轉變成碳氫化合物。二〇一八年十一月，日本的研究人員報告，他們發現了一種能夠控制藻類儲存澱粉的「開關」。研究人員抑制了某一個酵素的活性，可以讓澱粉累積的速度增加為十倍，這兩項都屬於生物燃料領域中的重大進展。

我也一直關注動物學家發現把少許海草加入反芻牲畜（牛、綿羊、山羊）飼料中的新理由。這不是為了提供養分，而是能夠減少這些牲畜經由打嗝放屁所排放出的甲烷。根據聯合國糧食及農業組織的統計，反芻牲畜每年所排放出的甲烷量所造成的溫室效應，相當於七十一億公噸二氧化碳，這是人類每年碳排放的百分之十五，等同於使用交通燃油所釋放的二氧化碳量。雖然聽起來很蠢，但是牛隻打嗝放屁（科學家稱為「反芻動物消化道甲烷排放」）的確是全球暖化的主因之一。

這種甲烷一開始是在反芻動物的第一個胃（瘤胃）中出現。瘤胃中的細菌會經由發酵作用，把草中難以消化的醣類分解，這個過程會產生甲烷。數年來科學家都在研究要在飼料中添加什麼，才能阻止細菌製造甲烷，但都徒勞無功，尤其是沒有效果能長久持續的方法。牛隻或是瘤胃中的細菌總能適應新的添加物，再度製造甲烷。

澳洲詹姆士庫克大學（James Cook University）的羅伯特・金利（Robert Kinley）和洛基・德尼斯（Rocky de Nys）大約在十年前發現，如果把某些海草加到牛隻的飼料中，能夠降低牛隻排放出來的甲烷量。他們實驗了二十多種海草，以找出效果最好的。所有的海藻都有正面的效果，但是分量太多會干擾牛隻的消化。後來這兩位科學家試用了蘆筍藻（*Asparagopsis taxiformis*），這種巨型藻類像是生長在海底的粉紅色蕨類，在澳洲和其他熱帶與亞熱帶的海洋中生長。在實驗室中的人工牛胃裡，只要加入少許蘆筍藻到飼料中（只占百分之二），產生的甲烷就少到測量不到。

這種神奇的效果是由三溴甲烷（bromoform）造成的，海藻製造這種化合物的目的是為了免於細菌感染。在牛胃中，三溴甲烷能夠和維生素$B_{12}$反應，阻止細菌製造甲烷的最後一個步驟。金利、德尼斯和其他同事給綿羊吃了一些蘆筍藻，便讓甲烷的產量最多減少了百分之八十五。澳洲的研究人員現在開始在牛隻身上進行實驗，美國加州大學戴維斯分校的研究人員則在乳牛身上實驗，並且分析結果。加州大學的初步報告令人振奮：飼料中僅含百分之一蘆筍藻的牛隻，排放的甲烷減少了一半，而且是馬上就減少了。牛奶嚐起來的味道如何？二十五名測試者在盲測中，無法分辨出牛奶是不是由吃海草的牛所分泌的。這是好消息，因為要推銷帶有「海味」的牛奶頗為困難。

蘆筍藻對於環境大有裨益，對於畜牧者來說也是。由於牛隻會耗費能量製造甲烷，吃了蘆筍藻的牛便會有更多的熱量轉去製造蛋白質或是乳汁，幫助牛隻的成長以及製造人類所需的營養成分，當然對於畜牧者的營收也有幫助。

這種海草也能夠幫助開發中國家。雖然還沒有人工養殖的蘆筍藻，不過研究人員預期蘆筍藻可以像是東亞鹿角菜膠農所種植的珊瑚草那般，在繩子上生長。對於印尼、菲律賓和其他熱帶國家而言，新興的海藻產業可以帶來大量的收益。如果這些海草種植在原本有肥料流入而產生藻華、造成死區的海域，那麼它們便可以吸收那些過量的養分，有助於恢復水質。蘆筍藻的利用雖然才在剛開始，但頗具希望。

藻類一直都是人類飲食的一部分，未來我們吃的藻類會更多，而且不僅限於海草的形式。我發現有更多公司投資於把藻類當成動物蛋白質替代品的事業上。

如果要讓人類吃飽，飼養動物是一個極度沒效率的方式。大型動物要吃掉相當自己產肉量許多倍的植物蛋白質。根據美國康乃爾大學生態學教授大衛．皮門特爾（David Pimentel）的研究，如果目前美國餵給牲畜家禽吃的穀物，全部都直接供應給人類，將能餵飽將近八億人。好消息是「素肉」市場正在擴大，雀巢公司估計到二〇五〇年，美國的植物肉市場將有五十億美元。泰森食品公司（Tyson Foods）預估到了二〇四五年，在美國販售的肉類製品中將有兩成會是植物肉。目前這些產品中的蛋白質主要來自植物。不過藻類製造蛋白質的效率遠高於植物，而且栽培藻類對於環境的影響比栽培植物小，可以成為素肉的材料。

蛋白質不只能用來吃，每年製藥公司生產了價值數百億美元的「重組蛋白質藥物」（recombinant pharmaceuticals），這種蛋白質藥物是在實驗室中由受過遺傳改造的細胞製造出來的。這些細胞之前主要是大腸桿菌，但是哺乳動物細胞也愈來愈多了。製藥公司在這些細胞中插入基因，利用細胞天然的蛋白質製造系統，製造出非原有的蛋白質。重組蛋白質藥物包括疫苗，以及治療癌症、激素失調、自體免疫疾病、病毒感染的藥物。目前正在使用的重組蛋白質藥物有四百多種，還有將近一千五百種正在研發當中。

不過細菌和哺乳動物細胞都不是製造所有蛋白質的理想工廠。細菌很容易進行遺傳工程，製造構造簡單的小型蛋白質效率也很高，但是它們缺乏真核生物所具備的細緻組合程序。蛋白質是由胺基酸串聯、扭曲、折疊之後形成的複雜立體結構，人類所需蛋白質的結構非常精細，細菌無法製造出這樣的結構。另一方面，哺乳動物細胞能把遺傳指令轉譯成極為複雜的蛋白質，但是培育所需的狀況非常嚴格，而且產量低，這讓大規模製造變得困難，產品的價格也高居不下。以哺乳動物細胞生產的單株抗體來治療，每年平均需要花費十萬美元。除此之外，使用哺乳動物細胞也有風險：可能會讓引起癌症的基因序列和具有感染能力的病毒顆粒進入藥劑中。

有幾家製藥公司正在研究把微型藻類納入生產平臺中。微型藻類屬於真核生物，具備了哺乳細胞的複雜蛋白質製造程序，但是比較不挑剔，繁殖速度快，也不會受到人類病原體的感染。生物工程師不會動到微型藻類的細胞核DNA，而是葉綠體DNA。葉綠體DNA傳承自藍綠菌祖先，是簡單的環狀。總的來說，微型藻類生物工程師得到了各種好處：改造比較簡單的原核生物基因，但轉譯基因的是複雜的真核細胞程序，能夠製造出複雜的蛋白質。

有些公司正在讓藻類製造出更便宜、更安全的重組蛋白質藥物。崔頓藻類創新公司（Triton Algae Innovations）一部分的創立資金來自美國國家科學基金會，他們打造出能夠製造類似初乳蛋白的綠藻，這些蛋白質具有人類乳汁的獨特性質。在西雅圖的創新公司流明生物科學（Lumen Bioscience）有國家衛生研究院的資助，他們正在研究能夠耐受高溫的口服瘧疾疫苗，這對於冷藏設備並不普遍的國家來說很方便。投入生產的重組蛋白質藥物愈來愈多，微型藻類或許能夠降低這類藥物的價格。

當你聽到「藻類」這個詞，當然還是會聯想到池塘中的藻華。藻華愈來愈大，持續的時間也更長，威脅到人類的健康與福祉。不過我希望你現在也會認為藻類是世界上最強大的引擎，是由陽光驅動的綠色發電機，它們持續把有毒的氣體和水，轉變成生命所需的成分。我希望你會時時（用由藻類所幫助成長的腦）想起藻類創造了充滿氧氣的大氣，現在也還持續製造氧氣。也請記得海洋中的每條魚都需要依賴藻類，以及陸地上的每株植物其實都是精細複雜的藻類。

吃有益健康的鮭魚，或是把一些海藻放到燉菜或是湯品中，能夠增添香味和營養。好好享用有海藻成分的冰淇淋和巧克力牛奶，也要知道鹿角菜膠其實並不會危害健康。當你在市場購買水果和蔬菜時，想想栽培這些蔬果時使用到了生物刺激劑。你可以期待由藻類製造的平價藥物、汙染更少的塑膠，以及替代蛋白質。我希望企業能夠栽培出足夠的蘆筍藻，好降低反芻動物的甲烷排放量。

我們什麼時候會看到加油站上出現「我們有藻類汽油」這樣的標示？不會很快，但是這完全是價格問題。科學家和工程師能夠降低藻類燃油的成本，但是我們也需要把化石燃料造成的損害納入化石燃料的價格中，好讓這兩類燃料在經濟上有平等的立足點，否則藻類燃油不會有市場，人類還得付出慘痛的代價。就算我們只讓藻類燃油取代現在的飛機燃油，也算是幫了地球一個大忙。

環境危機盤根錯節，並沒有某個可以快速解決的辦法，我們需要把許多小步驟集合起來，才會有顯著的效果。這種方法減少百分之十的碳排放量，那種方法減少百分之十五的甲烷排放量，未來還有從大氣中吸收百分之五二氧化碳的方法，很快我們就能看到環境問題真正緩解了。

藻類讓人類得以出現，得以存活。如果我們有足夠的聰明與智慧，藻類還能幫我們救自己。

# 致謝

要不是有幾十位科學家、企業家和學術機構的慷慨幫助，我無法完成這本書。我要在這裡特別列出那些慷慨撥冗時間幫助我的人們：雪莉・班森（Shelly Benson）、史蒂芬・康納尼（Stephen Cunnane）、黃恩景（Eun Kyoung Hwang）、強納森・威廉斯（Jonathan Williams）、拉區與妮娜・韓森夫婦（Larch and Nina Hanson）、托勒夫・歐森（Tollef Olson）、阿姆哈・貝雷（Amha Belay）、尚-保羅・德沃（Jean-Paul Deveau）、傑夫・哈夫廷（Jeff Hafting）、富蘭克林・艾文斯（Franklin Evans）、尤納森・撒哈（Yonathan Zohar）、萊恩・杭特（Ryan Hunt）、克雷格・班克（Craig Behnke）、克利斯多夫・約恩（Christopher Yohn）、史蒂夫・麥菲爾德（Steve Mayfield）、保羅・伍茲（Paul Woods）、艾德・藍吉爾（Ed Legere）、強納森・沃爾夫森（Jonathan Wolfson）、吉兒・考夫曼・強森（Jill Kauffman Johnson）、娜塔莉雅・卡斯楚（Natalia Castro）、弗朗切斯卡・維爾迪斯（Francesca Virdis），以及亞倫・史都華（Allen Stewart）。

我要特別感謝多才多藝的畫家錢珊蒂・德拉塞卡（Shanthi Chandrasekar），書中優雅的插圖是她繪製的。

我不是廚師，所以打從心底感謝娜歐蜜・吉布斯（Naomi Gibbs）、艾利莎・高寶（Elisa Gobbo）和辛希雅・薛拉德（Cynthia Schollard）幫助我準備附錄中的食譜。謝謝馬里歐・高寶（Mario Gobbo）、布列塔尼・波瑟（Brittany Boser）、亞倫・卡辛吉（Alan Kassinger）、班・法朗克（Ben Frank）和泰瑞絲・席亞・杜納和（Terez Shea Donohoe）幫我檢查書中的數字與科學內容（但有任何錯誤依然是我的責任）。謝謝艾米・潘妮姿（Amy Panitz）陪我到威爾斯一起高興地吃海草。特別感謝史蒂夫・愛德爾森（Steve Edelson）教我水肺潛水，瑪裘瑞・法朗克（Marjorie Frank）和我一起上海草烹調課。

另一位要衷心感謝的人是吉布斯，她編輯了手稿，並做了無數的修正。也要謝謝麗沙・薩克斯・沃荷（Lisa Sacks Warhol）和珍妮佛・佛萊拉許（Jennifer Freilach）提出了一些深刻而且重要的問題。我也要再次感激經紀人蜜雪兒・泰斯（Michelle Tessler）樂睿智的建議。

一如以往，我要感謝丈夫泰德（Ted）能夠讓我一直沉溺在我自己偏愛的課題中，並且一直聽我分享（叨唸？）每個有趣的事實和經驗。

# 附錄：食譜

這裡有些不錯的食譜，讓你可以開始用藻類做料理。但書中所提到的海草公司網站上還有更多食譜，當然也有很多海草食譜。普蘭妮・拉提岡（Prannie Rhatigan）的《愛爾蘭海草廚房》（*Irish Seaweed Kitchen*）適合入門。乾海草可以在一般的食品店中買到，網路上也有更多選擇。

## 吉兒・伯恩斯的海菜天婦羅

在我決定要開始用海草當食材後，覺得如果能去上課應該不錯。我發現紐約曼哈頓的自然美食學院（Natural Gourmet Institute）有「烹調海洋蔬菜」這門課，於是我說服住在布魯克林的朋友瑪裘瑞（Marjorie）和我一起去。我原本只會一些簡單的料理，因此那時我希望能夠有以海草為主要材料又容易製作的菜餚。下面這道菜是我們在主廚吉兒・伯恩斯（Jill Burns）的指導下做出來的。

**天婦羅材料：**

一杯半全麥低筋麵粉
一湯匙蒜末
四分之三湯匙葛粉（或玉米粉）
半杯碳酸水調上半杯水
一又四分之三杯散裝的荒布。[1]
兩湯匙芝麻油
五根青蔥，切成蔥花
一又四分之一杯水
兩小根胡蘿蔔，斜切成薄片
四分之一杯醬油（或是溜醬油）
四到五杯菜籽油

**沾醬材料：**

四分之一杯醬油（或是溜醬油）
二分之一杯水
三湯匙檸檬汁
兩湯匙薑汁（或是二湯匙薑末）

**做法：**

1. 在碗中把麵粉、蒜末與葛粉混合均勻，加入調製後的碳酸水，攪拌成中等黏度的麵團，蓋起來冷藏三十到四十分鐘，麵團會因為溫度降低而變得更黏（如果太黏可以多加一點水）。
2. 把醬油、水、檸檬汁和薑汁混合在一起，製成沾醬，放到小碗中備用。
3. 把荒布放入碗中，用冷水沖洗，之後用冷水浸泡五分鐘，瀝乾再用冷水沖洗一次，放置備用。
4. 將兩湯匙芝麻油放入平底鍋，加入蔥花，慢煎成金黃色，這大約需花費五分鐘。加入荒布、一又四分之一杯水、兩湯匙醬油，煮滾後關小火，開蓋保持微沸煮十分鐘，然後加入胡蘿蔔和另外兩湯匙醬油，煮

1 譯註：一種絲狀海草。日本人稱某類海草為「布」，例如「昆布」。

到液體收乾，將裡面的食材轉移到碗中放涼。

5. 菜籽油放到炒菜鍋或大平底鍋中，以中火加熱。把麵團倒入有荒布和蔬菜的碗中，慢慢攪拌均勻。
6. 用杓子快速挖取四分之一杯或更少的麵團混合物，放入熱油中，炸到金黃色，每面約需三分鐘。一次炸五、六塊，以避免油鍋麵團太擁擠。炸好的麵團放在紙巾上吸去多餘的油脂，馬上和沾醬一起上桌。

### 水果螺旋藻冰沙

如果你想增加維生素A和鐵質的攝取量，可以把螺旋藻加到奶昔中。遮蓋乾螺旋藻的味道有一些訣竅，這個食譜還滿有用的。

**材料：**

一根成熟的香蕉
兩茶匙螺旋藻粉末
半杯到一杯水、豆漿或杏仁果漿
少許藍莓，裝飾用
一又二分之一杯冷凍綜合水果
二分之一杯菠菜嫩葉
少許蜂蜜調味

**做法：**

將香蕉、冷凍水果、螺旋藻粉末與菠菜嫩葉放到果汁機中，加入半杯水、豆漿或杏仁果漿，攪打之後再加入水、豆漿或杏仁果漿到你喜歡的濃稠度。冰沙成品是深綠色，用藍莓裝飾可以形成明顯的對比。

## 味噌湯

雖然裙帶菜是味噌湯的重要材料，不過你也可以加入其他蔬菜，例如高麗菜、胡蘿蔔、青蔥、菇類和山藥，以增添維生素，加入貝類則可以增添蛋白質。配飯的小菜通常有醬菜、煎蛋、水煮蛋或蛋黃。日本人通常會用有調味的小海苔片包著米飯，用筷子夾起來吃。幸好日本米比較短，黏性比長米高，所以比較容易夾起一團。

比起穀物片，用味噌湯配米飯和蛋，不但更有飽足感，味道也更豐富。你不必把湯煮滾，只要煮到冒出蒸汽與自己喜歡的溫度就可以了。我一開始使用的是白味噌（其實是淡褐色），但後來覺得紅味噌更香。新鮮豆腐雖然嚐起來沒什麼味道，但是細緻柔軟的口感相當迷人，而且只要半杯分量就足以提供一天所需蛋白質的百分之二十。唯一的缺點是我在使用筷子時無法看報紙。

**材料：**

四杯水　一片四吋長的昆布（或砂糖海帶）

四分之三茶匙柴魚粉　一茶匙乾裙帶菜（或是四分之一杯的新鮮冷凍裙帶菜）

六盎司新鮮豆腐，切成小塊　三湯匙白味噌或紅味噌

四分之一杯蔥花（也可以替換成下方的昆布或裙帶菜）

**做法：**

1. 四杯水放入鍋中，用小火加熱，放入昆布，煮到水開始冒水氣。加入柴魚粉攪拌。
2. 把裙帶菜放入一小碗水中泡開。
3. 鍋子端離爐火，開蓋放置五分鐘。
4. 把昆布撈出，用中火加熱高湯，但不要煮滾。裙帶菜瀝乾水後，加入鍋中，再把豆腐放進去。
5. 取出一碗高湯，盛到小碗中，加入味噌攪散後再倒回鍋中攪勻。
6. 放入蔥花，和短米飯與調味海苔一起享用。

## 娜歐蜜的芝麻全麥春季海草塔

這道菜的手續有點複雜，但是成果絕對棒。

**酥皮材料：**

一杯全穀麵粉　　三分一杯白麵粉
二分之一茶匙烘焙粉　　一湯匙白芝麻
一湯匙黑芝麻　　三分之一杯芝麻油
三分之一杯的水　　一湯匙米醋
二分之一茶匙的鹽（我用的是紫紅藻鹽來增添額外的海草香味）

**內餡材料：**

一磅硬的絹豆腐（extra-firm silken tofu）
兩瓣蒜
一又二分之一湯匙味噌
一湯匙現磨薑泥
一茶匙芝麻油
五、六根蔥，切成蔥花
四分之三杯切碎的蘆筍
兩湯匙乾荒布，在溫水裡浸泡十分鐘後，瀝乾水分切碎。
四分之一茶匙的鹽
兩湯匙醬油
三茶匙米醋
少許黑胡椒粉調味
一個洋蔥，切成半圓絲狀
一杯切碎的菠菜葉
兩湯匙切碎的蝦夷蔥

**做法：**

1. 先做酥皮。把麵粉、鹽、烘焙粉、白芝麻、黑芝麻放入碗中混合。取另一個碗，把三分一杯的油、水、醋混合後，倒入乾材料中，揉到完全均勻。把麵團放在盤中壓扁，蓋起來放到冰箱中冷藏至少一小時。進烤箱前，先將烤箱預熱到攝氏一百七十七度。用桿麵棍把麵團桿平，放到酥皮烤盤中，並用叉子在麵皮上戳出一些小孔，放到烤箱中烤十分鐘，直到變得金黃，取出放涼準備放入餡料。烤箱不要關火。
2. 等候酥皮放涼的同時，把豆腐、鹽、蒜、醬油、味噌、米醋、薑、黑胡椒放到食物處理機中，攪打成均勻的泥狀備用。
3. 在平底鍋中加熱剩下的一匙芝麻油，放入切好的洋蔥，用小火或中火把洋蔥炒成褐色，約需十到十五分鐘，倒入豆腐混合物中，再加入蔥花、菠菜、蘆筍、荒布和蝦夷蔥，把所有材料攪拌均勻，倒入已經做好的酥皮上，整個海草塔放入攝氏一百七十七度的烤箱中，烤一小時，直到內餡凝固。放涼十到二十分鐘後再上桌。

## 艾利莎的紫紅藻起司司康餅

紫紅藻是一種顏色介於深粉紅色到酒紅色之間的美麗海草，在太平洋與大西洋北部海岸中有很多，葉狀體長約十八吋，寬數吋。

大約在公元六百年，蘇格蘭聖高隆教堂（St. Columba）的僧侶注意到當地人會吃紫紅藻，毫無疑問，他們已經吃紫紅藻很長一段時間了。一八五六年，在查爾斯・狄更斯（Charles Dickens）擔任編輯的雜誌《家喻戶曉》（*Household Words*）上出現了一篇匿名作者的文章，寫道當地的漁民把紫紅藻「壓在燒紅的鐵片之間，讓它的味道嚐起來像是烤牡蠣。」作者回憶起在蘇格蘭亞伯丁（Aberdeen）的假日時光，經常有十多位「紫紅藻阿姨」在賣這種海菜：

「城堡門前的人群裡，沒有誰比紫紅藻阿姨還要別緻。她們成排坐在小木凳上，面前的花崗石板地上放著柳條編成的簍子。她們戴著白色的帽子，胸前繫著絲絹手帕，穿著藍色毛呢上衣和裙子，氣色紅潤而健康。紫紅藻阿姨看起來就是這麼身體健康又強壯……當時我每個星期的零用錢只有星期五得到的半便士，我會用來買紫紅藻，而不是蘋果、梨、黑莓、小紅莓、草莓、野豆或糖棒。」

作者說，紫紅藻通常是生吃，或是放到燕麥或小麥麵包中調味。

我從「海岸海菜公司」（Maine Coast Sea Vegetables）訂購了兩種紫紅藻：有一般口味和蘋果木燻香口味。我把紫紅藻放到水中泡開生吃，測試自己會選擇把半便士的零用錢花在紫紅藻還是黑莓上。雖然我會買黑莓，但我發現燻香過的紫紅藻很棒，帶有濃烈的蘇格蘭威士忌氣味，可以和希臘醃橄欖、切達起司以及其他可口的食物一起裝在盤子上，在請客時當成餐前小點心。紫紅藻放到起司康餅中也很美味。

**料理訣竅：**

乾燥的紫紅藻很硬，如果要當成烘焙食物的材料，最好放在篩子中，用溫水快速沖洗，讓它吸收一點水分。

**材料：**

兩杯自發麵粉

四分之一茶匙鹽

三分之一杯奶油，先冷藏。

兩湯匙乾的紫紅藻，先稍微烘烤一下再壓成碎片

一又二分之一杯磨碎的切達起司

三分之一杯牛奶

兩顆大雞蛋，打散

**做法：**

1. 烤箱預熱到攝氏兩百一十八度。

2. 在碗中混勻麵粉和鹽。
3. 拿一個叉子或是兩把餐刀，把奶油和麵粉拌成絮狀，加入紫紅藻片和三分之二的切達起司粉末，混合均勻。
4. 在碗中把牛奶和雞蛋攪拌均勻，倒入麵團中，稍微攪拌一下。
5. 把麵團放在灑了麵粉的板子上用手壓扁，灑上剩下的切達起司粉。把麵團片切成十六塊，放到烘焙紙上。
6. 依照司康餅的大小而定，放在烤箱中層烤十到十七分鐘，直到司康餅變得金黃且完全烤熟為止。

## 威爾斯鳥蛤燉紫菜

鳥蛤燉紫菜是威爾斯地區傳統早餐或晚餐會出現的菜餚，這裡的是稍微修改後的版本。新鮮鳥蛤很難買得到，所以我用罐裝的取代。新鮮的蛤蜊或是淡菜蒸熟後也可以取代罐裝鳥蛤，只是鳥蛤的甜味特別足。我使用彭布羅克郡海灘食品公司的乾紫菜，用海苔也可以。這道料理相當濃稠，我把它當成開胃菜，或是加上蔬菜沙拉與黑麵包，做成早午餐。

**材料：**

二又二分之一湯匙奶油　半個洋蔥，切碎
八條培根，煮熟切碎　四到五湯匙麵粉

十四盎司以上的鮮奶油（或是低脂鮮奶油）

少許胡椒（白胡椒較佳）

兩湯匙乾紫菜或是乾海苔，壓碎

八盎司烏蛤，煮好的或是罐裝的都可以（也可以用淡菜或蛤蜊）

冷凍酥皮，先在冷藏區放一晚解凍

一顆蛋，打散。

**做法：**

1. 烤箱預熱到攝氏一百七十七度。
2. 在平底鍋中加熱奶油，融化後放入切碎的洋蔥，炒到輕微焦糖化。
3. 加入熟的培根碎。
4. 加入麵粉，攪拌數分鐘。
5. 慢慢倒入鮮奶油，一邊攪拌，直到變成很濃稠滑順的醬汁。
6. 加入碎海草、一撮胡椒、煮熟或罐裝烏蛤（也可用淡菜或蛤蜊）。
7. 把醬汁倒入四個耐高溫的小蛋糕模型中（每個約五盎司容量）。
8. 每個模型上蓋上一片酥皮，在酥皮中間戳個小洞，蛋汁刷在酥皮上。
9. 大約烤二十五分鐘到酥皮變成金黃色。

## 海草豆泥

兩杯煮好或罐裝的白腰豆（湯汁要留起來）
三瓣大蒜，壓碎
三分之一杯中東白芝麻醬（tahini）
二又二分之一湯匙新鮮檸檬汁
兩茶匙孜然
半茶匙到一茶匙磨碎的芫荽籽
半茶匙鹽
四分之一杯特級初榨橄欖油（或是Thrive藻油），以及少許淋在成品上的特級初榨橄欖油
一到兩包碎海草（約三分之一盎司），用食物處理機打碎。也可以用一湯匙翅菜粉或海苔粉

**做法：**

1. 把所有材料放入食物處理機中，攪拌成自己喜歡的口感。如果太濃稠，可以加入煮豆湯汁或罐頭汁稀釋。
2. 放到盤子上，淋上油，放在口袋餅（pita）或是餅乾上吃。

## 愛爾蘭苔菜牛奶凍

下面的食譜收錄自法默一九一八年出版的《波士頓廚藝學校食譜》

**材料：**

三分之一杯愛爾蘭苔菜
四杯牛奶

四分之一茶匙鹽

裝飾用的香蕉片

一又二分之一茶匙香草

**做法：**

將愛爾蘭苔菜完全浸入冷水中，泡十五分鐘，瀝乾後挑出，放到牛奶中，隔水加熱三十分鐘。這時牛奶會比煮之前更稠一些，不過如果煮得過久，牛奶凍會變得太硬。然後加鹽並過濾，放入香草之後再過濾一次。將牛奶凍的模型泡在冷水中冷卻，然後把牛奶倒入模型中，置入冰箱冷藏。待其凝固後，把模型扣在玻璃盤上，在牛奶凍周圍放上香蕉片，並且在每個牛奶凍上放一片，和糖與鮮奶油一起上桌。

## 巧克力牛奶凍

這是有巧克力風味的愛爾蘭苔菜牛奶凍。把一又二分之一塊的無糖巧克力融化，加入四分之一杯糖和三分之一杯的沸水，攪拌到完全細滑柔順，倒入牛奶中之後整鍋馬上離火，和糖與鮮奶油一起上桌。

# 參考資料

Barsanti, Laura, and Paolo Gualtieri. *Algae: Anatomy, Biochemistry, and Biotechnology*. CRC Press, 2014.

"FAO Fisheries & Aquaculture — Topics." Food and Agricultural Organization of the United Nations, 2018, www.fao.org/fishery/sofia/en. (The source for statistics on seaweed production around the globe.)

Graham, Linda E., et al. *Algae*. Benjamin Cummings, 2009.

"IPCC Special Report on Global Warming of 1.5 °C." UN Intergovernmental Panel on Climate Change, 2018, https://unfccc.int/topics/science/workstreams/cooperation-with-the-ipcc/ipcc-special-report-on-global-warming-of-15-degc.

Lembi, Carole A., and J. Robert Waaland. *Algae and Human Affairs*. Cambridge University Press, 1990.

McHugh, Dennis J. "A Guide to the Seaweed Industry." Food and Agricultural Organization of the United Nations, 2003, www.fao.org/docrep/006/y4765e/y4765e0b.htm.

"The National Climate Assessment." US Global Change Research Program, 2014, https://nca2014.globalchange.gov/.

## 前言

Nadis, Steve. "The Cells That Rule the Seas." *Scientific American*, vol. 289, no. 6, 10 Nov. 2003, pp. 52–53.

Pennisi, Elizabeth. "Meet the obscure microbe that influences climate, ocean ecosystems, and perhaps even evolution." *Science*, 9 Mar. 2017. (The number of algae in a drop of ocean water is based on 400,000 *Prochlorococcus* in one teaspoon.)

Walton, Marsha. "Algae: The Ultimate in Renewable Energy." www.cnn.com/2008/TECH/science/04/01/algae.oil/index.html. (For Kertz's oil production claims.)

## 第一部　藻類的開始

### 第1章　池中物

Artisans du Changement. "Takao Furuno: Des Canards dans la Rizière." www.youtube.com/watch?v=pqpEg45fp4I (English partial version at www.youtube.com/watch?v=SNR_3GeUoqI).

"The East Discovers Azolla." The Azolla Foundation, theazollafoundation.org/azolla/azollas-use-in-the-east.

Furuno, Takao. *The Power of Duck: Integrated Rice and Duck Farming*. Tagari Publications, 2001.

Wagner, Gregory M. "Azolla: A Review of Its Biology and Utilization." *The Botanical Review*, vol. 63, no. 1, 1997, pp. 1–26.

### 第2章　太陽底下的新鮮事

Biello, David. "The Origin of Oxygen in Earth's Atmosphere." *Scientific American*, 19 Aug. 2009.

Deamer, D. W. *First Life: Discovering the Connections between Stars, Cells, and How Life Began*. University of California Press, 2012.

Falkowski, Paul G. *Evolution of Primary Producers in the Sea*. Elsevier Academic Press, 2008.

——. *Life's Engines: How Microbes Made Earth Habitable*. Princeton University Press, 2017.

"Fast-Growth Cyanobacteria Have Allure for Biofuel, Chemical Production." *Lab Manager*, 28 July 2016, www.labmanager.com/news/2016/07/fast-growth-cyanobacteria-have-allure-for-biofuel-chemical-production. (Source for the speed of cyanobacterial reproduction.)

Feulner, Georg, et al. "Snowball Cooling after Algal Rise." *Nature News*, Nature Publishing Group, 27 Aug. 2015, www.nature.com/articles/ngeo2523.

Fortey, Richard. *Life: A Natural History of the First Four Billion Years of Life on Earth*. Alfred A. Knopf, 2000.

Hazen, Robert M. "Evolution of Minerals." *Scientific American*, Mar. 2010, www.scientificamerican.com/article/evolution-of-minerals.

——. *The Story of Earth: The First 4.5 Billion Years, from Stardust to Living Planet*. Penguin Books, 2013.

Lane, Nick. *Life Ascending: The Ten Great Inventions of Evolution*. W. W. Norton, 2010.

——. *Oxygen: The Molecule That Made the World*. Oxford University Press, 2016.

Nisbet, E. G., and N. H. Sleep. "The Habitat and Nature of Early Life." *Nature*, vol. 409, no. 6823, Mar. 2001, pp. 1083–1091. (Source for how cyanobacteria contributed to the formation of carbonate rock. The article is also a good summary of early life evolution.)

Pennisi, Elizabeth. "Meet the obscure microbe that influences climate, ocean

dominance of the tiny *Prochlorococcus* cyanobacteria.)
Schopf, J. William. *Cradle of Life: The Discovery of Earth's Earliest Fossils*. Princeton University Press, 2001.
"Timeline of Photosynthesis on Earth." *Scientific American*, www.scientificamerican.com/article/timeline-of-photosynthesis-on-earth/.
Whitton, Brian A. *Ecology of Cyanobacteria II: Their Diversity in Space and Time*. Springer, 2013.

## 第3章　藻類變得複雜

Keeling, P. J. "The Endosymbiotic Origin, Diversification and Fate of Plastids." *Philosophical Transactions of the Royal Society B: Biological Sciences*, vol. 365, no. 1541, 2 Feb. 2010, pp. 729–748.
Le Page, Michael. "Why Complex Life Probably Evolved Only Once." *New Scientist*, 21 Oct. 2010.
Porter, Susannah. "The Rise of Predators." *Geology*, GeoScienceWorld, 1 June 2011, https://pubs.geoscienceworld.org/gsa/geology/article/39/6/607/130647/the-rise-of-predators.
Rai, Amar N., et al. *Cyanobacteria in Symbiosis*. Springer, 2011.
"Scientists Discover Clue to 2 Billion Year Delay of Life on Earth." *Phys.org*, 26 Mar. 2008, https://phys.org/news/2008-03-scientists-clue-billion-year-life.html.
Stanley, Steven M. "An Ecological Theory for the Sudden Origin of Multicellular Life in the Late Precambrian." *Proceedings of the National Academy of Sciences of the United States of America*, vol. 70, no. 5 (May 1973), pp. 1486–1489.
Yong, Ed. "The Unique Merger That Made You (and Ewe, and Yew)." *Nautilus*, 6 Feb. 2014. (On how a threesome likely made the first eukaryote.)

## 第4章　發現陸地 第一集

"Ancient 'Great Leap Forward' for Life in the Open Ocean." *Astrobiology Magazine*, 9 Mar. 2014. (Nitrogen fertilization spurs blossoming of eukaryotic life.)
Becker, Burkhard. "Snow Ball Earth and the Split of Streptophyta and Chlorophyta." *Trends in Plant Science*, vol. 18, no. 4, Apr. 2013, pp. 180–183.
Boraas, Martin E., et al. "Phagotrophy by a Flagellate Selects for Colonial Prey: A Possible Origin of Multicellularity." *Evolutionary Ecology*, vol. 12, no. 2, Feb. 1998, pp. 153–164.
Brocks, Jochen J., Amber J. M. Jarrett, et al. "The Rise of Algae in Cryogenian Oceans and the Emergence of Animals." *Nature*, vol. 548, 31 Aug. 2017, pp. 578–581. (Melting glaciers spur eukaryotes.)
Collen, J., et al. "Genome Structure and Metabolic Features in the Red Seaweed Chondrus Crispus Shed Light on Evolution of the Archaeplastida." *Proceedings of the National Academy of Sciences*, vol. 110, no. 13, 2013, pp. 5247–5252. (On why red algae didn't evolve to become land plants.)

Symbiosis." *PNAS*, National Academy of Sciences, 27 Oct. 2015. (For evidence that plants inherited their ability to signal mycorrhizae from blue-green algae.)

Devitt, Terry. "Ancestors of Land Plants Were Wired to Make the Leap to Shore." University of Wisconsin–Madison *News*, 5 Oct. 2015.

Frazer, Jennifer. "Why Red Algae Never Packed Their Bags for Land." *Scientific American Blog Network,* 13 July 2015, blogs.scientificamerican.com/artful-amoeba/why-red-algae-never-packed-their-bags-for-land.

Lewis, L. A., and R. M. McCourt. "Green Algae and the Origin of Land Plants." *American Journal of Botany*, vol. 91, no. 10, Oct. 2004, pp. 1535–1556.

Niklas, Karl J., et al. "The Evolution of Hydrophobic Cell Wall Biopolymers: From Algae to Angiosperms." *Journal of Experimental Botany*, vol. 68, no. 19, 9 Nov. 2017, pp. 5261–5269. (For how early land plants survived desiccation with a genetic inheritance from algae.)

Salminen, Tiina, et al. "Deciphering the Evolution and Development of the Cuticle by Studying Lipid Transfer Proteins in Mosses and Liverworts." *Plants*, vol. 7, no. 1, 2018, p. 6.

## 第5章　發現陸地 第二集

Brodo, Irwin M., et al. *Lichens of North America*. Yale University Press, 2001.

Chen, Jie, et al. "Weathering of Rocks Induced by Lichen Colonization — a Review." *Catena*, vol. 39, no. 2, Mar. 2000, pp. 121–146.

"Common Bryophyte and Lichen Species: Cladina: Reindeer Lichens." Borealforest.org, www.borealforest.org/lichens.htm. (On the taste of reindeer lichen pudding.)

Frazer, Jennifer. "The World's Largest Mining Operation Is Run by Fungi." *Scientific American Blog Network*, 5 Nov. 2015, blogs.scientificamerican.com/artful-amoeba/the-world-s-largest-mining-operation-is-run-by-fungi. (Ten percent of Earth's surface is covered by lichens.)

Gadd, Geoffrey. "Fungi, Rocks, and Minerals." *Elements,* 17 June 2017, elementsmagazine.org/2017/06/01/fungi-rocks-and-minerals. (On fungal deconstruction of rocks.)

"Lichen and the Organic Evolution from Sea to Land." *The Liquid Earth Blog*, School of Ocean Sciences, Bangor University, 2012–13, theliquidearth.org/2012/10/lichen-and-the-organic-evolution-from-sea-to-land.

Yuan, Xunlai, et al. "An Early Ediacaran Assemblage of Macroscopic and Morphologically Differentiated Eukaryotes." *Nature,* vol. 470, no. 7334, 17 Feb. 2011, pp. 390–393.

——. "The Lantian Biota: A New Window onto the Origin and Early Evolution of Multicellular Organisms." *Chinese Science Bulletin*, vol. 58, no. 7, Mar. 2012, pp. 701–707.

——. "Lichen-Like Symbiosis 600 Million Years Ago." *Science,* American Association for the Advancement of Science, 13 May 2005.

## 第二部　美味的食物

### 第1章　頭腦食物


Abraham, Guy E. "The History of Iodine in Medicine: Part 1." Optimox, www.optimox.com/iodine-study-14.

Bradbury, Joanne. "Docosahexaenoic Acid (DHA): An Ancient Nutrient for the Modern Human Brain." *Nutrients,* vol. 3, no. 5, 2011, pp. 529–554.

Burgi, H., et al. "Iodine deficiency diseases in Switzerland one hundred years after Theodor Kocher's survey." *European Journal of Endocrinology,* vol. 123, no. 6, Dec. 1990, pp. 577–590.

"Chimpanzees fishing for algae with tools in Bakoun, Guinea." www.youtube.com/watch?v=qEk_sNYAyCo.

Cunnane, Stephen C., and Kathlyn M. Stewart. *Human Brain Evolution: The Influence of Freshwater and Marine Food Resources.* Wiley-Blackwell, 2010. (Source also for EQ figures.)

——. *Survival of the Fattest: The Key to Human Brain Evolution.* World Scientific, 2006.

Eckhoff, Karen M., and Amund Maage. "Iodine Content in Fish and Other Food Products from East Africa Analyzed by ICP-MS." *Journal of Food Composition and Analysis,* vol. 10, no. 3, 7 July 1997, pp. 270–282.

Erlandson, Jon M., et al. "The Kelp Highway Hypothesis: Marine Ecology, the Coastal Migration Theory, and the Peopling of the Americas." *The Journal of Island and Coastal Archaeology,* vol. 2, no. 2, 30 June 2007, pp. 161–174.

Gibbons, Ann, et al. "The World's First Fish Supper." *Science,* 1 June 2010, www.sciencemag.org/news/201%6/worlds-first-fish-supper.

"Human Faces Are So Variable Because We Evolved to Look Unique." *Phys.org,* 16 Sept. 2014, https://phys.org/news/2014-09-human-variable-evolved-unique.html.

Kitajka, K., et al. "Effects of Dietary Omega-3 Polyunsaturated Fatty Acids on Brain Gene Expression." *Proceedings of the National Academy of Sciences,* vol. 101, no. 30, 19 July 2004, pp. 10931–10936.

MacArtain, Paul, et al. "Nutritional Value of Edible Seaweeds." *Nutrition Reviews,* vol. 65, no. 12, 2008, pp. 535–543.

Marean, Curtis W. "The Transition to Foraging for Dense and Predictable Resources and Its Impact on the Evolution of Modern Humans." *Philosophical Transactions of the Royal Society B: Biological Sciences,* vol. 371, no. 1698, 2016, p. 20, 150, 239.

——. "When the Sea Saved Humanity." *Scientific American,* 1 Nov. 2012, www.scientificamerican.com/article/when-the-sea-saved-humanity-2012-12-07.

Tarlach, Gemma. "Did the First Americans Arrive Via a Kelp Highway?" *Discover Magazine* Blogs, 2 Nov. 2017, blogs.discovermagazine.com/deadthings/2017/11/02/first-americans-kelp-highway.

Venturi, Sebastiano. "Evolutionary Significance of Iodine." *Current Chemical Biology,* vol. 5, no. 3, 2011, pp. 155–162.

Vynck, Jan C. De, et al. "Return Rates from Intertidal Foraging from Blombos

*nal of Human Evolution*, 28 Jan. 2016, pp. 101–115.
Wisniak, Jaime. "The History of Iodine From Discovery to Commodity." *Indian Journal of Chemical Technology,* vol. 8, Nov. 2001, http://nopr.niscair.res.in/bitstream/123456789/22953/1/IJCT%208%286%29%20518-526.pdf.
Zhao, Wei, et al. "Prevalence of Goiter and Thyroid Nodules before and after Implementation of the Universal Salt Iodization Program in Mainland China from 1985 to 2014: A Systematic Review and Meta-Analysis." *PLOS One*, 14 Oct. 2014, https://journals.plos.org/plosone/article?id=10.1371/journal.pone.0109549.

## 第2章　來自海草的救贖

Cian, Raúl, et al. "Proteins and Carbohydrates from Red Seaweeds: Evidence for Beneficial Effects on Gut Function and Microbiota." *Marine Drugs*, vol. 13, no. 8, 20 Aug. 2015, pp. 5358–5383.
Crawford, Elizabeth. "As Seaweed Snacks Gain Popularity, They Present a Chance to Get in at Ground Level, Expert Says." *foodnavigator-usa.com*, 29 Sept. 2015, www.foodnavigator-usa.com/Article/2015/09/30/Seaweed-gains-popularity-presenting-a-chance-to-get-in-at-ground-level.
Drew, Kathleen M. "Conchocelis-Phase in the Life-History of Porphyra umbilicalis (L.) Kütz." *Nature*, vol. 164, 29 Oct. 1949, p. 748–749. (On Drew-Baker's discovery of the reproductive cycle of *Porphyra*.)
Fitzgerald, Ciarán, et al. "Heart Health Peptides from Macroalgae and Their Potential Use in Functional Foods." *Journal of Agricultural and Food Chemistry*, vol. 59, no. 13, 2011, pp. 6829–6836.
Hehemann, Jan-Hendrik, et al. "Transfer of Carbohydrate-Active Enzymes from Marine Bacteria to Japanese Gut Microbiota." *Nature*, 8 Apr. 2010, www.nature.com/articles/nature08937.
Lund, J. W. G., et al. "Kathleen M. Drew D.Sc. (Mrs. H. Wright-Baker) 1901–1957." *British Phycological Bulletin*, vol. 1, no. 6, 1958, pp. iv–12.
Schaefer, Ernst, et al. "Plasma Phosphatidylcholine Docosahexaenoic Acid Content and Risk of Dementia and Alzheimer Disease." *Archives of Neurology*, vol. 63, no. 11, 2006, p. 1,545. (For evidence that high DHA content in the brain is linked to a reduction in Alzheimer's risk.)

## 第4章　威爾斯人的美食

Morton, Chris. "Laverbread — The Story of a True Welsh Delicacy." *Bodnant Welsh Food*, 26 July 2013, www.bodnant-welshfood.co.uk/laverbread-2900/.html.

## 第5章　以海草維生

Yamamoto, S., et al. "Soy, isoflavones, and breast cancer risk in Japan." *Journal of the National Cancer Institute*, vol. 95, no. 12, 18 June 2003.

## 第6章　全新嘗試

Canfield, Clarke. "Boom in Urchin Harvest Flips Maine's Ecosystem." *Press Herald*, 26 Mar. 2013.

Kleiman, Dena. "Scorned at Home, Maine Sea Urchin Is a Star in Japan." *New York Times*, 3 Oct. 1990.

Sifton, Sam. "The Flavor Enhancer You Don't Need to Tell Anyone About." *New York Times*, 8 Feb. 2018. (On the benefits of cooking with dulse.)

## 第7章　螺旋藻

Renton, Alex. "If MSG Is So Bad for You, Why Doesn't Everyone in Asia Have a Headache?" *The Guardian*, Guardian News and Media, 10 July 2005. (Why MSG, the source of umami, does not cause headaches.)

Yang, Sarah. "New Study Finds Kelp Can Reduce Level of Hormone Related to Breast Cancer Risk." *UC Berkeley News*, Office of Public Affairs, 2 May 2005, www.berkeley.edu/news/media/releases/2005/02/02_kelp.shtml.

# 第三部　藻類的實用功能

## 第1章　餵養植物與動物

BalterJul, Michael, et al. "Researchers Discover First Use of Fertilizer." *Science*, 15 July 2013, www.sciencemag.org/news/2013/07/researchers-discover-first-use-fertilizer. (On seaweeds as crop fertilizers.)

Barry, Kathleen A., et al. "Prebiotics in Companion and Livestock Animal Nutrition." In *Prebiotics and Probiotics Science and Technology*, edited by Dimitris Charalampopoulos and Robert A. Rastall, Springer, 2009.

Battacharyya, Dhriti, et al. "Seaweed Extracts as Biostimulants in Horticulture." *Scientia Horticulturae*, vol. 196, 2015, pp. 39–48.

Calvo, Pamela, et al. "Agricultural Uses of Plant Biostimulants." *Plant and Soil*, vol. 383, nos. 1–2, 2014, pp. 3–41.

Evans, F. D., and A. T. Critchley. "Seaweeds for Animal Production Use." *Journal of Applied Phycology*, vol. 26, no. 2, 10 Sept. 2013, pp. 891–899. (For data on the value of adding *Ascophyllum* to livestock diets.)

Flint, Harry J., et al. "The Role of the Gut Microbiota in Nutrition and Health." *Nature Reviews Gastroenterology & Hepatology*, vol. 9, no. 10, 4 Sept. 2012, pp. 577–589.

"The Importance of Seaweed across the Ages." *BioMara*, www.biomara.org/understanding-seaweed/the-importance-of-seaweed-across-the-ages.html.

Khan, Wajahatullah, et al. "Seaweed Extracts as Biostimulants of Plant Growth and Development." *Journal of Plant Growth Regulation*, vol. 28, no. 4, Dec. 2009, pp. 386–399.

Lloyd-Price, Jason, et al. "The Healthy Human Microbiome." *Genome Medicine*, vol. 8, no. 1, 27 Apr. 2016.

O'Sullivan, Laurie, et al. "Prebiotics from Marine Macroalgae for Human and

tute, 1 July 2010, www.mdpi.com/1660-3397/8/7/2038.
Saad, N., et al. "An Overview of the Last Advances in Probiotic and Prebiotic Field." *LWT—Food Science and Technology*, vol. 50, no. 1, 21 May 2012, pp. 1–16.
"Tackling Drug-Resistant Infections Globally." *Review on Antimicrobial Resistance,* May 2016, https://amr-review.org/sites/default/files/160525_Final%20paper_with%20cover.pdf.

## 第2章　濃稠的藻膠

Bixler, Harris J., and Hans Porse. "A Decade of Change in the Seaweed Hydrocolloids Industry." *Journal of Applied Phycology*, vol. 23, no. 3, 22 Apr. 2010, pp. 321–335.
Callaway, Ewen. "Lab Staple Agar Hit by Seaweed Shortage." *Algae World News*, 13 Dec. 2015, news.algaeworld.org/2015/12/lab-staple-agar-hit-by-seaweed-shortage.
Connett, David. "Why a Global Seaweed Shortage Is Bad News for Scientists." *The Independent*, 3 Jan. 2016.
Downs, C. A., et al. "Toxicopathological Effects of the Sunscreen UV Filter, Oxybenzone (Benzophenone-3), on Coral Planulae and Cultured Primary Cells and Its Environmental Contamination in Hawaii and the U.S. Virgin Islands." *SpringerLink*, 20 Oct. 2015, https://link.springer.com/article/10.1007%2Fs00244-015-0227-7.
"FAO/WHO Joint Expert Committee on Food Additives (JECFA) Releases Technical Report on Carrageenan Safety in Infant Formula." *PR Newswire*, June 2015.
Fernandes, Susana C. M., et al. "Exploiting Mycosporines as Natural Molecular Sunscreens for the Fabrication of UV-Absorbing Green Materials." *ACS Applied Materials & Interfaces,* vol. 7, no. 30, 13 July 2015, pp. 16558–165564.
Fleming, Derek, and Kendra Rumbaugh. "Approaches to Dispersing Medical Biofilms." *Microorganisms,* vol. 5, no. 2, 1 Apr. 2017, pp. 1–16. (Algal drugs that disrupt these living membranes are a hallmark of certain diseases, including cystic fibrosis.)
"Is Carrageenan Safe?" *Follow Your Heart,* followyourheart.com/is-carrageenan-safe.
Iselin, Josie. "The Hidden Life of Seaweed: How a Rockland Seaweed Factory Helped Create the Processed Foods We Know and Love Today." *Maine Boats Homes & Harbors,* 11 July 2016, maineboats.com/print/issue-129/hidden-life-seaweed.
Keane, Kaitlin. "Video: Irish Sea Mossers Recall 40 Years of Camaraderie at Reunion." *Patriot Ledger* (Quincy, MA), 25 Aug. 2008, www.patriotledger.com/article/20080825/News/308259948.
Lawrence, Karl, and Antony Young. "Your Sunscreen May Be Polluting the Ocean—But Algae Could Offer a Natural Alternative." *The Conversation,* 1 Sept. 2017, http://theconversation.com/your-sunscreen-may-be-pollut

Significance." *Marine & Freshwater Products Handbook*. Technomic, 2000.
McHugh, Dennis J. "A Guide to the Seaweed Industry." Food and Agricultural Organization of the United Nations, 2003, www.fao.org/docrep/006/y4765e/y4765e0b.htm.
McKim, James M., et al. "Effects of Carrageenan on Cell Permeability, Cytotoxicity, and Cytokine Gene Expression in Human Intestinal and Hepatic Cell Lines." *Food and Chemical Toxicology,* vol. 96, Oct. 2016, pp. 1–10.
Murphy, Barbara. *Irish Mossers and Scituate Harbour Village*. B. Murphy, 1980.
Pritchard, Manon F., et al. "A Low-Molecular-Weight Alginate Oligosaccharide Disrupts Pseudomonal Microcolony Formation and Enhances Antibiotic Effectiveness." *Antimicrobial Agents and Chemotherapy*, vol. 61, no. 9, 19 Aug. 2017. (On biofilm disruption.)
Romo, Vanessa. "Hawaii Approves Bill Banning Sunscreen Believed to Kill Coral Reefs." NPR, 2 May 2018, www.npr.org/sections/thetwo-way/2018/05/02/607765760/hawaii-approves-bill-banning-sunscreen-believed-to-kill-coral-reefs.
"The Seaweed Site: Information on Marine Algae." www.seaweed.ie/uses_general/carrageenans.php. (Good summary of the carrageenan controversy.)
Stoloff, Leonard. "Irish Moss—from an Art to an Industry." *Economic Botany,* vol. 3, no. 4, 1949, pp. 428–435.
"Take the Luck Out of Clear Beer with Irish Moss." American Homebrewers Association, www.homebrewersassociation.org/how-to-brew/take-the-luck-out-of-clear-beer-with-irish-moss.
Valderamma, Diego. *Social and Economic Dimensions of Carrageenan Seaweed Farming*. Food and Agricultural Organization of the United Nations, 2013, www.fao.org/3/a-i3344e.pdf.
Wagner, Lisa. "Chemicals in Sunscreen Are Harming Coral Reefs, Says New Study." National Public Radio, *The Two-Way,* 20 Oct. 2015, www.npr.org/sections/thetwo-way/2015/10/20/450276158/chemicals-in-sunscreen-are-harming-coral-reefs-says-new-study.
Watson, Duika Burges. "Public Health and Carrageenan Regulation: A Review and Analysis." *Journal of Applied Phycology,* vol. 20, no. 5, 2007, pp. 505–513.
Weiner, Myra L. "Food Additive Carrageenan: Part II: A Critical Review of Carrageenan in vivo Safety Studies." *Critical Reviews in Toxicology*, vol. 44, no. 3, 2014, pp. 244–269.
Yang, Guang, et al. "Photosynthetic Production of Sunscreen Shinorine Using an Engineered Cyanobacterium." *ACS Synthetic Biology,* vol. 7, no. 2, 2018, pp. 664–671.

## 第3章　發現陸地 第三集

Abolofia, J., F. Asche, and J. E. Wilen. "The Cost of Lice: Quantifying the Impacts of Parasitic Sea Lice on Farmed Salmon." 21 April 2017, *Marine Resource*

Farm in Belfast." *Press Herald*, 31 Jan. 2018.
Cruz-Suarez, Lucia Elizabeth, et al. "Shrimp/*Ulva* co-culture: A sustainable alternative to diminish the need for artificial feed and improve shrimp quality." *Aquaculture*, vol. 301, nos. 1–4, 23 Mar. 2010, pp. 64–68.
Elizondo-González, Regina, et al. "Use of Seaweed *Ulva Lactuca* for Water Bioremediation and as Feed Additive for White Shrimp *Litopenaeus Vannamei*." *PeerJ*, 5 Mar. 2018, https://peerj.com/articles/4459.
Gui, Jian-Fang. *Aquaculture in China: Success Stories and Modern Trends*. John Wiley & Sons, 31 Mar. 2018. (See chapter 3.12, "Rabbitfish: An Emerging Herbivorous Marine Aquaculture Species.")
*Managing Forage Fish—Recommendations from the Lenfest Task Force*. Pew Charitable Trusts, 13 Apr. 2017, www.lenfestocean.org/en/news-and-publications/published-paper/managing-forage-fish-recommendations-from-the-lenfest-task-force.
"New Fish Farms Move from Ocean to Warehouse." Worldwatch Institute, 10 Apr. 2018, www.worldwatch.org/node/5718.
Parshley, Lois. "The Most Sustainable Way to Raise Seafood Might Be on Land." *Popular Science*, 22 Sept. 2015. (For Indiana's shrimp farms.)

## 第4章　做為原料的海草

Dungworth, David. "Innovations in the 17th-Century Glass Industry: The Introduction of Kelp (Seaweed) Ash in Britain." Association Verre Et Histoire, 14 June 2011.
Geyer, R., J. Jambeck, and K. Law. "Production, use, and fate of all plastics ever made." *Science Advances*, 19 July 2017, vol. 3, no. 7.
"The Importance of Seaweed across the Ages." *BioMara*, www.biomara.org/understanding-seaweed/the-importance-of-seaweed-across-the-ages.html.
"How Once-Popular Pool Halls Ushered in the Age of Plastic." 99% Invisible. *Slate*, 13 May 2015, www.slate.com/blogs/the_eye/2015/05/13/the_death_of_billiards_and_the_rise_of_plastic_on_99_invisible_with_roman.html.
Johnson, Samuel. "A Journey to the Western Isles of Scotland." Gutenberg.org, 5 Apr. 2005, digital.library.upenn.edu/webbin/gutbook/lookup?num=2064.
"Kelp Burning in Orkney." *Orkneyjar—The Heritage of the Orkney Islands*, orkneyjar.com/tradition/kelpburning.htm.
Rymer, Leslie. "The Scottish Kelp Industry." *Scottish Geographical Magazine*, vol. 90, Dec. 1974.

## 第5章　藻類油

Aarhus University. "Hydrothermal Liquefaction—Most Promising Path to Sustainable Bio-Oil Production." *Phys.org*, 6 Feb. 2013, phys.org/news/2013-02-hydrothermal-liquefactionmost-path-sustainable-bio-oil.html.
*Algae to Crude Oil: Million-Year Natural Process Takes Minutes in the Lab*. Pa-

release.aspx?id=1029. (For more on hydrothermal liquefaction.)
Barreiro, Diego López, et al. "Hydrothermal Liquefaction (HTL) of Microalgae for Biofuel Production: State of the Art Review and Future Prospects." *Biomass and Bioenergy*, vol. 53, 8 Feb. 2013, pp. 113–127.
"Crude Oil Prices—70 Year Historical Chart." Macrotrends, 2018, www.macrotrends.net/1369/crude-oil-price-history-chart.
Davis, Ryan, et al. "Techno-Economic Analysis of Autotrophic Microalgae for Fuel Production." *Applied Energy*, vol. 88, no. 10, 17 May 2011, pp. 3524–3531, https://www.sciencedirect.com/science/article/pii/S0306261911002406. (The authors at the National Renewable Energy Laboratory calculated in 2011 that algae diesel would be $9.84 per gallon, including a 10 percent return.)
Dong, Tao, et al. "Combined Algal Processing: A Novel Integrated Biorefinery Process to Produce Algal Biofuels and Bioproducts." *Algal Research*, 18 Jan. 2016. (For a new process that captures sugars, lipids, and proteins to maximize biofuel production and lower its cost.)
Elliott, Douglas C., et al. "Hydrothermal Liquefaction of Biomass: Developments from Batch to Continuous Process." *Bioresource Technology*, vol. 178, 13 Oct. 2014, pp. 147–156. (On fast hydrothermal liquefaction.)
Gluck, Robert. *Q & A with Sapphire Energy's Mike Mendez—Part I*. https://biofuelsdigest.blogspot.com/2010/11/q-with-sapphire-energys-mike-mendez.html, 19 Nov. 2010.
——. *Q & A with Sapphire Energy's Mike Mendez—Part II*. Nov. 2010. (Formerly available online at biofuelsdigest.blogspot.com.)
Kumar, Ramanathan Ranjith, et al. "Lipid Extraction Methods from Microalgae: A Comprehensive Review." *Frontiers in Energy Research*, vol. 2, 8 Jan. 2015.
Li, Yan, et al. "A Comparative Study: The Impact of Different Lipid Extraction Methods on Current Microalgal Lipid Research." *Microbial Cell Factories*, BioMed Central, 24 Jan. 2014.
Mitra, Aditee. "The Perfect Beast." *Scientific American*, vol. 318, no. 4, 20 Apr. 2018, pp. 26–33, doi:10.1038/scientificamerican0418-26. (On the newly discovered ubiquity of mixotrophs.)
"Sapphire Press Release Extracts." *Sapphire Energy*. Sapphire.com.
Woody, Todd. "The U.S. Military's Great Green Gamble Spurs Biofuel Startups." *Forbes*, 25 Sept. 2012.
Yap, Benjamin H. J., et al. "Nitrogen Deprivation of Microalgae: Effect on Cell Size, Cell Wall Thickness, Cell Strength, and Resistance to Mechanical Disruption." *Journal of Industrial Microbiology & Biotechnology*, vol. 43, no. 12, 6 Oct. 2016, pp. 1671–1680. (For data on algae cell wall thickness.)

## 第6章　燃油之外的藻類油

Abdelhamid, A. S., et al. "Omega 3 fatty acids for the primary and secondary prevention of cardiovascular disease." ResearchGate, July 2018, www.re

primary_and_secondary_prevention_of_cardiovascular_disease.
"Bon Appétit Management Company Adopts TerraVia's Innovative Algae Oils." BusinessWire, 31 Jan. 2017, www.businesswire.com/news/home/20170131005375/en/Bon-App%C3%A9tit-Management-Company-Adopts-TerraVias-Innovative.
Byelashov, Oleksandr A., and Mark E. Griffin. "Fish In, Fish Out: Perception of Sustainability and Contribution to Public Health." *Fisheries,* vol. 39, no. 11, 24 Nov. 2014, pp. 531–535. (For commentary on the decline of omega-3 oils in aquacultured fish.)
Cardwell, Diane. "For Solazyme, a Side Trip on the Way to Clean Fuel." *New York Times*, 22 June 2013.
Essington, T. E., et al. "Fishing amplifies forage fish population collapses." *PNAS,* 26 May 2015, https://doi.org/10.1073/pnas.1422020112.
Hage, Øystein, and Fiskeribladet Fiskaren. "Skretting Exec: Consumers Must Accept Lower Omega 3 Levels." *IntraFish,* 6 May 2016, www.intrafish.com/news/489562/skretting-exec-consumers-must-accept-lower-omega-3-levels.
"The Science—and Environmental Hazards—Behind Fish Oil Supplements." *Fresh Air,* Terry Gross interview with Paul Greenberg, author of *The Omega Principle: Seafood and the Quest for a Long Life and a Healthier Planet,* 9 July 2018, www.npr.org/2018/07/09/627229213/the-science-and-environmental-hazards-behind-fish-oil-supplements.
"The Use of Algae in Fish Feeds as Alternatives to Fishmeal." *The Fish Site,* 13 Nov. 2013, thefishsite.com/articles/the-use-of-algae-in-fish-feeds-as-alternatives-to-fishmeal.
White, Cliff. "Algae-Based Aqua Feed Firms Breaking down Barriers for Fish-Free Feeds." *Seafoodsource.com,* 6 Apr. 2017, www.seafoodsource.com/news/aquaculture/algae-based-aquafeed-firms-breaking-down-barriers-for-fish-free-feeds.

## 第7章　乙醇

Abbasi, Jennifer. "Kill Switches for GMOs." *Scientific American,* vol. 313, no. 6, 17 Nov. 2015, p. 36. (On preventing the escape of modified organisms into the environment.)
Boettner, Benjamin. "Kill Switches for Engineered Microbes Gone Rogue." *Wyss Institute,* 21 May 2018, wyss.harvard.edu/kill-switches-for-engineered-microbes-gone-rogue.
Mumm, Rita H, et al. "Land Usage Attributed to Corn Ethanol Production in the United States." *Biotechnology and Biofuels,* 12 Apr. 2014.

## 第8章　藻類燃料的未來

Bittman, Mark. "Is Natural Gas 'Clean'?" *New York Times Opinionator,* 24 Sept. 2013, opinionator.blogs.nytimes.com/2013/09/24/is-natural-gas-clean.
"Crude Oil Prices—70 Year Historical Chart." Macrotrends, 2018, www.mac

html. (For aviation's contribution to total carbon dioxide emissions.)
Gilson, Dave, and Benjy Hansen-Bundy. "How Big Oil Clings to Billions in Government Giveaways." *Mother Jones*, 24 June 2017.
Guglielmi, Giorgia. "Methane Leaks from US Gas Fields Dwarf Government Estimates." *Nature*, vol. 558, no. 7711, 28 June 2018, pp. 496–497.
Hanson, Chris. "Algae Tricked into Staying up Late to Produce Biomaterials." *Biomassmagazine.com*, 19 Nov. 2013, biomassmagazine.com/articles/9708/algae-tricked-into-staying-up-late-to-produce-biomaterials.
Kim, Hyun Soo, et al. "High-Throughput Droplet Microfluidics Screening Platform for Selecting Fast-Growing and High Lipid-Producing Microalgae from a Mutant Library." *Freshwater Biology*, 27 Sept. 2017.
Lane, Jim. "A Breakthrough in Algae Harvesting." *Biofuels Digest*, 21 Aug. 2016, www.biofuelsdigest.com/bdigest/2016/08/21/a-breakthrough-in-algae-harvesting.
"Proof That a Price on Carbon Works." *New York Times*, 19 Jan. 2016.
Salisbury, David. "Tricking Algae's Biological Clock Boosts Production of Drugs, Biofuels." Vanderbilt University, 7 Nov. 2013, news.vanderbilt.edu/2013/11/07/algaes-clock-drugs-biofuels.
Stockton, Nick. "Fattened, Genetically Engineered Algae Might Fuel the Future." *Wired*, Conde Nast, 20 June 2017.
Waller, Peter, et al. "The Algae Raceway Integrated Design for Optimal Temperature Management." *Biomass and Bioenergy*, vol. 46, 11 Aug. 2012, pp. 702–709.
"World Jet Fuel Consumption by Year." *IndexMundi*, 2013, www.indexmundi.com/energy/?product=jet-fuel.

## 第四部　藻類與氣候變遷

### 第1章　珊瑚蟲黃藻

Dubinsky, Zvy, and Noga Stambler. *Coral Reefs: An Ecosystem in Transition*. Springer, 2014.
Harvey, Martin. "Coral Reefs: Importance." World Wildlife Fund, wwf.panda.org/our_work/oceans/coasts/coral_reefs/coral_importance. (Data on the economic importance of coral reefs.)
Klein, Joanna. "In the Deep, Dark Sea, Corals Create Their Own Sunshine." *New York Times*, 8 July 2017. (On how corals create light for their zoox.)
Thurber, Rebecca Vega, et al. "Macroalgae Decrease Growth and Alter Microbial Community Structure of the Reef-Building Coral, *Porites Astreoides*." *PLOS One*, 5 Sept. 2012.

### 第2章　保護珊瑚礁？

Apprill, Amy M., and Ruth D. Gates. "Recognizing Diversity in Coral Symbiotic Dinoflagellate Communities." *Molecular Ecology*, vol. 16, no. 6, 2006, pp. 1127–1134.

Climate Change." *Proceedings of the Royal Society B: Biological Sciences,* vol. 273, no. 1599, 2006, pp. 2305–2312.

Cai, Wenju, et al. "Increasing frequency of extreme El Niño events due to greenhouse warming." *Nature Climate Change,* 19 Jan. 2014, vol. 4, pp. 111–116.

Kline, David I., and Steven V. Vollmer. "White Band Disease (Type I) of Endangered Caribbean Acroporid Corals Is Caused by Pathogenic Bacteria." Nature.com, *Scientific Reports,* vol. 1, no. 1, 14 June 2011, www.nature.com/articles/srep00007.

Leibach, Julie. "Coral Sperm Banks: A Safety Net for Reefs?" *Science Friday,* 1 June 2016, www.sciencefriday.com/articles/coral-sperm-banks-a-safey-net-for-reefs/.

Little, A. F., et al. "Flexibility in Algal Endosymbioses Shapes Growth in Reef Corals." *Science,* vol. 304, no. 5676, 4 June 2004, pp. 1492–1494.

Morris, Emily, and Ruth D. Gates. "Functional Diversity in Coral-Dinoflagellate Symbiosis." *PNAS,* National Academy of Sciences, 8 July 2008.

Oppen, Madeleine J. H. van, et al. "Building Coral Reef Resilience through Assisted Evolution." *PNAS,* National Academy of Sciences, 24 Feb. 2015.

Pala, Chris. "Bonaire: The Last Healthy Coral Reef in the Caribbean." *The Ecologist,* 17 Nov. 2017, theecologist.org/2011/jan/04/bonaire-last-healthy-coral-reef-caribbean.

Putnam, H. M., and R. D. Gates. "Preconditioning in the Reef-Building Coral *Pocillopora damicornis* and the Potential for Trans-Generational Acclimatization in Coral Larvae under Future Climate Change Conditions." *Journal of Experimental Biology,* vol. 218, no. 15, 2015, pp. 2365–2372. (On building tolerance of corals in labs and research on passing down epigenetic changes.)

Sampayo, E. M., et al. "Bleaching Susceptibility and Mortality of Corals Are Determined by Fine-Scale Differences in Symbiont Type." *Proceedings of the National Academy of Sciences,* vol. 105, no. 30, 2008, pp. 10444–10449. (Research on the importance of *Symbiodinium* clades in coping with climate change.)

Thurber, Rebecca Vega, et al. "Macroalgae Decrease Growth and Alter Microbial Community Structure of the Reef-Building Coral, *Porites astreoides.*" *PLOS One,* 5 Sept. 2012, https://journals.plos.org/plosone/article?id=10.1371/journal.pone.0044246.

## 第3章　藻類造成的災禍

"The Algae Is Coming, But Its Impact Is Felt Far from Water." *NPR,* 11 Aug. 2013, www.npr.org/2013/08/11/211130501/the-algae-is-coming-but-its-impact-is-felt-far-from-water.

Bargu, Sibel, et al. "Mystery behind Hitchcock's birds." *Nature Geoscience,* vol. 5, no. 1, 2011, pp. 2–3.

Dodds, Walter. "Eutrophication of US Freshwaters: Analysis of Potential Economic Damages." *Environmental Science & Technology,* vol. 43, no. 1, 12

*Okeechobee News*, 22 July 2016, okeechobeenews.net/lake-okeechobee/theres-story-invasion-algae-megabloom.
*Gulf Shrimp Prices Reveal Hidden Economic Impact of Dead Zones*. Duke University, Nicholas School of the Environment, 30 Jan. 2017, nicholas.duke.edu/about/news/gulf-shrimp-prices-reveal-hidden-economic-impact-dead-zones.
Hauser, Christine. "Algae Bloom in Lake Superior Raises Worries on Climate Change and Tourism." *New York Times*, 29 Aug. 2018, https://www.nytimes.com/2018/08/29/science/lake-superior-algae-toxic.html.
Lyn, Cheryl. "Dead Zones Spreading in World Oceans." *OUP Academic*, Oxford University Press, *BioScience*, vol. 55, no. 7, 1 July 2005, pp. 552–557.
Milstein, Michael. "NOAA Fisheries mobilizes to gauge unprecedented West Coast toxic algal bloom." Northwest Fisheries Science Center, June 2015, www.nwfsc.noaa.gov/news/features/west_coast_algal_bloom/index.cfm.
Nobel, Mariah. "Utah Lake Reopens as Algal Threat Subsides." *Salt Lake Tribune*, 30 July 2016, updated 4 Jan. 2017.
"Toxic Algal Blooms behind Klamath River Dams Create Health Risks Far Downstream." *Life at OSU*, 16 June 2015, today.oregonstate.edu/archives/2015/jun/toxic-algal-blooms-behind-klamath-river-dams-create-health-risks-far-downstream.
Zimmer, Carl. "Cyanobacteria Are Far from Just Toledo's Problem." *New York Times*, 20 Dec. 2017.
*(See also sources in Chapter 5.)*

## 第4章　清除藻華

Adey, Walter, and Karen Loveland. *Dynamic Aquaria: Building and Restoring Living Ecosystems*. Academic Press, 2007.
"Algae: A Mean, Green Cleaning Machine." USDA *AgResearch Mag*, May 2010, agresearchmag.ars.usda.gov/2010/may/algea.
Calahan, Dean, and Ed Osenbaugh. "Algal Turf Scrubbing: Creating Helpful, Not Harmful, Algal 'Blooms.'" Science Trends, 25 May 2018, sciencetrends.com/algal-turf-scrubbing-creating-helpful-not-harmful-algal-blooms.
Staletovich, Jenny. "Lake Okeechobee: A Time Warp for Polluted Water." *Orlando Sentinel*, 20 Aug. 2016, www.orlandosentinel.com/news/environment/os-ap-okeechobee-polluted-water-20160820-story.html.
——. "Massive and Toxic Algae Bloom Threatens Florida Coasts with Another Lost Summer." *Miami Herald*, 29 June 2018, updated 7 Aug. 2018.
Warrick, Joby. "Large 'Dead Zone' Signals Continued Problems for the Chesapeake Bay." *Washington Post*, 31 Aug. 2014.

## 第5章　打造怪物

"The Algae Is Coming, But Its Impact Is Felt Far from Water." NPR, 11 Aug. 2013, www.npr.org/2013/08/11/211130501/the-algae-is-coming-but-its-impact-is-felt-far-from-water.

*Global Change Biology*, vol. 21, no. 4, 10 Aug. 2014, pp. 1395–1406.
Aronsohn, Marie D. "Studying Bioluminescent Blooms in the Arabian Sea." *State of the Planet*, 7 Dec. 2017, blogs.ei.columbia.edu/2017/12/04/studying-bioluminescent-blooms-arabian-sea.
Berwyn, Bob, et al. "Tiny Pink Algae May Have a Big Role in the Arctic Melting." InsideClimate News, 4 Jan. 2017, insideclimatenews.org/news/24062016/tiny-pink-algae-snow-arctic-melting-global-warming-climate-change.
Bothwell, Max L., et al. "The Didymo Story: The Role of Low Dissolved Phosphorus in the Formation of Didymosphenia Geminata Blooms." *Diatom Research*, vol. 29, no. 3, 4 Mar. 2014, pp. 229–236.
Chapra, Steven C., et al. "Climate Change Impacts on Harmful Algal Blooms in U.S. Freshwaters: A Screening-Level Assessment." *Environmental Science & Technology*, vol. 51, no. 16, 2017, pp. 8933–8943.
"Climate Change and Harmful Algal Blooms." Environmental Protection Agency, 9 Mar. 2017, www.epa.gov/nutrientpollution/climate-change-and-harmful-algal-blooms.
"Collateral Consequences: Climate Change and the Arabian Sea." Lamont-Doherty Earth Observatory, 4 Dec. 2017, www.ldeo.columbia.edu/news-events/collateral-consequences-climate-change-and-arabian-sea.
Conniff, Richard. "The Nitrogen Problem: Why Global Warming Is Making It Worse." *Yale Environment 360*, 7 Aug. 2017, e360.yale.edu/features/the-nitrogen-problem-why-global-warming-is-making-it-worse.
Danovaro, Roberto, et al. "Sunscreens Cause Coral Bleaching by Promoting Viral Infections." *Environmental Health Perspectives*, 2008.
Dell'Amore, Christine. "River Algae Known as Rock Snot Boosted by Climate Change?" *National Geographic*, 12 Mar. 2014.
Embury-Dennis, Tom. "'Dead Zone' Larger than Scotland Found by Underwater Robots in Arabian Sea." *The Independent*, 27 Apr. 2018, www.independent.co.uk/environment/dead-zone-arabian-sea-gulf-oman-underwater-robots-ocean-pollution-discovery-a8325676.html.
"Fast Facts: Hurricane Costs." Office for Coastal Management, National Oceanic and Atmospheric Administration, https://coast.noaa.gov/states/fast-facts/hurricane-costs.html.
"Forest Fertilization in British Columbia." *British Columbia*, Ministry of Forests and Range, https://www2.gov.bc.ca/assets/gov/environment/natural-resource-stewardship/land-based-investment/forests-for-tomorrow/fertilizationsynopsisfinal.pdf.
Ganey, Gerard Q., et al. "The Role of Microbes in Snowmelt and Radiative Forcing on an Alaskan Icefield." *Nature Geoscience*, vol. 10, no. 10, 2017, pp. 754–759.
"Impacts of Climate Change on the Occurrence of Harmful Algal Blooms." Environmental Protection Agency Office of Water, May 2013, www.epa.gov/sites/production/files/documents/climatehabs.pdf.
Jones, Ashley M. Environmental Protection Agency, 22 Aug. 2016, blog.epa.gov/blog/2016/08/from-grasslands-to-forests-nitrogen-impacts-all-ecosys

anotoxin (Microcystin) Transfer from Land to Sea Otters." *PLOS One*, 10 Sept. 2010, journals.plos.org/plosone/article?id=10.1371%2Fjournal.pone.0012576.
Ogden, Nicholas H., et al. "Estimated Effects of Projected Climate Change on the Basic Reproductive Number of the Lyme Disease Vector Ixodes Scapularis." *Environmental Health Perspectives*, 14 Mar. 2014.
O'Hanlon, Larry. "The Brown Snot Taking over the World's Rivers." *BBC Earth*, 29 Sept. 2014, www.bbc.com/earth/story/20140922-green-snot-takes-over-worlds-rivers.
Paerl, Hans W., and Jef Huisman. "Blooms Like It Hot." *Science*, 4 Apr. 2008.
Pelley, Janet. "Taming Toxic Algae Blooms." American Chemical Society, *ACS Central Science*, *2* (5), pp 270–273, 12 May 2016. (How nitrogen and phosphorus runoff will make algal blooms.)
Preece, Ellen. "Transfer of Microcystin from Freshwater Lakes to Puget Sound, WA, and Toxin Accumulation in Marine Mussels." *EPA Presentation Region 10 HAB Workshop*, US EPA, 29 Mar. 2016, www.epa.gov/sites/production/files/2016-03/documents/transfer-microcystin-freshwater-lakes.pdf.
Stibal, Marek, et al. "Algae Drive Enhanced Darkening of Bare Ice on the Greenland Ice Sheet." *Geophysical Research Letters*, vol. 44, no. 22, 28 Nov. 2017, pp. 11463–11471.
"Vermont Repeals Felt Sole Ban." *American Angler*, 23 June 2016, www.americanangler.com/vermont-repeals-felt-sole-ban.
"*Vibrio* Species Causing Vibriosis." Centers for Disease Control and Prevention, 19 Apr. 2018, www.cdc.gov/vibrio/index.html.
Welch, Craig. "Climate Change Pushing Tropical Diseases Toward Arctic." *National Geographic*, 14 June 2017.
Wheeler, Timothy. "2010 food poisoning cases linked to Asian bacteria in raw oysters." *Bay Journal*, 18 May 2016, www.bayjournal.com/article/2010_food_poisoning_case_linked_to_asian_bacteria_in_raw_oysters. (Data on cases of *vibrio* infection.)
Yardley, Jim. "To Save Olympic Sailing Races, China Fights Algae." *New York Times*, 1 July 2018, www.nytimes.com/2008/07/01/world/asia/01algae.html.
Yirka, Bob. "Algae Growing on Snow Found to Cause Ice Field to Melt Faster in Alaska." *Phys.org*, 19 Sept. 2017, phys.org/news/2017-09-algae-ice-field-faster-alaska.html.
Zielinski, Sarah. "Ocean Dead Zones Are Getting Worse Globally Due to Climate Change." *Smithsonian*, 10 Nov. 2014.
"*Zooplankton:* Noctiluca Scintillans." University of Tasmania, Institute for Marine and Antarctic Studies, 2 Feb. 2013, www.imas.utas.edu.au/zooplankton/image-key/noctiluca-scintillans.

## 第6章　地球工程

Arrigo, Kevin R., et al. "Melting Glaciers Stimulate Large Summer Phytoplank-

*ters*, vol. 44, no. 12, 31 May 2017, pp. 6278–6285.
Biello, David. "Controversial Spewed Iron Experiment Succeeds as Carbon Sink." *Scientific American,* 18 July 2012.
Bishop, James K. B., and Todd J. Wood. "Year-Round Observations of Carbon Biomass and Flux Variability in the Southern Ocean." *Global Biogeochemical Cycles,* vol. 23, no. 2, May 2009.
Cumming, Vivien. "Earth — How Hot Could the Earth Get?" *BBC Earth,* 30 Nov. 2015, www.bbc.com/earth/story/20151130-how-hot-could-the-earth-get.
Disparte, Dante. "If You Think Fighting Climate Change Will Be Expensive, Calculate the Cost of Letting It Happen." *Harvard Business Review,* 5 July 2017.
Dodd, Scott. "DMS: The Climate Gas You've Never Heard Of." *Oceanus Magazine,* 17 July 2008, www.whoi.edu/oceanus/feature/dms--the-climate-gas-youve-never-heard-of.
Fountain, Henry. "How Oman's Rocks Could Help Save the Planet." *Gulf News,* 26 Apr. 2018, https://gulfnews.com/news/gulf/oman/how-oman-s-rocks-could-help-save-the-planet-1.2213007.
Glennon, Robert. "The Unfolding Tragedy of Climate Change in Bangladesh." *Scientific American Blog Network,* 21 Apr. 2017, blogs.scientificamerican.com/guest-blog/the-unfolding-tragedy-of-climate-change-in-bangladesh. (Data on Bangladeshis to be displaced by sea rise.)
Gramling, Carolyn, et al. "Tiny Sea Creatures Are Making Clouds over the Southern Ocean." *Science,* 9 Dec. 2017, www.sciencemag.org/news/2015/07/tiny-sea-creatures-are-making-clouds-over-southern-ocean.
Grandey, B. S., and C. Wang. "Enhanced Marine Sulphur Emissions Offset Global Warming and Impact Rainfall." *Scientific Reports,* 21 Aug. 2015.
Johnston, Ian. "The Cost of Climate Change Has Been Revealed, and It's Horrifying." *The Independent,* 16 Nov. 2016, www.independent.co.uk/environment/global-warming-climate-change-world-economy-gdp-smaller-12-trillion-a7421106.html.
Jones, Nicola. "Abrupt Sea Level Rise Looms As Increasingly Realistic Threat." *Yale Environment 360,* 5 May 2016, e360.yale.edu/features/abrupt_sea_level_rise_realistic_greenland_antarctica.
Kintisch, Eli. "Should Oceanographers Pump Iron?" *Science,* 30 Nov. 2007.
Kohnert, Katrin, et al. "Strong Geologic Methane Emissions from Discontinuous Terrestrial Permafrost in the Mackenzie Delta, Canada." *Nature News,* 19 July 2017, www.nature.com/articles/s41598-017-05783-2.
Lear, Caroline H., et al. "Breathing More Deeply: Deep Ocean Carbon Storage during the Mid-Pleistocene Climate Transition." *Geology,* 1 Dec. 2016. (On the 100,000-year cycle of algae deposition.)
Ocean Portal Team. "Ocean Acidification." Smithsonian Institution Ocean, https://ocean.si.edu/ocean-life/invertebrates/ocean-acidification. (On the rate of ocean acidification.)
Zielenski, Sarah. "Iceland Carbon Capture Project Quickly Converts Carbon Dioxide Into Stone." Smithsonian.com, 9 June 2016, www.smithsonianmag.com/science-nature/iceland-carbon-capture-project-quickly-converts-

## 結語

"Carbon fibers, made from algae oil." *Algae Industry Magazine,* 26 Nov. 2018, http://www.algaeindustrymagazine.com/carbon-fibers-made-from-algae-oil/. (Reporting on the word of Dr. Thomas Bruck at the Algae Cultivation Center of the Technical University of Munich in coordination with chemists at the university.)

"Climate Change — A Feast of Ideas." Australian Meat Processor Organization, 21 Nov. 2016, www.youtube.com/watch?v=X_JQJeZeizs. (*Asparagopsis* fed to cattle to reduce methane emissions.)

Couso, Inmaculada, et al. "Synergism between Inositol Polyphosphates and TOR Kinase Signaling in Nutrient Sensing, Growth Control, and Lipid Metabolism in Chlamydomonas." *The Plant Cell*, vol. 28, no. 9, 6 Sept. 2016, pp. 2026–2042. (How signaling leads to higher levels of lipid accumulation.)

Hernandez, I., et al. "Pricing of Monoclonal Antibody Therapies: Higher If Used for Cancer?" *American Journal of Managed Care,* Feb. 2018. (For the price of recombinant protein monoclonal antibodies.)

Houwat, Igor, and Taylor Weiss. "Better Together: A Bacteria Community Creates Biodegradable Plastic with Sunlight." *MSU-DOE Plant Research Laboratory,* 23 Oct. 2017, prl.natsci.msu.edu/news-events/news/better-together-a-bacteria-community-creates-biodegradable-plastic-with-sunlight.

Kennedy, Merrit. "Surf and Turf: To Reduce Gas Emissions from Cows, Scientists Look to the Ocean." NPR, 3 July 2018, www.npr.org/sections/the-salt/2018/07/03/623645396/surf-and-turf-to-reduce-gas-emissions-from-cows-scientists-look-to-the-ocean.

Kinley, Robert D., et al. "The Red Macroalgae Asparagopsis taxiformis Is a Potent Natural Antimethanogenic That Reduces Methane Production during in Vitro Fermentation with Rumen Fluid." *Animal Production Science,* vol. 56, no. 3, 9 Feb. 2016, p. 282.

Li, Xixi, et al. "*Asparagopsis Taxiformis* Decreases Enteric Methane Production from Sheep." *Animal Production Science,* vol. 58, no. 4, Aug. 2016, p. 681.

"Major Cuts of Greenhouse Gas Emissions from Livestock within Reach (Major Facts and Findings)." Food and Agricultural Organization of the United Nations, 26 Sept. 2013, www.fao.org/news/story/en/item/197608/icode.

Pancha, Imran, et al. "Target of rapamycin (TOR) signaling modulates starch accumulation via glycogenin phosphorylation status in the unicellular red alga Cyanidioschyzon merolae." *The Plant Journal,* 23 Oct. 2018.

Rasala, Beth A., and Stephen P. Mayfield. "Photosynthetic Biomanufacturing in Green Algae; Production of Recombinant Proteins for Industrial, Nutritional, and Medical Uses." *Photosynthesis Research,* vol. 123, no. 3, Mar. 2015, pp. 227–239.

Sanchez-Garcia, Laura, et al. "Recombinant Pharmaceuticals from Microbial Cells: A 2015 Update." *Microbial Cell Factories*, BMC, 9 Feb. 2016, www.ncbi.nlm.nih.gov/pmc/articles/PMC4748523.

Schwartz, Zane. "How One Researcher Is Fighting Cow Farts — and Climate

cow-farts-and-climate-change-by-feeding-the-gassy-beasts-seaweed.
Sorigué, Damien, et al. "An algal photoenzyme converts fatty acids to hydrocarbons." *Science,* 1 Sept. 2017, vol. 357, no. 6354, pp. 903–907.
Taunt, Henry, et al. "Green Biologics: The Algal Chloroplast as a Platform for Making Biopharmaceuticals." *Bioengineered,* vol. 9, no. 1, 2018, www.tandfonline.com/doi/full/10.1080/21655979.2017.1377867.
"Turning Green Algae into Colostrum-like Protein for Infants — Triton Algae Innovations." National Science Foundation and Triton Algae Innovations, 1 May 2018, www.youtube.com/watch?v=9oOIQuWLRAs.
Yan, Na, et al. "The Potential for Microalgae as Bioreactors to Produce Pharmaceuticals." *International Journal of Molecular Sciences,* vol. 17, no. 6, 17 June 2016, p. 962.